Ingenieurwissenschaftliche Bibliothek
Engineering Science Library

Herausgeber/Editor: István Szabó, Berlin

Lajos Fábián

Zufallsschwingungen und ihre Behandlung

Springer-Verlag
Berlin Heidelberg New York 1973

Dr.-Ing. LAJOS FÁBIÁN
FAUN-Werke,
Butzbach/Hessen

Mit 58 Abbildungen und 5 Tafeln

ISBN 978-3-642-51644-3   ISBN 978-3-642-51643-6 (eBook)
DOI 10.1007/978-3-642-51643-6

Library of Congress Catalog Card Number 72-93419

Offsetdruck: fotokop wilhelm weihert kg, Darmstadt · Einband: Konrad Triltsch, Würzburg

Vorwort

Der in der Praxis stehende Ingenieur stößt bei der Lösung von For-
schungs- und Entwicklungsaufgaben immer häufiger auf Schwingungsprobleme, die sich mit den ihm bekannten und vertrauten Methoden
und Modellen der klassischen Schwingungslehre nicht mehr lösen
lassen. Dieser Fall tritt immer dann ein, wenn das betreffende
Schwingungssystem nicht (oder nicht nur) determinierten Zeitfunktionen, sondern scheinbar völlig regellos schwankenden Erregungen
ausgesetzt wird, worauf das Schwingungssystem ebenfalls mit zufällig schwankenden Ausgangssignalen reagiert. Um diese zufälligen
Erreger- und Antwortfunktionen charakterisieren und den Zusammenhang zwischen Erregung, Schwingungssystem und Antwort exakt beschreiben zu können, sind eine statistische Denkweise und Methoden
der Theorie der Zufallsfunktionen erforderlich.

In der vorliegenden Arbeit wird der Versuch unternommen, den Leser
mit der statistischen Betrachtung von Schwingungsvorgängen vertraut
zu machen und in die Lage zu versetzen, anhand der beschriebenen
Methodik auch komplizierte zufallserregte Schwingungssysteme zu be-
herrschen. Ein wesentliches Anliegen ist es dabei, mittels durchrech-
neter Beispiele das Hineindenken zu erleichtern und über den Tafel-
und Programmanhang die praktische Anwendung des Stoffes zu vereinfachen.

Die Darstellungsweise wendet sich vor allem an Ingenieure, die sich
mit Schwingungen mechanischer, elektrischer oder biologischer Systeme befassen. Die Schwingungssysteme - gleich welcher Art - wer-

den der Einheitlichkeit halber stets durch ihre Differentialgleichungen
beschrieben.

Der Stoff besteht aus drei Themenkreisen. Ohne den geringsten An-
spruch auf Vollständigkeit werden in den ersten beiden Kapiteln die
wichtigsten Grundlagen der Theorie der Zufallsfunktionen zusammengefaßt und ihre vielseitige Verwendbarkeit für die Beschreibung und
Charakterisierung von Zufallsschwingungen beschrieben. Besondere
Aufmerksamkeit wird dabei den Verteilungsdichtefunktionen und besonders den Korrelationsfunktionen und spektralen Leistungsdichtefunk-
tionen gewidmet, so daß der Leser auch ohne besondere Vorkenntnisse
in die Lage versetzt wird, den wahrscheinlichkeitstheoretischen Ge-
dankengang der weiteren Kapitel zu verstehen.

Das dritte und vierte Kapitel beschäftigt sich mit der Behandlung zufallserregter (linearer und nichtlinearer) Schwingungssysteme. Nach
der Erläuterung der allgemeinen Methoden und Beziehungen für die
Berechnung der statistischen Charakteristiken der Ausgangssignale
eines linearen Schwingungssystems mit zeitabhängigen konzentrierten
Parametern und mehreren Freiheitsgraden werden konkrete Beispiele
betrachtet. Denen schließen sich zwei Abschnitte über lineare Schwingungssysteme mit veränderlichen Parameter oder nichtstationärer Erregung an, wobei analytische und numerische Methoden für die Berechnung der Ausgangsverteilungsdichte eines Schwingungssystems bei
nicht normal verteilter Erregung angegeben werden. Das numerische
Verfahren wurde so konzipiert, daß es sich auch für die Simulation
und Analyse nichtlinearer Systeme eignet.

Der Übergang zu nichtlinearen Schwingungssystemen (Kapitel 4) beginnt mit der Aufzählung der wichtigsten Besonderheiten dieser im
Vergleich zu den linearen Systemen. Danach werden die statistischen
Linearisierungsmethoden für einzelne energiespeicherfreie Nichtlinearitäten und einfache nichtlineare Schwingungssysteme behandelt. An
einem ausführlichen Zahlenbeispiel wird verdeutlicht, welche Verbesserung der Modellgüte durch Einbeziehung von Nichtlinearitäten
ins lineare Modell erreicht werden kann, obwohl bei der statistischen

Linearisierung eine Reihe von Einschränkungen getroffen werden müssen. Dieser zweite große Themenkreis wird mit der Beschreibung eines numerischen Verfahrens für die Behandlung trägheitsbehafteter nichtlinearer Schwingungssysteme bei nichtgaußscher Erregung beendet. Der Algorithmus des Verfahrens ist in der Programmiersprache ALGOL 60 geschrieben und bildet einen Teil des Programmpaketes im Anhang.

Der dritte Themenkreis des Buches beschäftigt sich mit der Verarbeitung gemessener Realisierungen von Zufallsschwingungen (Kapitel 5) auf dem Digitalrechner mit dem Ziel, Schätzwerte für die statistischen Charakteristiken (Mittelwert, Streuung, Korrelationsfunktion, Spektraldichte oder Verteilungsdichte) zu erhalten. Die beschriebene Methodik gilt für analoge wie auch für digitale Meßwertverarbeitung, für letztere werden auch praktische Rechenformeln und ein kompletter Satz digitaler Rechenprogramme sowie die wichtigsten statistischen Tabellen angegeben.

Der Verfasser möchte an dieser Stelle Herrn Professer W. Söhne von der Technischen Universität München für wertvolle Diskussionen und ermutigende Kritik seinen Dank sagen. Ganz besonders dankt er dem Herausgeber der Reihe, Herrn Professor I. Szabó, für das fördernde Interesse und die große Geduld. Dem Springer-Verlag sei für die angenehme Zusammenarbeit ebenfalls herzlichst gedankt.

Butzbach, im Oktober 1972

Lajos Fábián

Häufig gebrauchte Größen und Operatorzeichen

a, b, A, B	allgemeine Koeffizienten
α_i, β_i	gewöhnliches und Zentralmoment einer Zufallsvariablen
$\delta(\omega)$	Dirac-Funktion
$D[\ ]$	Dispersion (Varianz oder Streuungsquadrat einer Zufallsvariablen)
$\underline{D}(p)$	Operatormatrix
Δt	Abtastzeit
$E[\ ]$	mathematische Erwartung einer Zufallsvariablen
$f(x), f(\vec{x})$	Wahrscheinlichkeitsdichte
$F(x), F(\vec{x})$	Wahrscheinlichkeitsverteilung
$\Phi(u)$	Gaußsches Fehlerintegral
$G(p), G(j\omega)$	Übertragungsfunktion in Operatorschreibweise und in komplexer Form
$H_i(x)$	Hermitesche Polynome
i, j, k	laufende Indices
I_k	spezielle Integrale
j	imaginäre Einheit ($\sqrt{-1}$)
$K_x(\tau)$	Autokorrelationsfunktion einer stationären Zufallsfunktion
$\underline{K}_x(\tau)$	Autokorrelationsmatrix
$L[\ ]$	linearer Funktionaloperator
m, m_0, m_x	mathematische Erwartung einer Zufallsvariablen

N	Anzahl der Abtastpunkte
ω	Kreisfrequenz ($2\pi f$)
p	Wahrscheinlichkeit, Differentialoperator, komplexe Variable
$P\{\ \}$	Wahrscheinlichkeit für das Eintreten des in Klammern definierten Ereignisses
$R_{xy}(\tau)$	Kreuzkorrelationsfunktion zweier stationärer Zufallsfunktionen $X(t)$ und $Y(t)$
$\underline{R}_{xy}(\tau)$	Kreuzkorrelationsmatrix
S_q	statistische Sicherheit des Zutreffens einer Hypothese
$S_x(\omega)$	spektrale Leistungsdichtefunktion (Fouriertransformierte der Korrelationsfunktion)
$\underline{S}_x(j\omega)$	Spektraldichtematrix
$S_{xy}(j\omega)$	Kreuzspektraldichte
$\underline{S}_{xy}(j\omega)$	Kreuzspektraldichtematrix
σ	Streuung einer Zufallsvariablen
t	Zeitvariable allgemein
T	Zeitintervall endlicher Länge
τ	Verschiebungsparameter der Korrelationsfunktion; allgemein : Zeitdifferenz
u,x,y,z	Realisierungen von Zufallsgrößen
U,X,Y,Z	Zufallsgrößen
$\vec{X}, \vec{Y}$	Zufallsvektoren
$x(t), y(t)$	Realisierungen von Zufallsfunktionen
$X(t), Y(t)$	Zufallsfunktionen
$\underline{x}(t)$	Spaltenvektor von Zufallsfunktionen $X_1(t) \ldots X_n(t)$
$\bar{x}$	Ensemblemittelwert einer Zufallsfunktion
$\langle x \rangle$	zeitlicher Mittelwert, gebildet über ein endliches Zeitintervall
$\sim$	Kennzeichen für den empirischen Schätzwert eines statistischen Parameters
$*$	Kennzeichen für konjugiert komplex

Inhaltsverzeichnis

1. Zufallsgrößen

1.1 Zufällige Ereignisse und Wahrscheinlichkeit

Alle Schwingungsprozesse in der uns umgebenden Welt sind voneinander abhängig und beeinflussen sich gegenseitig. Daraus folgt, daß jeder beobachtbare Schwingungsvorgang kausal durch eine meist sehr große Anzahl anderer Phänomene und Bedingungen ursächlich bestimmt wird. Die Gesamtheit dieser Bedingungen nennt man Bedingungskomplex, und dessen Verwirklichung (Realisierung) heißt Versuch. Das qualitative Versuchsergebnis stellt das zum Versuch gehörende Ereignis dar.

Läßt sich der Bedingungskomplex leicht überschauen und das Versuchsergebnis vorausberechnen, so sprechen wir von einem kausalen Schwingungsvorgang. Als Beispiel sei hier das physikalische Pendel (bei kleinen oder großen Ausschlägen mit oder ohne Reibung) genannt, dessen Bewegungsgesetz für kurze oder lange Zeitintervalle mit beliebiger Genauigkeit angegeben werden kann.

In vielen Fällen ist der Bedingungskomplex des zu betrachtenden Schwingungsvorganges aber so überaus kompliziert und umfangreich oder gar nicht vollständig bekannt, daß wir nicht mehr in der Lage sind, das Versuchsergebnis mit Sicherheit vorauszusagen. Der Ausgang des Versuches ist ungewiß. Ein bestimmtes Ereignis, das wir als Versuchsergebnis erwarten können, kann eintreten oder auch nicht. Solche Ereignisse, die sich nicht mit Sicherheit voraussagen lassen, nennen wir zufällige Ereignisse.

Wenn ein zufälliges Ereignis bei gegebenem Bedingungskomplex nur
auf eine Weise und mit keinem anderen Ereignis zusammen eintreten
kann, so heißt es Elementarereignis. Die Gesamtheit der Elementarereignisse E_i $(i = 1, 2, \ldots, n)$, die beim gegebenen Bedingungskomplex eintreten können, bilden den Ereignisraum. Für die Charakterisierung der inneren Gesetzmäßigkeiten des Ereignisraumes wurde die
Ereignisalgebra entwickelt, die die axiomatische Begründung der Wahrscheinlichkeitsrechnung ermöglicht hat, indem jedem Elementarereignis A in mathematisch sinnvoller Weise eine Wahrscheinlichkeit
$P(A)$ zugeordnet werden konnte.

Bei dieser Zuordnung spielte der Begriff der relativen Häufigkeit eine
wesentliche Rolle, wie es aus den folgenden Überlegungen sofort klar
wird.

Bei der Realisierung eines bestimmten Bedingungskomplexes, d.h.
bei der Durchführung eines bestimmten Versuches V (ein gewisses
Experiment), sei das Eintreten eines Ereignisses A nicht unmöglich,
aber auch nicht sicher: A sei also ein zufälliges Ereignis. Wird der
gleiche Versuch n-mal ausgeführt, so ergeben sich, wie die Erfahrung
lehrt, bestimmte Gesetzmäßigkeiten, mit denen wir uns nun beschäfti-
gen werden. Zunächst definieren wir:

I. Tritt bei n-maliger Ausführung des Versuches V das zufällige Ereignis A k-mal ein, so nennen wir

$$k = k_A(n) \tag{1.1}$$

die Häufigkeit des Ereignisses A bei n Versuchen. Offensichtlich gilt
$0 \leqslant k \leqslant n$.

II. Das Verhältnis

$$k_A(n)/n = h_A(n) \tag{1.2}$$

heißt relative Häufigkeit des Ereignisses A bei n Versuchen. Offenbar ist $h_A(n)$ eine Zahl, die nur zwischen 0 und 1 liegen kann, die

Grenzen eingeschlossen:

$$0 \leqslant h_A(n) \leqslant 1.$$

Für große Versuchszahlen n schwankt die relative Häufigkeit $h_A(n)$ des Ereignisses A um einen festen Wert $P(A) = 0$. Diese Schwankungen von $h_A(n)$ um $P(A)$ werden (in der Regel) um so kleiner, je größer n ist (Bild 1.1).

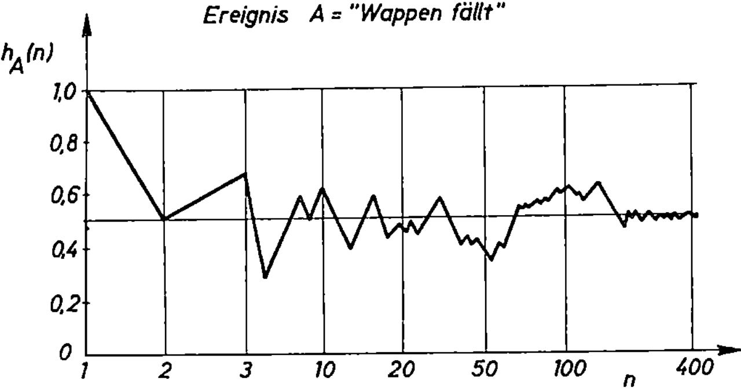

Bild 1.1. Stabilisierung der relativen Häufigkeit $h_A(n)$ in der Nähe von $P(A)$ beim Werfen einer Münze

Man nennt die Zahl $P(A)$, um die sich die relative Häufigkeit $h_A(n)$ für hinreichend große Versuchszahlen n stabilisiert, die Wahrscheinlichkeit des Ereignisses A.

Bei der Begriffsbildung der Wahrscheinlichkeit hat Kolmogoroff das Postulat aufgestellt: Jedem zufälligen Ereignis A kommt eine gewisse Wahrscheinlichkeit $P(A)$ zu.

Wir kennen diese Zahl $P(A)$ in der Realität natürlich nicht exakt, können ihr aber durch Berechnung oder Messung der relativen Häufigkeit auch bei der Untersuchung zufälliger Schwingungsvorgänge beliebig nahe kommen.

Die relative Häufigkeit hat folgende grundlegende Eigenschaften:

Eigenschaft 1: Für große Versuchszahlen n ist die relative Häufigkeit

4

$h_A(n)$ stabil, und zwar gilt

$$h_A(n) \approx P(A) \geqslant 0 .$$

<u>Eigenschaft 2:</u> Für ein sicheres Ereignis A (das bei n-facher Wiederholung n-fach eintritt) ist stets $h_A(n) = 1$ unabhängig von n.

Es seien nun A_1 und A_2 zwei unvereinbare (sich gegenseitig ausschließende) Ereignisse ($A_1 A_2 = 0$) des Versuches V, und es treffe bei n Versuchen A_1 k_1-mal und A_2 k_2-mal zu. Dann muß wegen der Unvereinbarkeit von A_1 und A_2 das Ereignis $A = A_1 + A_2$ genau $(k_1 + k_2)$-mal auftreten. Mit $k_1 = k_{A_1}(n)$ und $k_2 = k_{A_2}(n)$ gilt also

$$k_{(A1 + A2)}(n) = k_{A1}(n) + k_{A2}(n) = k_1 + k_2 .$$

Nach Division dieser Gleichung durch n auf beiden Seiten erhalten wir

$$h_A(n) = h_{A1}(n) + h_{A2}(n); \quad (A = A_1 + A_2; \; A_1 A_2 = 0) . \quad (1.3)$$

Oder in Worten:

<u>Eigenschaft 3:</u> Für unvereinbare Ereignisse A_1 und A_2 ist die relative Häufigkeit $h_A(n)$ der Summe $A = A_1 + A_2$ der Ereignisse gleich der Summe der relativen Häufigkeiten $h_{A1}(n)$ und $h_{A2}(n)$ der Summanden (1.3).

Anhand dieser Eigenschaften der relativen Häufigkeit erkannte und formulierte Kolmogoroff die grundlegenden Axiome (Grundannahmen) der Wahrscheinlichkeitsrechnung:

<u>Axiom 1:</u> Jedem zufälligen Ereignis A ist eine reelle nichtnegative Zahl P(A) zugeordnet, die wir die Wahrscheinlichkeit des zufälligen Erwignisses A nennen:

$$P(A) \geqslant 0 . \qquad (1.4)$$

Berücksichtigen wir auch die Eigenschaften 2 und 3 der relativen Häufigkeit, so ist es naheliegend zu verlangen, daß die Wahrscheinlichkeit P(A) noch den beiden folgenden Axiomen genügen muß:

__Axiom 2:__ Die Wahrscheinlichkeit $P(I)$ des sicheren Ereignisses ist I:

$$P(I) = 1. \qquad (1.5)$$

__Axiom 3:__ Die Wahrscheinlichkeit der Summe zweier unvereinbarer Ereignisse ist gleich der Summe der Wahrscheinlichkeiten der Summanden:

$$P(A_1 + A_2) = P(A_1) + P(A_2); \quad (A_1 A_2 = 0). \qquad (1.6)$$

Aus diesen drei Axiomen läßt sich (im wesentlichen) die gesamte Wahrscheinlichkeitsrechnung deduktiv herleiten, was in den einschlägigen Lehrbüchern ausführlich getan wird [1.1],...,[1.3].

1.2 Wahrscheinlichkeitsverteilungs-Funktionen

Bei der Betrachtung der zufälligen Schwingungsvorgänge haben wir es hauptsächlich mit Elementarereignissen E zu tun, denen endlich oder unendlich viele dimensionsbehaftete Zahlen (physikalische Größen wie Kraft, Beschleunigung, Strom, usw.) als Meßwerte zugeordnet sind.

Als Beispiel betrachten wir die Schubkraft $X(t)$ eines in den Prüfstand eingespannten Raketentriebwerkes, die sich nach einer nicht bekannten (zufälligen) Gesetzmäßigkeit zeitlich ändert. Die Schubkraft soll in kurzen Zeitabschnitten z.B. 100-mal in der Sekunde digital gemessen werden. In jeder Sekunde erhalten wir 100 Zahlenwerte (Meßwerte). Das Elementarereignis besteht hier darin, daß die Schubkraft $X(t)$ in das Intervall $(x, x + dx)$ fällt (Bild 1.2).

Lassen wir die Besonderheiten dieses Beispiels außer acht, so ist ein Ereignisraum mit den Elementarereignissen E_ν gegeben. Jedem Elementarereignis E_ν ist ein Zahlenwert $x^{(\nu)}$ auf der Zahlengeraden X zugeordnet. Drücken wir diese Zuordnung zwischen Zahlenwerten und Elementarereignissen durch das Symbol ψ aus, so kann man setzen

$$x^{(\nu)} = \psi(E_\nu) \quad (\nu = 1, 2, \ldots, n). \qquad (1.7)$$

Da die Elementarereignisse auch zufällige Ereignisse sind, läßt sich
dieser Sachverhalt auch so beschreiben: Durch die Zuordnung (1.7)
ist X erklärt, das mit der Wahrscheinlichkeit $P(E_\nu)$ die Werte $x^{(\nu)}$
annimmt. Wir schreiben symbolisch

$$X = \psi(E) . \qquad (1.8)$$

Nimmt E den "Wert" E_ν an, so nimmt X den Wert $x^{(\nu)}$ an. Dabei
ist, wie erwähnt, die Wahrscheinlichkeit dafür, daß X den Wert $x^{(\nu)}$
annimmt, identisch mit der Wahrscheinlichkeit dafür, daß Elementarereignis E_ν auftritt.

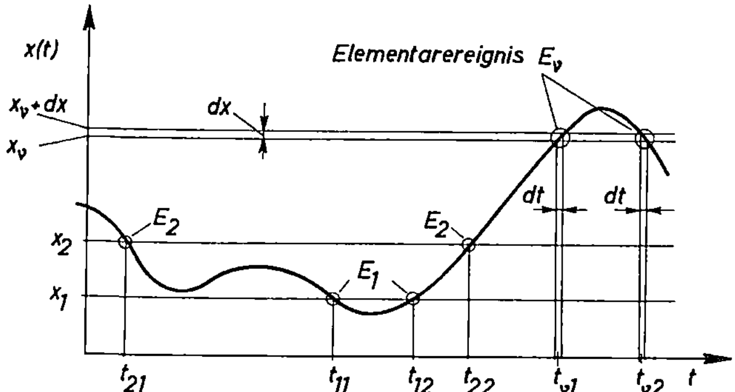

Bild 1.2. Das Eintreten eines Elementarereignises E [oder $x \leqslant X(t) \leqslant$
$\leqslant x + dx$]

Man kann jedem Elementarereignis E_ν des Ereignisraums mit m Elementen allgemein auch n Zahlen zuordnen. Es ist also in diesem Fall
für jedes $\nu = 1, 2, \ldots, m$

$$x_s^{(\nu)} = \Psi_s(E_\nu) \quad (s = 1, 2, \ldots, n) . \qquad (1.9)$$

Jedem Elementarereignis E_ν sind insgesamt n Zahlenwerte $x_s^{(\nu)}$
$(s = 1, 2, \ldots, n)$ zugeordnet, die alle mit der gleichen Wahrscheinlichkeit auftreten, mit der auch das Elementarereignis E_ν eintritt.

Analog (1.8) schreibt man dafür auch kürzer

$$X_s = \Psi_s(E) \text{ oder } \vec{X} = \vec{\Psi}(E) . \qquad (1.10)$$

Darin ist

$$\vec{X} = (X_1, X_2, \ldots, X_n)$$

ein zufälliger Vektor oder eine n-dimensionale Zufallsgröße, die beim Eintreten des Elementarereignisses E_ν das feste Werte-n-Tupel

$$x^{(\nu)} = \left(x_1^{(\nu)}, x_2^{(\nu)}, \ldots, x_n^{(\nu)}\right)$$

annimmt.

Bezüglich der Schreibweise wollen wir vereinbaren, daß die Zufallsgrößen mit großen Buchstaben, z.B. X, Y, Z, ..., X_1, X_2, X_3, ..., und die Werte, die die Zufallsgrößen annehmen können, mit den entsprechenden kleinen Buchstaben x, y, z, ..., x_1, x_2, x_3 ... bezeichnet werden.

Die somit eingeführten ein- oder mehrdimensionalen Zufallsgrößen können – wenn wir von dem zeitlichen Ablauf der betrachteten Elementarereignisse absehen – durch ihre Wahrscheinlichkeits-Verteilungsfunktionen im Sinne der Wahrscheinlichkeitsrechnung vollständig charakterisiert werden. Wie man zu diesen wichtigen Funktionen gelangt, geht aus den folgenden Überlegungen hervor.

Gegeben sei ein Ereignisraum mit den Elementarereignissen E, denen in bestimmter Weise Zahlenwerte $x^{(\nu)}$ einer Zufallsgröße X zugeordnet sind. Dadurch sind alle die Elementarereignisse E_ν des Ereignisraums ausgezeichnet, für die der zugeordnete Zahlenwert $x^{(\nu)} < x$ ist. Die Menge aller der in dieser Weise ausgezeichneten Elementarereignisse bildet ein zufälliges Ereignis A_x. Jedem Wert x der zufälligen Veränderlichen X ist damit ein zufälliges Ereignis A_x zugeordnet. Dabei ist A_x die Summe aller Elementarereignisse, für die gilt

$$\psi(E_\nu) = x^{(\nu)} < x.$$

Man schreibt für diesen Sachverhalt auch kürzer

$$A_x = \sum_{\Psi(E_\nu) < x} E .\qquad (1.11)$$

Es gilt dann offensichtlich für die Wahrscheinlichkeit $P(X < x)$ dafür, daß X einen Wert kleiner als x annimmt, die Beziehung

$$P(X < x) = P(A_x) = F(x) .\qquad (1.12)$$

Bei veränderlichem x ist $P(X < x)$ eine Funktion von x, die Verteilungsfunktion $F(x)$ der Zufallsgröße X. Die Verteilungsfunktion $F(x)$ der Zufallsgröße X gibt also an, wie groß die Wahrscheinlichkeit dafür ist, daß X einen Wert annimmt, der kleiner ist als x. Diese Wahrscheinlichkeit ist gleich der Wahrscheinlichkeit des oben definierten zufälligen Ereignisses A_x.

In Analogie zu (1.12) definieren wir für einen zufälligen Vektor durch

$$P(X_s < x_s, s = 1, 2, \ldots, n) = P(A_{x1} A_{x2} \ldots A_{xn}) = F(x_1, x_2, \ldots, x_n)\quad (1.13)$$

die n-dimensionale Verteilungsfunktion $F(x_1, x_2, \ldots, x_n)$ der n-dimensionalen Zufallsgröße $\vec{X} = (X_1, X_2, \ldots, X_n)$. Sie gibt an, wie groß die Wahrscheinlichkeit dafür ist, daß die Bedingungen $X_1 < x_1$, $X_2 < x_2, \ldots, X_n < x_n$ gleichzeitig erfüllt sind.

Die Verteilungsfunktion (oder kurz Verteilung) einer eindimensionalen X wird mit $F(x)$ bezeichnet. Ist Y eine andere eindimensionale zufällige Veränderliche, so bezeichnet man deren Verteilungsfunktion mit $F(y)$. Dabei können durch das Symbol F zwei völlig verschiedene Funktionen bestimmt sein. In der Wahrscheinlichkeitsrechnung hat es sich eingebürgert, verschiedene Verteilungsfunktionen durch unterschiedlich bezeichnete unabhängige Variable und nicht durch unterschiedliche Funktionssymbole zu kennzeichnen.

In diesem Sinne bezeichnet auch $F(\vec{x}) = F(x_1, x_2, \ldots, x_n)$ die (n-dimensionale) Verteilungsfunktion von $\vec{X}$ und $F(\vec{y}) = F(y_1, y_2, \ldots, y_n)$ die davon verschiedene (n-dimensionale) Verteilungsfunktion von $\vec{Y}$.

Nach diesen bewußt ausführlich gehaltenen Ausführungen über die grundlegenden Begriffe sollen die weiteren Betrachtungen über die Eigenschaften und Charakteristiken der Zufallsgrößen nur noch in einer dem Anliegen dieses Buches entsprechenden Breite wiedergegeben werden. Eine eingehende und strenge Behandlung findet der interessierte Leser in den Lehrbüchern über Wahrscheinlichkeitsrechnung.

Die Wahrscheinlichkeitsverteilung (kurz Verteilungsfunktion) $F(x) = P(X < x)$ der Zufallsgröße X ist offenbar eine nicht fallende monotone Funktion von x mit den Eigenschaften:

I. $$F(x_1) \leqslant F(x_2) \quad (x_1 < x_2),$$ (1.14)

II. $$F(+\infty) = 1 \text{ und } F(-\infty) = 0$$ (1.15)

$$\text{oder } 0 \leqslant F(x) \leqslant 1 \text{ für } -\infty < x < +\infty .$$

Der Verteilungsfunktion $F(x)$ kann eine einfache physikalische Interpretation gegeben werden, wenn die Einheitsmasse längs einer Geraden so verteilt gedacht wird, daß jeweils die Größe der Massen, die auf allen Punkten $X \leqslant x$, d.h. links vom Punkt x liegen, gleich $F(x)$ ist.

Alle Wahrscheinlichkeitsverteilungen gehören entweder zum diskreten oder zum stetigen Typ. Eine Zufallsgröße X ist vom diskreten Typ oder eine Variable mit diskreter Verteilung, wenn die gesamte verteilte Masse in den Punkten konzentrierter Masse enthalten ist, und wenn außerdem jedes ähnliche Intervall nur eine endliche Anzahl solcher Punkte enthält. Diese Punkte seien $x_1, x_2, \ldots, x_n$ und die entsprechenden Massen seien $p_1, p_2, \ldots, p_n$. Die Verteilung der statistischen Variablen X ist dann vollständig bestimmt, wenn für jedes beliebige ν ($\nu = 1, 2, \ldots, n$) die Wahrscheinlichkeit p_ν dafür angegeben werden kann, daß X den Wert x_ν annimmt. Da die gesamte verteilte Masse gleich 1 ist, so ist

$$\sum_{\nu = 1}^{n} p_\nu = 1 .$$

Die Verteilungsfunktion $F(x)$ wird dabei durch folgende Beziehung

10

wiedergegeben:

$$F(x) = P(X \leqslant x) = \sum_{x_\nu \leqslant x} p_\nu , \qquad (1.16)$$

wobei die Summation auf alle Werte des Indexes ν auszudehnen ist, für
die $x_\nu \leqslant x$ ist. Daher ist $F(x)$ eine Treppenfunktion die eine konstante
Größe in jedem beliebigen Intervall annimmt, das keinen der Punkte x_ν
enthält, und die in jedem Punkt x_ν einen Sprung p_ν macht. Die diskrete
Verteilung kann also grafisch durch eine Stufenfunktion $F(x)$ (Bild 1.3)
oder durch eine Darstellung nach Bild 1.4 widergegeben werden, in der
jedem Punkt x_ν eine Ordinate der Größe p_ν zugeordnet ist.

Z.B. habe die im Koordinatenraum $[1,2,3,\ldots,k,\ldots,\infty]$ definierte
Zufallsgröße X die Verteilungsfunktion

$$F(x) = \sum_{x_\nu \leqslant x} p_\nu = 2^{-1} + 2^{-2} + \ldots + 1^{-[x_\nu]} , \qquad (1.17)$$

für die p_ν-Werte nur für ganze Zahlen $[x_\nu]$ existieren und aus

$$p_\nu = 2^{-[x_\nu]} \qquad (1.18)$$

berechnet werden können. Die Gleichungen sind in den Bildern 1.3
und 1.4 dargestellt.

Wird die Anzahl der Elementarereignisse E_ν des Ereignisraums sehr
groß, so wird auch die Menge der zugeordneten Zahlenwerte $x^{(\nu)}$ entsprechend groß sein. Die Sprunghöhen der Verteilungsfunktion an den
Stellen $x^{(\nu)}$ müssen dabei mit wachsender Anzahl der Elementarereignisse immer kleiner werden; denn die Summe aller Sprunghöhen kann
ja den Wert 1 nicht überschreiten $[F(-\infty) = 0, F(\infty) = 1]$.

Man kann eine Verteilungsfunktion, die aus einer Treppenfunktion
mit sehr vielen kleinen Stufen besteht, durch eine stetige Mittelwert-
kurve annähern (von endlich vielen größeren Sprungstellen abgesehen).
Dadurch erhält man die im Bild 1.5a dargestellte Verteilungsfunk-

tion $F(x)$. Wir nennen eine solche zufällige Veränderliche X, der eine
stetige Verteilungfunktion zugeordnet werden kann, eine stetige Zufallsgröße. In besonderen Fällen braucht $F(x)$ auch gar keine Sprungstellen

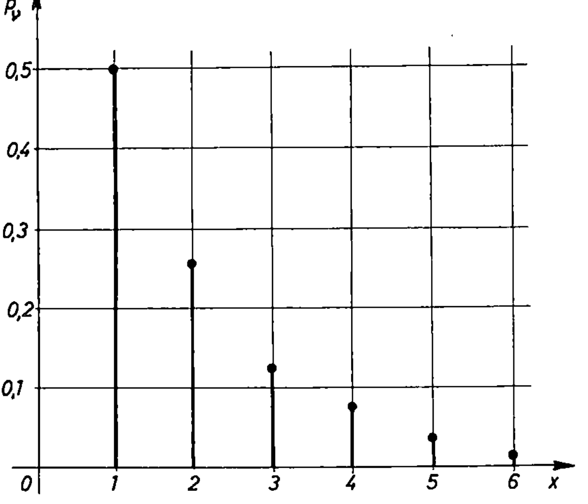

Bild 1.3. Wahrscheinlichkeitsverteilungsfunktion einer diskreten Zufallsgröße

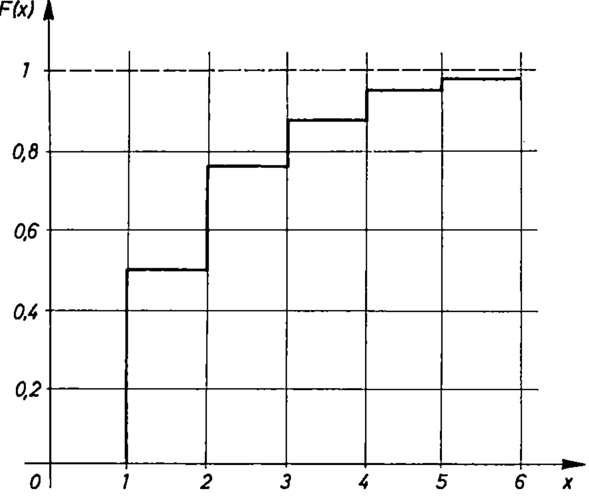

Bild 1.4. Masseverteilung der Wahrscheinlichkeit einer diskreten
Zufallsgröße

12

zu haben (Bild 1.5b). Gehört aber zu einer zufälligen Veränderlichen X
eine stetige Verteilungsfunktion, so bedeutet das offensichtlich, daß X
jeden Wert aus dem Intervall $(-\infty, +\infty)$ annehmen kann. Dann aber
kann man nicht mehr jedem Punkt der Zahlengeraden $(-\infty < x < \infty)$
eine endliche Wahrscheinlichkeit zuordnen; denn das ergäbe mit den
überabzählbar vielen Punkten der Zahlengeraden einen Widerspruch mit
der Bedingung $F(+\infty) = P(X < \infty) = 1$. Die Wahrscheinlichkeit dafür,
daß X einen ganz bestimmten festen Wert x annimmt, ist bei einer
Verteilungsfunktion ohne Sprungstellen überall gleich Null.

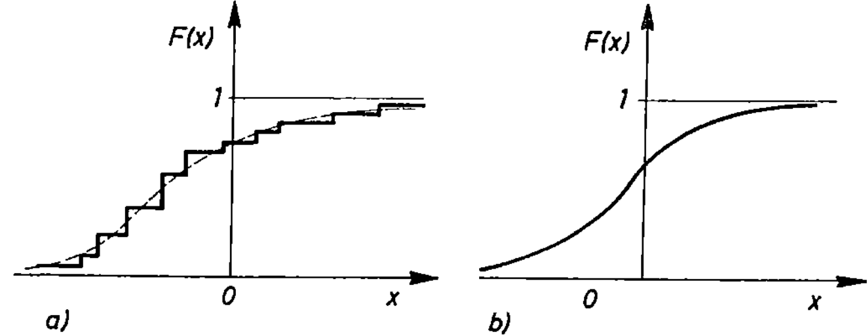

Bild 1.5. a) Approximation durch eine stückweise stetige Verteilungsfunktion b) Stetige Verteilungsfunktion

1.3 Wahrscheinlichkeitsverteilungsdichte-Funktionen

Zu einer stetigen Zufallsgröße X existiert möglicherweise eine Verteilungsdichtefunktion, die wie folgt definiert ist:

Gibt es eine nichtnegativ Funktion $f(x)$, so daß die Verteilungsfunktion $F(x)$ der Veränderlichen X für alle x in der Form

$$F(x) = \int_{-\infty}^{x} f(u)\,du \qquad (1.19)$$

geschrieben werden kann, so heißt $f(x)$ Verteilungsdichtefunktion,
Dichtefunktion oder kurz Dichte der zufälligen Veränderlichen X.

Die Dichtefunktion $f(x)$ braucht nicht stetig und nicht beschränkt zu
sein. Ist die Verteilungsfunktion $F(x)$ aber differenzierbar an der

Stelle x, wenn dort $f(x)$ stetig ist, so ist dort

$$F'(x) = \frac{dF(x)}{dx} = f(x) \qquad (1.20)$$

mit (1.19) gleichwertig.

Im Bild 1.6 ist die Dichtefunktion einer Zufallsgröße X dargestellt. Die Fläche unter der Kurve ergibt stets

$$\int_{-\infty}^{+\infty} f(x)dx = F(+\infty) - F(-\infty) = 1. \qquad (1.21)$$

Die Fläche unter der Kurve links von einer bestimmten Stelle x ist

$$\int_{-\infty}^{x} f(u)du = F(x) = P(X < x),$$

also gerade die Wahrscheinlichkeit dafür, daß die zufällige Veränderliche X einen Wert annimmt, der kleiner ist als x.

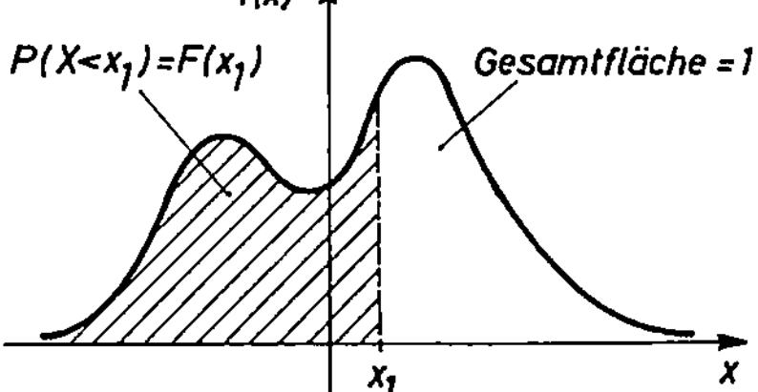

Bild 1.6. Dichtefunktion $f(x)$

Analog zu (1.19) wird eine Funktion $f(x_1, x_2, \ldots, x_n)$ definiert, die so beschaffen ist, daß gilt

$$F(\vec{x}) = F(x_1, x_2, \ldots, x_n) = \int_{-\infty}^{x_1} \int_{-\infty}^{x_2} \ldots \int_{-\infty}^{x_n} f(u_1, u_2, \ldots, u_n)du_1 du_2 \ldots du_n. \qquad (1.22)$$

Diese Funktion $f(x_1, x_2, \ldots, x_n)$ heißt Dichtefunktion des zufälligen Vektors $\vec{X}$.

14

Ist die Verteiligungsfunktion $F(x_1,x_2,\ldots,x_n)$ des zufälligen Vektors $\vec{X}$ differenzierbar, so folgt aus (1.22)

$$\frac{\partial^n F(x_1,x_2,\ldots,x_n)}{\partial x_1\,\partial x_2\ldots\partial x_n} = f(x_1,x_2,\ldots,x_n) = f(\vec{x})\,. \qquad (1.23)$$

Wir haben damit die Möglichkeiten, eine Zufallsgröße entweder durch ihre Verteilungsfunktion oder durch ihre Dichtefunktion zu beschreiben. Ein zufälliger Vektor $\vec{X}$ wird als gegeben betrachtet, wenn eine dieser Funktionen $F(\vec{x})$ und $f(\vec{x})$ gegeben ist.

Gegeben sei die Dichtefunktion $f(x)$ einer eindimensionalen zufälligen Veränderlichen X (Bild 1.7). Wir fragen danach, wie groß die Wahrscheinlichkeit dafür ist, daß die zufällige Veränderliche in das halboffene Intervall $[x_1,x_2)$ fällt. Offensichtlich ist mit der Darstellung im Bild 1.7 wegen (1.12)

$$P(x_1 \leqslant X < x_2) = P(A_{x2}) - P(A_{x1}) = F(x_2) - F(x_1)\,.$$

Daraus folgt mit (1.19)

$$P(x_1 \leqslant X < x_2) = \int_{-\infty}^{x_2} f(u)\,du - \int_{-\infty}^{x_1} f(u)\,du = \int_{x_1}^{x_2} f(u)\,du.$$

Zusammengefaßt ergibt das die wichtige Relation

$$P(x_1 \leqslant X < x_2) = F(x_2) - F(x_1) = \int_{x_1}^{x_2} f(u)\,du\,, \qquad (1.24)$$

die die Wahrscheinlichkeit dafür angibt, daß die zufällige Veränderliche X in das halboffene Intervall $[x_1,x_2)$ fällt.

Dieser Wahrscheinlichkeit entspricht die im Bild 1.7 schraffiert dargestellte Fläche unter der Dichtefunktion $f(x)$ im Intervall $[x_1,x_2)$.

Man erkennt nun auch, daß die Wahrscheinlichkeit dafür, daß X einen ganz bestimmten festen Wert x annimmt, mit (1.24) im Stetigkeitsintervall von $f(x)$ immer Null beträgt; denn mit $x_2 \to x_1$ verschwindet dann auch das Integral. Die Wahrscheinlichkeit $P(X \leqslant x)$ ist nur von Null verschieden, wenn die Verteilungsfunktion in x einen Sprung besitzt. Dann ist (1.24) im Sinne von (1.18) aufzufassen. Ist die

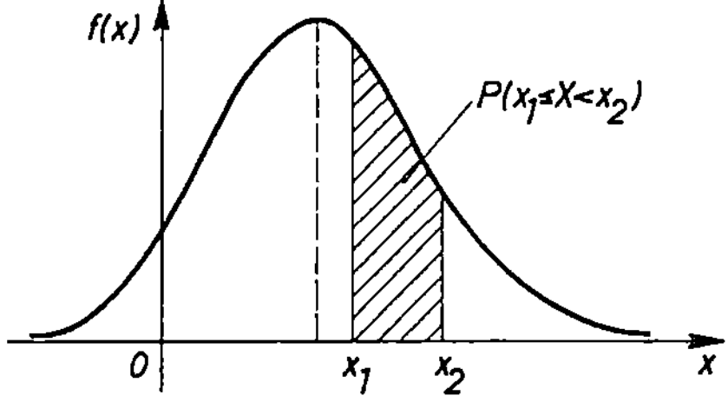

Bild 1.7. Zur Bestimmung der Wahrscheinlichkeit $P(x_1 \leqslant X < x_2)$

Dichtefunktion $f(x_1, x_2)$ einer zweidimensionalen zufälligen Veränderlichen $\vec{X} = (X_1, X_2)$ gegeben, so läßt sich die Wahrscheinlichkeit dafür berechnen, daß die Komponente X_1 in das Intervall $[x_{1a}, x_{1b})$, gleichzeitig die Komponente X_2 in das Intervall $[x_{2a}, x_{2b})$ fällt.

Wir erhalten hier speziell

$$P(x_{1a} \leqslant X_1 < x_{1b}, \ x_{2a} \leqslant X_2 < {}_{2b}) = \int\limits_{x_{1a}}^{x_{1b}} \int\limits_{x_{2a}}^{x_{2b}} f(x_1, x_2) dx_1 dx_2 . \qquad (1.25)$$

Bei einer zweidimensionalen zufälligen Veränderlichen (X_1, X_2) läßt sich das Ergebnis noch geometrisch deuten.

Diese Wahrscheinlichkeit ist also gegeben durch das Volumen unter der durch $f(x_1, x_2)$ beschriebenen Fläche über der $x_1 x_2$-Ebene mit dem Rechteck $x_{1a} \leqslant x_1 < x_{1b}, \ x_{2a} \leqslant x_2 < x_{2b}$ als Grundfläche (Bild 1.8)

Zum Schluß dieses Abschnittes sollen die Begriffe "Randverteilung" und "unabhängige Zufallsgrößen" eingeführt werden.

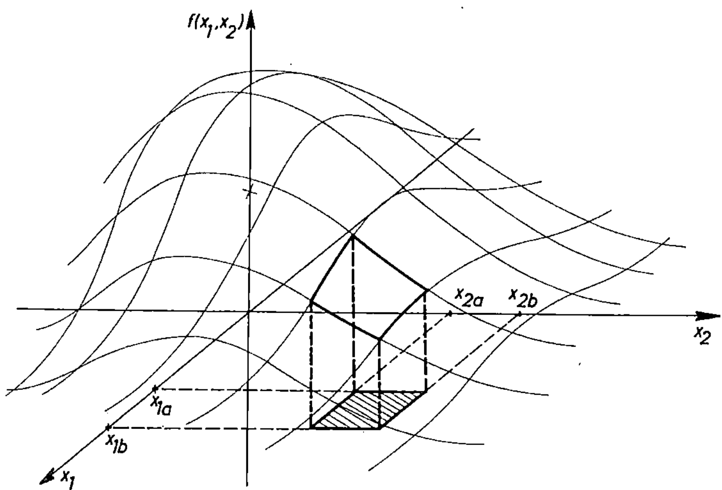

Bild 1.8. Zur Veranschaulichung von (1.25)

Für eindimensionale Zufallsgröße hat der Begriff Randverteilung keinen Sinn; wir beginnen darum mit einer zweidimensionalen zufälligen Veränderlichen. Ähnliches gilt für n-dimensionale Zufallsgrößen. Ist $F(x_1, x_2)$ die Verteilungsfunktion der zufälligen Veränderlichen (X_1, X_2) mit der Dichte $f(x_1, x_2)$, also

$$F(x_1, x_2) = P(X_1 < x_1, X_2 < x_2) = \int_{-\infty}^{x_1} \int_{-\infty}^{x_2} f(x_1, x_2) dx_1 dx_2, \quad (1.26)$$

so heißt die Funktion

$$F(x_1, +\infty) = P(X_1 < x_1, X_2 < +\infty) = \int_{-\infty}^{x_1} \int_{-\infty}^{+\infty} f(x_1, x_2) dx_1 dx_2 = F(x_1)$$
$$(1.27)$$

Randverteilung der zufälligen Veränderlichen X_1 in der Verteilung von (X_1, X_2).

Entsprechend heißt

$$F(+\infty, x_2) = P(X_1 < +\infty, X_2 < x_2) = \int_{-\infty}^{+\infty} \int_{-\infty}^{x_2} f(x_1, x_2) dx_1 dx_2 = F(x_2) \tag{1.28}$$

die Randverteilung der zufälligen Veränderlichen X_2 in der Verteilung der zweidimensionalen Veränderlichen (X_1, X_2).

Setzen wir in (1.27)

$$F(x_1) = F(x_1, +\infty) = \int_{-\infty}^{x_1} f(x_1) dx_1, \tag{1.29}$$

so liest man unmittelbar ab, daß zur Randverteilung $F(x_1)$ die Dichtefunktion

$$f(x_1) = \int_{-\infty}^{\infty} f(x_1, x_2) dx_2 \tag{1.30}$$

gehört. Entsprechend ergibt sich aus (1.28) mit

$$F(x_2) = F(+\infty, x_2) = \int_{-\infty}^{x_2} f(x_2) dx_2 \tag{1.31}$$

die zugehörige Dichtefunktion der Randverteilung $F(x_2)$ zu

$$f(x_2) = \int_{-\infty}^{\infty} f(x_1, x_2) dx_1 . \tag{1.32}$$

Läßt sich die Verteilungsfunktion der n-dimensionalen Zufallsgröße $(X_1, X_2, \ldots, X_n)$ als n-faches Produkt der Randverteilungsfunktionen ihrer einzelnen Komponenten X_i darstellen, also

$$F(x_1, x_2, \ldots, x_n) = F(x_1, \infty, \ldots, \infty) F(\infty, x_2, \ldots, \infty) \ldots F(\infty, \infty, \ldots, x_n)$$

$$= F(x_1) F(x_2) \ldots F(x_n) , \tag{1.33}$$

so heißen die Komponenten $X_1, X_2, \ldots, X_n$ in der Veränderlichen $(X_1, X_2, \ldots, X_n)$ voneinander unabhängig.

Hat $(X_1, X_2, \ldots, X_n)$ eine Dichtefunktion, so gilt eine zu (1.33) analoge Relation auch für die Dichte

$$f(x_1, x_2, \ldots, x_n) = f(x_1) \ldots f(x_n) \, . \qquad (1.34)$$

Wir nennen deshalb die Veränderlichen X_1 und X_2 der zweidimensionalen Zufallsgröße (X_1, X_2) voneinander unabhängig, wenn sich die Verteilungsfunktion $F(x_1, x_2)$ als Produkt der Randverteilungsfunktionen $F(x_1)$ und $F(x_2)$ darstellen läßt.

Eine analoge Beziehung gilt auch für die Verteilungsdichte. Ist $F(x_1, x_2)$ partiell nach x_1 und x_2 differenzierbar, so ist

$$\frac{\partial^2 F(x_1, x_2)}{\partial x_1 \, \partial x_2} = f(x_1, x_2) = F'(x_1) F'(x_2) = f(x_1) f(x_2) \, . \quad (1.35)$$

1.4 Mittelwerte, Momente und charakteristische Funktionen

Eine Zufallsgröße ist gegeben, wenn ihre Verteilungs- oder ihre Dichtefunktion bekannt ist. Diese Funktionen aber sind in den Anwendungen der Wahrscheinlichkeitsrechnung oft unbekannt und auch meßtechnisch nur schwer erfaßbar. Es kommt somit darauf an, solche Kenngrößen (Parameter) der Zufallsgrößen zu finden, die einerseits leicht gemessen werden können und mit deren Hilfe andererseits auf die Verteilungs- bzw. Dichtefunktion - zumindest näherungsweise - geschlossen werden kann. Solche Parameter sind teils sehr einfache, teils aber auch komplizierte Mittelwerte der Veränderlichen, die man als Momente bezeichnet. Zur Lösung vieler praktischer Aufgaben der Wahrscheinlichkeitsrechnung genügt oft allein schon die Kenntnis einiger dieser Parameter.

Betrachten wir dazu ein analoges Problem aus der Mechanik. Gegeben sei ein Körper mit räumlich veränderlicher Massendichte. Zur Kennzeichnung gewisser dynamischer Eigenschaften des Körpers genügen oft schon Kenntnisse über den Schwerpunkt und gewisse Trägheitsmomente des Körpers. Die räumliche Massenverteilung selbst braucht nicht immer im einzelnen bekannt zu sein. Ähnlich ist es auch in der Wahrscheinlichkeitsrechnung. Man rechnet in vielen Fällen nur mit den Parametern der jeweiligen Verteilungen (Mittelwerte, Momente), ohne die Verteilungs- oder Dichtefunktion selbst zu kennen oder genauer zu bestimmen.

Zuerst soll der Mittelwert einer statistischen Variablen mit diskreter Verteilung definiert werden.

Es seien mit einem Experiment A die Ereignisse $x_1, x_2, \ldots, x_n$ mit den Wahrscheinlichkeiten $p_1, p_2, \ldots, p_n$ verknüpft. Dann ist

$$\sum_{\nu=1}^{n} p_\nu = 1 \, .$$

Als Mittelwert oder mathematische Erwartung des Kollektivs wird dann die Summe

$$\bar{x} = E(x) = \sum_{\nu=1}^{n} p_\nu x_\nu \qquad (1.36)$$

bezeichnet, die den "gewogenen" Mittelwert des Kollektivs darstellt, wobei als Wägestücke die Wahrscheinlichkeiten p_ν in den Punkten konzentrierter Masse dienen. Genauso wird der Mittelwert einer Funktion $g(x)$ des Kollektivs durch

$$\bar{g} = E[g(x)] = \sum_{\nu=1}^{n} p_\nu g(x_\nu) \qquad (1.37)$$

definiert.

Zur experimentellen Bestimmung eines Mittelwertes müssen neben den Werten des Kollektivs auch noch die Häufigkeiten dieser Werte beobachtet werden.

Nun soll das Verfahren zur Bestimmung des Mittelwertes der statistischen Variablen X bei stetiger Verteilung betrachtet werden.

Da die Häufigkeit der Werte X im Intervall $(x, x + \Delta x)$ angenähert gleich $f(x)\Delta x$ und der Wert von X in diesem Intervall angenähert gleich x ist, so ist der Mittelwert angenähert gleich

$$\bar{x} = E(x) \approx \sum_{\Delta x} xf(x)\Delta x \,,$$

wobei die Summation über alle Intervalle Δx vom Minimalwert x_{min} bis zum Maximalwert x_{max} der Größe x auszuführen ist. Durch Grenzenübergang $\Delta x \to 0$ ergibt sich als genaue Gleichung für den Mittelwert

$$\bar{x} = E(x) = \int_{x_{min}}^{x_{max}} xf(x)dx \,. \qquad (1.38)$$

Gewöhnlich wird (1.38) ohne genauere Angaben über die Grenzen der Verteilung für X in Form

$$\bar{x} = E(x) = \int_{-\infty}^{+\infty} xf(x)dx \qquad (1.39)$$

geschrieben.

In entsprechender Weise wird für eine Funktion $g(X)$ der Mittelwert

$$\bar{g} = E(g) = \int_{-\infty}^{+\infty} g(x)f(x)dx \,. \qquad (1.40)$$

Unter Berücksichtigung, daß

$$f(x)\,dx = dF(x) \qquad (1.41)$$

ist, läßt sich für (1.40) auch schreiben:

$$\bar{g} = E(g) = \int_{-\infty}^{+\infty} g(x)\,dF(x)\,. \qquad (1.42)$$

Wenn für eine ganze positive Zahl ν die Funktion x^ν im Intervall $(-\infty, +\infty)$ hinsichtlich $F(x)$ integrabel ist, wird der Mittelwert

$$\alpha_\nu = E(x^\nu) = \int_{-\infty}^{+\infty} x^\nu dF(x) \qquad (1.43)$$

als Moment ν-ter Ordnung bezeichnet. Es ist offensichtlich, daß das Moment 0. Ordnung

$$\alpha_0 = \int_{-\infty}^{+\infty} dF(x) \qquad (1.43)$$

stets existiert und gleich 1 ist.

Aus der Mechanik ist bekannt, daß das durch

$$m_0 = \alpha_1 = \int_{-\infty}^{+\infty} x\,dF(x) \qquad (1.44)$$

beschriebene Moment 1. Ordnung, das den Mittelwert der Zufallsgröße selbst darstellt, die Abszisse des Massenschwerpunktes einer Verteilung $F(x)$ ist. In entsprechender Weise stellt das Moment 2. Ordnung

$$\alpha_2 = \int_{-\infty}^{+\infty} x^2 dF(x) \qquad (1.45)$$

das Trägheitsmoment für die Verteilung $F(x)$ dar, bezogen auf die zur Abszissenachse senkrechte Achse durch $x = 0$.

Ist x_0 eine Konstante, so wird die Größe

22

$$E[(X - x_0)^\nu] = \int_{-\infty}^{+\infty} (x - x_0)^\nu dF(x) \quad (\nu = 0, 1, 2, \ldots, N) \qquad (1.46)$$

als Moment, bezogen auf den Punkt x_0, bezeichnet. Die Bezeichnung $E[\ldots]$ stellt hierin das allgemeine Symbol des Erwartungswertes im Unterschied zum Mittelwert dar.

Die Momente bezüglich des Massenschwerpunktes für die Verteilung $F(x)$, d.h. bezogen auf den Punkt $x_0 = m_0$, werden Zentralmomente genannt:

$$\beta_\nu = E[(X - m_0)^\nu] = \int_{-\infty}^{+\infty} (x - m_0)^\nu dF(x) . \qquad (1.47)$$

Durch Auflösung von $(x - m_0)^\nu$ kann der Zusammenhang zwischen den Nullmomenten und den Zentralmomenten gefunden werden:

$$
\begin{aligned}
\beta_0 &= 1 \\
\beta_1 &= 0 \\
\beta_2 &= \alpha_2 - m_0^2 \\
\beta_3 &= \alpha_3 - 3m_0\alpha_2^2 + 2m_0^3 \\
\beta_4 &= \alpha_4 - 4m_0\alpha_3 + 6m_0^2 + \alpha_2 - 3m_0^4
\end{aligned}
\qquad (1.48)
$$

$\cdots \cdots \cdots \cdots \cdots \cdots \cdots \cdots \cdots$

Bei vielen Aufgaben ist es zweckmäßig, die statistische Variable nicht durch die Verteilungsfunktion, sondern durch die charakteristische Funktion zu kennzeichnen. Die charakteristische Funktion $\Psi(j\omega)$ der statistischen Variablen X wird definiert durch den Ausdruck

$$\Psi(j\omega) = \int_{-\infty}^{\infty} e^{-j\omega x} f(x) dx , \qquad (1.49)$$

worin $f(x)$ die Wahrscheinlichkeitsdichte bedeutet.

Die charakteristische Funktion wird also als die Fourier-Transformierte der Verteilungsdichtefunktion betrachtet. Daher läßt sich $f(x)$

bei Kenntnis von $\Psi(j\omega)$ nach den üblichen Formeln der Fourier-Transformation berechnen:

$$f(x) = \frac{1}{2\pi} \int_{-\infty}^{+\infty} e^{+j\omega x}\Psi(j\omega)d\omega. \qquad (1.50)$$

Ausgehend von den Eigenschaften der Wahrscheinlichkeitsdichte $f(x)$ läßt sich jetzt leicht zeigen, daß die charakteristische Funktion folgende Eigenschaften hat:

I. $\Psi(0) = 1$.

II. $|\Psi(j\omega)| \leqslant 1 \quad (-\infty < \omega < \infty)$.

III. Die charakteristische Funktion $\Psi(j\omega)$ der Summe $X = X_1 + X_2 + \cdots + X_n$ der unabhängigen regellosen Variablen $X_1, X_2, \ldots, X_n$ ist gleich dem Produkt der charakteristischen Funktionen dieser Variablen, also

$$\Psi(j\omega) = \Psi_1(j\omega)\Psi_2(j\omega)\ldots\Psi_n(j\omega),$$

worin $\Psi(j\omega)$ die charakteristische Funktion der regellosen Variablen x bedeutet.

Es sei bemerkt, daß sich die Momente durch einfaches Differenzieren leicht berechnen lassen, wenn die charakteristische Funktion der regellosen Variablen bekannt ist. Durch Differentiation von (1.49) nach ω und Gleichsetzen von $\omega = 0$ ergibt sich

$$\frac{d^n\Psi(j\omega)}{d\omega^n}\bigg|_{\omega = 0} = \int_{-\infty}^{+\infty}\frac{d^n}{d\omega^n}e^{-j\omega x}f(x)dx\bigg|_{\omega = 0}$$

$$= (-j)^n \int_{-\infty}^{+\infty} x^n f(x)dx = (-j)^n\alpha_n.$$

Hieraus folgt

$$\alpha_n = (-j)^{-n}\frac{d^n\Psi(j\omega)}{d\omega^n}\bigg|_{\omega = 0}. \qquad (1.51)$$

In der Praxis ist es oft wichtig, eine Verteilungsfunktion - wenn auch
nur in allgeminen Zügen - mit Hilfe einiger einfacher Parameter zu
beschreiben. Einige der wichtigsten Parameter dieser Art sollen betrachtet werden.

Der Mittelwert

$$E(X) = m_0 = \int\limits_{-\infty}^{+\infty} x\,dF(x)\,, \qquad (1.52)$$

das Nullmoment 1. Ordnung, ist der Mittelwert der statistischen
Variablen selbst. Der Mittelwert m_0 hat, wie bereits gezeigt wurde,
eine einfache physikalische Interpretation: Er ist die Abszisse des
Schwerpunktes der gegebenen Verteilungsfunktion $F(x)$ der Einheitsmasse.

Der quadratische Mittelwert der statistischen Variablen

$$E(X^2) = \int\limits_{-\infty}^{+\infty} x^2\,dF(x) = \alpha_2 \qquad (1.53)$$

stellt das Nullmoment 2. Ordnung von X dar.

Wenn der Mittelwert m_0 der statistischen Variablen bekannt ist, so
ist es oft notwendig, einen Parameter zu berechnen, der zeigt, wie
breit die Werte dieser Größe nach jeder Seite von dem typischen Wert
aus streuen. Ein Parameter dieser Art wird Charakteristik der Streuung genannt.

Als Maß für die Streuung bezüglich des Mittelwertes m_0 wird gewöhnlich das zweite Zentralmoment

$$\beta_2 = E[(X - m_0)^2] = \int\limits_{-\infty}^{+\infty} (x - m_0)^2\,dF(x) \qquad (1.54)$$

betrachtet. Es wird auch Dispersion genannt.

Um für die Charakteristik der Streuung dieselbe Dimension zu haben, wie sie die Größe X besitzt, wird vorgezogen, die positive Quadratwurzel aus β_2 zu betrachten, die als Standardabweichung oder Streuung

$$\sigma = + \sqrt{\beta_2} \qquad (1.55)$$

bezeichnet wird.

1.5 Ein- und mehrdimensionale Normalverteilung

Eine Analyse der Bedingungen für das Auftreten der Normalverteilung zeigt, daß sie in allen Fällen gültig wird, wo die Zufallsgröße X ein Summeneffekt einer großen Anzahl voneinander unabhängiger Ursachen ist. Dies besonders ist der Grund, daß die Normalverteilung in der Praxis so äußerst häufig auftritt.

Die eindimensionale Normal-(Gaußsche)Verteilungsfunktion hat die Form

$$F(x) = \frac{1}{\sqrt{2\pi}} \int\limits_{-\infty}^{x} e^{-u^2/2}\, du \,. \qquad (1.56)$$

Die entsprechende Verteilungsdichtefunktion ist

$$f(x) = F'(x) = \frac{1}{\sqrt{2\pi}} e^{-x^2/2} \,. \qquad (1.57)$$

Darstellungen dieser Funktionen werden in den Bildern 1.9 und 1.10 gezeigt.

Der Mittelwert dieser Verteilung ist gleich Null, der entsprechende quadratische Mittelwert ist gleich Eins. Es gilt nämlich

$$\int\limits_{-\infty}^{+\infty} x\, dF(x) = \frac{1}{\sqrt{2\pi}} \int\limits_{-\infty}^{+\infty} x e^{-x^2/2}\, dx = 0, \qquad (1.58)$$

$$\int\limits_{-\infty}^{+\infty} x^2 dF(x) = \frac{1}{\sqrt{2\pi}} \int\limits_{-\infty}^{+\infty} x^2 e^{-x^2/2} dx = 1 \,. \qquad (1.59)$$

Bei $x = 0$ hat die Kurve $f(x)$ ihr Maximum:

$$f(0) = \frac{1}{\sqrt{2\pi}} \,. \qquad (1.60)$$

Eine Zufallsgröße heißt normal verteilt mit den Parametern m_0, σ, wenn ihre Verteilungsfunktion $F[(x - m_0)/\sigma]$ ist und $F(x)$ nach (1.56)

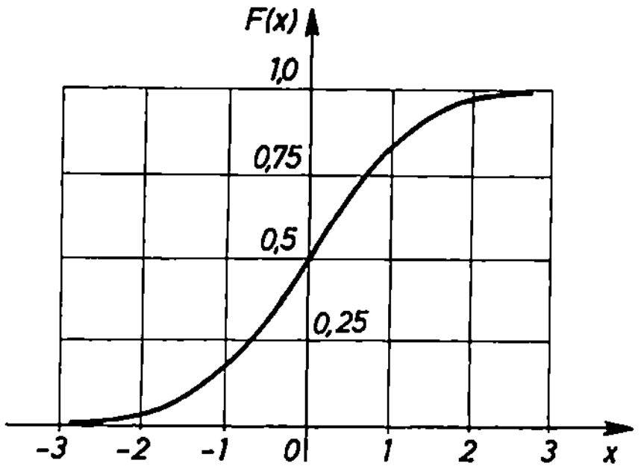

Bild 1.9. Gaußsche Normalverteilungsfunktion

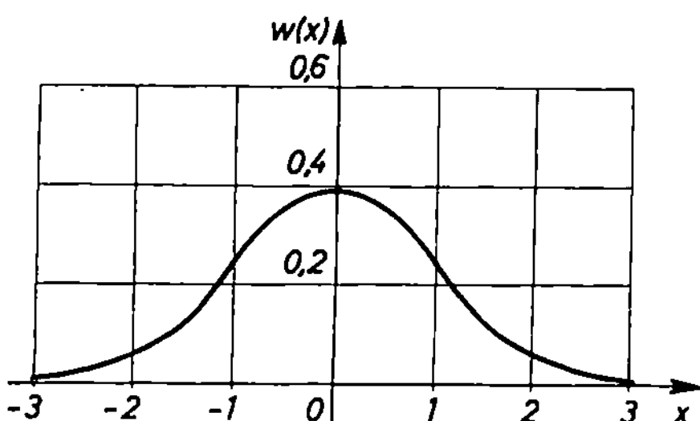

Bild 1.10. Verteilungsdichte der Normalverteilung

bestimmt werden kann. Hierbei ist die Verteilungsdichtefunktion

$$f(x) = \frac{1}{\sigma} F'\left(\frac{x - m_0}{\sigma}\right) = \frac{1}{\sigma\sqrt{2\pi}}\, e^{-(x - m_0)^2/2\sigma^2} \,. \qquad (1.61)$$

In diesem Fall wird gemäß (1.43) und (1.47)

$$\alpha_1 = \frac{1}{\sigma\sqrt{2\pi}} \int\limits_{-\infty}^{+\infty} x e^{-(x - m_0)^2/2\sigma^2} \, dx =$$

$$= \frac{1}{\sqrt{2\pi}} \int\limits_{-\infty}^{+\infty} (m_0 + \sigma x) e^{-x^2/2} \, dx = m_0 \,,$$

(1.62)

$$\beta_2 = \frac{1}{\sigma\sqrt{2\pi}} \int\limits_{-\infty}^{+\infty} (x - m_0)^2 e^{-(x - m_0)^2/2\sigma^2} \, dx =$$

$$= \frac{\sigma^2}{\sqrt{2\pi}} \int\limits_{-\infty}^{+\infty} x^2 e^{-x^2/2} \, dx = \sigma^2 \,.$$

(1.63)

Hierin bezeichnen m_0 und σ den arithmetischen Mittelwert und die Streuung. Die Änderung des Wertes m_0 ruft lediglich eine Verschiebung der Kurve f(x) längs der Abszissenachse ohne Änderung der Form hervor, während die Änderung der Größe σ eine Maßstabsänderung für beide Koordinatenachsen bedeutet, wobei die von f(x) und

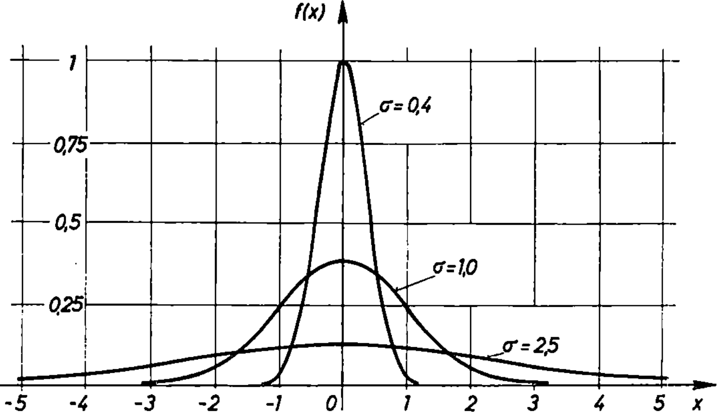

Bild 1.11. Einfluß der Streuung auf die Normalverteilungsdichte

der Abszissenachse eingeschlossene Fläche gleich Eins bleibt
(Bild 1.11). Je kleiner σ ist, ein um so größerer Teil der "Masse" ist
in der Umgebung des Punktes $x = m_0$ konzentriert.

Aus der Verteilungsfunktion $F(x)$ einer normalverteilten Zufallsgröße X
mit den Parametern m_0 und σ läßt sich unter Einbeziehung von (1.61)
eine für theoretische und praktische Berechnungen sehr geeignete Funktion
ableiten. Nach einigen Umformungen erhalten wir nämlich

$$F(x) = \frac{1}{\sigma\sqrt{2\pi}} \int_{-\infty}^{x} e^{-(t-m_0)^2/2\sigma^2} dt =$$

$$= \frac{1}{\sqrt{2\pi}} \int_{-\infty}^{(x-m_0)/\sigma} e^{-t^2/2} dt . \tag{1.64}$$

Das Integral auf der rechten Seite von (1.64) läßt sich nicht elementar
auswerten. Wegen der Symmetrieeigenschaften $[\Phi(-u) = -\Phi(u)]$ des
Integranden verwendet man für praktische Aufgaben vielmehr die
spezielle Funktion

$$\Phi(u) = \frac{1}{\sqrt{2\pi}} \int_{0}^{u} e^{-t^2/2} dt , \tag{1.65}$$

die in Anhang A tabelliert ist. Gute Dienste leistet (besonders bei
numerischen Berechnungen mittels Digitalrechner) die Reihenentwicklung

$$\Phi(u) = \frac{1}{\sqrt{2\pi}} \left\{ \frac{u}{1!} - \frac{u^3}{3.2!!} + \frac{u^5}{5.4!!} - \frac{u^7}{7.6!!} + \cdots \right\}, \tag{1.66}$$

worin $2n!! = 2^n n!$ bedeutet.

Nach Einsetzen von (1.65) in (1.64) erhalten wir eine einfachere Darstellung der Verteilungsfunktion $F(x)$ in der Form

$$F(x) = \frac{1}{2} + \Phi\left(\frac{x-m_0}{\sigma}\right) . \tag{1.67}$$

Entsprechend der allgemeinen Eigenschaft der Verteiligungsfunktion können wir die Wahrscheinlichkeit dafür berechnen, daß die Zufallsgröße ins Intervall $[x_1, x_2)$ fällt. Es gilt nämlich mit (1.67)

$$P(x_1 \leqslant X \leqslant x_2) = F(x_2) - F(x_1) =$$

$$= \Phi\left(\frac{x_2 - m_0}{\sigma}\right) - \Phi\left(\frac{x_1 - m_0}{\sigma}\right).$$

(1.68)

Mit Hilfe der Funktion $\Phi(u)$ können wir z.B. die Wahrscheinlichkeiten dafür zahlenmäßig angeben, daß ein beliebiger Wert x der normalverteilten Zufallsgröße X mit dem Mittelwert m_x und der Streuung σ_x ins Intervall $|x - m_x| < k\,\sigma_x$ $(k = 1, 2, \ldots)$ fällt

$$P(|x - m_x| < \sigma_x) = 2\Phi(1) \approx 0,6827 \,,$$
$$P(|x - m_x| < 2\sigma_x) = 2\Phi(2) \approx 0,9545 \,,$$
$$P(|x - m_x| < 3\sigma_x) = 2\Phi(3) \approx 0,9973 \,,$$
$$P(|x - m_x| < 4\sigma_x) = 2\Phi(4) \approx 0,99994 \,.$$

Bei der Betrachtung der n-dimensionalen Normalverteilung beginnen wir der Anschaulichkeit halber mit zwei unabhängigen statistischen Variablen X_1 und X_2. Ihre Verteilungsdichte sei $f(x_1, x_2)$, mit deren Hilfe das Wahrscheinlichkeitselement

$$f(x_1, x_2) \, dx_1 \, dx_2$$

gerade die Wahrscheinlichkeit dafür bestimmt wird, daß die Werte der Variablen X_1, X_2 in den Intervallen $(x_1, x_1 + dx_1 ; x_2, x_2 + dx_2)$ liegen, wird zweidimensionale Verteilungsdichtefunktion der statistischen Variablen X_1, X_2 genannt. Genau ebenso kann der Begriff der n-dimensionalen Verteilungsdichtefunktion eingeführt werden.

Es läßt sich zeigen, daß eine statistische Variable, die selbst die Summe zweier voneinander unabhängiger statistischer Variabler X_1, X_2 darstellt, von denen jede die Normalverteilung mit den Mittelwerten m_1, m_2 und den Dispersionen σ_1^2, σ_2^2 besitzt, ebenfalls Normalverteilung mit dem Mittelwert $m_1 + m_2$ und der Dispersion $\sigma_1^2 + \sigma_2^2$ besitzt.

Es kann gesagt werden, daß eine Menge aus n statistisch unabhängigen Variablen $X_1, X_2, \ldots, X_n$ eine n-dimensionale Normalverteilung besitzt, wenn die n-dimensionale Verteilungsdichtefunktion dieser Variablen in der Form

$$f(x_1, x_2, \ldots, x_n) = \frac{1}{(2\pi)^{n/2}} \frac{1}{\sqrt{C}} \exp\left[-\frac{1}{2C} \sum_{k, l = 1}^{n} B_{kl} x_k x_l \right] \qquad (1.69)$$

dargestellt werden kann. Hierzu ist der Einfachheit halber angenommen, daß die Mittelwerte der Variablen $X_1, X_2, \ldots, X_n$ verschwinden, d.h. daß $\bar{x}_i = 0$ ist. Die Größen B_{kl} sind dabei die algebraischen Ergänzungen der Elemente

$$c_{kl} = \overline{x_k x_l} = \int\limits_{-\infty}^{+\infty} \cdots \int\limits_{-\infty}^{+\infty} x_k x_l \, f(x_1, x_2, \ldots, x_n) dx_1 \, dx_1 \ldots dx_n \qquad (1.70)$$

der Determinante C. So ist z.B. im Fall der zweidimensionalen Verteilung

$$C = \begin{vmatrix} c_{11} & c_{12} \\ c_{21} & c_{22} \end{vmatrix} = \begin{vmatrix} \overline{x_1^2} & \overline{x_1 x_2} \\ \overline{x_2 x_1} & \overline{x_2^2} \end{vmatrix} = \begin{vmatrix} \sigma_1^2 & \rho\sigma_1\sigma_2 \\ \rho\sigma_1\sigma_2 & \sigma_2^2 \end{vmatrix} = \sigma_1^2 \sigma_2^2 (1 - \rho^2) , \qquad (1.71)$$

worin

$$\overline{x_1^2} = \sigma_1^2, \quad \overline{x_2^2} = \sigma_2^2, \quad \overline{x_1 x_2} = \rho\sigma_1\sigma_2$$

und ρ der Korrelationskoeffizient ist.

Gemäß Definition ist

$$B_{11} = \sigma_2^2, \quad B_{12} = -\rho\sigma_1\sigma_2, \quad B_{22} = \sigma_1^2. \qquad (1.72)$$

Nach Einsetzen von (1.71) und (1.72) in (1.69) wird folgender Ausdruck für die zweidimensionale Normalverteilung erhalten:

$$f(x_1, x_2) = \frac{1}{2\pi \sigma_1 \sigma_2 \sqrt{1 - \rho^2}} \exp\left[-\frac{1}{2(1 - \rho^2)} \left(\frac{x_1^2}{\sigma_1^2} + \frac{x_2^2}{\sigma_2^2} - \frac{2\rho x_1 x_2}{\sigma_1\sigma_2} \right) \right] .$$

$$(1.73)$$

Diese zweidimensionale Verteilungsdichte ist in Bild 1.12 dargestellt.

Zum Abschluß dieses Abschnittes sollen zwei völlig unterschiedliche Probleme aus dem Bereich der Zufallsschwingungen angeführt werden, die die vielseitige Anwendbarkeit der eben erläuterten Eigenschaften normalverteilter Zufallsgrößen demonstrieren sollen. Ihre Gemeinsamkeit liegt in der Lösungsmethode.

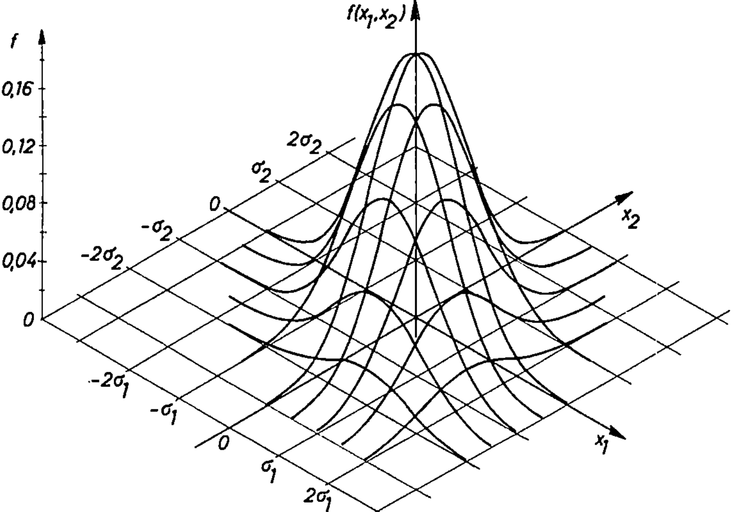

Bild 1.12. Zweidimensionale Gaußsche Wahrscheinlichkeitsdichte $f(x_1,x_2)$ bei $m_1 = m_2 = 0$, $\sigma_1 = \sigma_2 = 1$ und $\rho = 0,5$

Problem 1

Ein Flugzeug fliege in seiner Diensthöhe m_y unter einer ausgedehnten Wolkendecke. Die Höhe X der unteren "Grenzfläche" der Wolkendecke sei über die Höhe normalverteilt mit der Verteilungsdichte $f_1(x)$. Infolge auf- und absteigender Luftströmungen kann der Autopilot das Flugzeug nur in der Nähe der vorgeschriebenen Diensthöhe m_y halten, es führt also neben dem Horizontalflug auch vertikale Höhenänderungen aus. Aufgrund der kumulativen Einflüsse können wir diese Höhenschwankungen als eine normalverteilte Zufallsgröße Y mit der Verteilungsdichte $\varphi(y)$ auffassen. Es ist die auf die gesamte Flugzeit

bezogene Sichtbehinderung V (Durchfliegen der Wolken) zu bestimmen.
Eine Sichtbehinderung tritt ein, wenn die augenblickliche Flughöhe Y
größer als die Höhe X der unteren Wolkengrenzfläche ist.

<u>Problem 2</u>

Eine Maschine soll ein Arbeitswerkzeug möglichst dicht an einem Gut
entlang führen, z.B. seitlich an einer Pflanzenreihe bei der Ernte oder
in einem bestimmten Abstand über oder unter der Bodenoberfläche.
Die Verteilung des Gutes quer zur Arbeitsrichtung sei zufällig. Dies
kann durch unregelmäßige Anordnung der Einzelkörper des Gutes, z.B.
von Pflanzen oder Kartoffelknollen, unregelmäßige Dichte oder unregelmäßige Berandung des Gutes hervorgerufen sein. Zugleich weise der
Werkzeugweg zufällige Schwankungen quer zur Arbeitsrichtung auf. Um
das Werkzeug nicht in zu großem mittleren Abstand vom Gut führen zu
müssen, wird zugelassen, daß es gelegentlich in das Gut einschneidet.
Die dadurch entstehenden Beschädigungen, Verluste oder Verunreini-
gung dürfen aber ein bestimmtes Maß nicht überschreiten. Zur Beurteilung der Führung des Werkzeuges ist nun zu klären, wie seine Ein-
stellung von seinen Schwankungen und der Verteilung des Gutes abhängig
ist.

Solche Fragen ergeben sich unter anderem bei der Bergung unter der
Erdoberfläche wachsenden Erntegutes, z.B. bei der Ernte von Kar-
toffeln, wobei die Tiefenlage der Knollen die eine, der Tiefgang des
Rodeorgans die andere zufällig schwankende Größe darstellt.

Entsprechend Bild 1.13 können die Tiefenlage einer Kartoffelknolle
durch eine zufällige Veränderliche X mit der Verteilungsdichte $f(x)$
und die Tiefenlage der Scharspitze eines Kartoffelroders durch eine
zufällige Veränderliche Y mit der Verteilungsdichte $\varphi(y)$ beschrieben
werden, wobei die Verteilungsdichten $f(x)$ und $\varphi(y)$ als Gaußsche
Verteilungsdichten betrachtet werden sollen.

Rodeverluste treten immer dann auf, wenn sich die Schneide des Rode-
schars oberhalb des tiefsten Punktes einer Kartoffelknolle befindet,
d.h. $Y \leqslant X$ ist. Tiefenlage der Knollen und die Tiefe des Rodeorgans

sind voneinander unabhängige Zufallsgrößen. Zu bestimmen ist die Größe der Rodeverluste V in % des Ertrages.

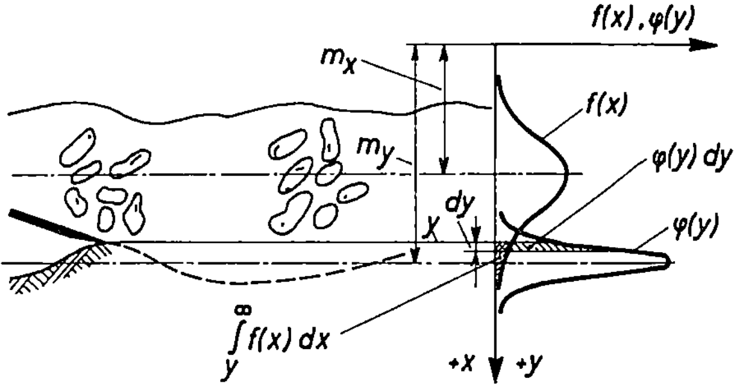

Abb. 1.13. Knollenverteilung und Schwankung der Werkzeugtiefe

Die mathematische Lösung beider Probeleme ist identisch, wir besprechen sie anhand des zweiten Beispiels.

f(x)dx ist die Wahrscheinlichkeit, daß sich Kartoffelknollen (Wolken) in dem infinitesimalen Streifen dx in der Tiefe (Höhe) x befinden.

$$\int\limits_{y}^{+\infty} f(x)\, dx$$ ist dann die Wahrscheinlichkeit für das Auftreten von Kartoffeln (Wolken) unterhalb y.

Läuft die Schar in der Tiefe y, so geht der dem obigen Integral entsprechende Anteil der Kartoffeln verloren. Wegen der Tiefgangschwankungen der Schar befindet es sich nur zeitweilig in der Tiefe y, es ist φ(y) dy die Wahrscheinlichkeit, daß sich die Schar (das Flugzeug) in dem infinitesimalen Streifen dy in der Tiefe (Höhe) y befindet.

Demnach ist $\left[\int\limits_{y}^{+\infty} f(x)dx\right]\varphi(y)\, dy$ die Wahrscheinlichkeit der Kartoffelverluste (Sichtbehinderung) hervorgerufen durch Aufenthalt der Schar (des Flugzeugs) in dem infinitesimalen Streifen dy in der Tiefe (Höhe) y.

Die insgesamt zu erwartenden Verluste (Sichtbehinderung) ergeben
sich durch Summation:

$$V = \int\limits_{-\infty}^{+} \left[\int\limits_{y}^{+\infty} f(x)\,dx \; \varphi(y) \right] dy .$$
(1.74)

Falls $f(x)$ und $\varphi(y)$ die Dichten einer Normalverteilung sind, erhalten
wir nach Abschnitt 1.3 für die Rodeverluste V:

$$V = \frac{1}{2\pi\,\sigma_x\,\sigma_y} \int\limits_{-\infty}^{+\infty} \exp\left[-\frac{1}{2} \frac{(y - m_y)^2}{\sigma_y^2} \right] \left(\int\limits_{y}^{+\infty} \exp\left[-\frac{1}{2} \frac{(x - m_x)^2}{\sigma_x^2} \right] dx \right) dy =$$
(1.75)

$$= \left(\Phi \frac{m_x - m_y}{\sqrt{\sigma_x^2 + \sigma_y^2}} \right) .$$

Zur Erleichterung der Anwendung ist (1.75) im Bild 1.14 für verschiedene Verluste (Sichtbehinderungen) dargestellt [1.4].

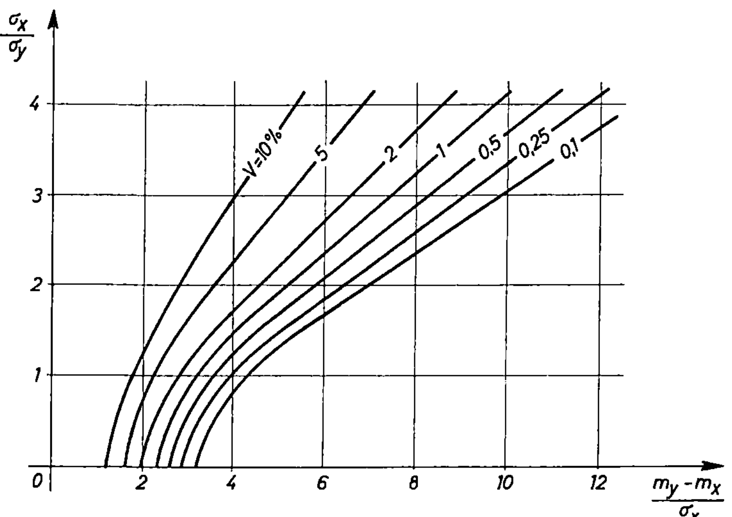

Abb.1.14. Dimensionslose Darstellung des Mittenabstandes zweier
unabhängiger Normalverteilungen bei gegebenem Wert des Fehler-
integrals und der Standardabweichungen

1.6 Genäherte analytische Darstellung von Verteilungsdichte-Funktionen

Trotz der großen mathematischen Bedeutung der Gaußschen Normalverteilung ist es bei der Untersuchung praktischer Probleme, z.B. bei der experimentellen Schwingungsanalyse, sehr häufig der Fall, daß die Verteilungsdichte der zufälligen Schwingungsamplitude stark von der Normalverteilung abweicht und einem anderen unbekannten Verteilungsgesetz gehorcht. Liegt die analytisch unbekannte Verteilungsdichte $f(x)$ der als Zufallsgröße X aufgefaßten zufälligen Schwingungsamplitude graphisch oder in Form einer Zahlentafel vor, so besteht die Möglichkeit, diese Verteilungsdichte durch einen für weitere Rechnungen geeigneten analytischen Ausdruck beliebig genau zu approximieren.

Ist $f(x)$ die gegebene Verteilungsdichtefunktion (VD), die durch einen analytischen Ausdruck angenähert werden soll, so kann man mit Hilfe der Etalonfunktion $f_0(x)$ und den orthonormalen Polynomen $p_0(x)$, $p_1(x)$,... folgende Bedingung erfüllen:

$$\int_{-\infty}^{+\infty} p_\nu(x)p_\mu(x)f_0(x)dx = \delta_{\nu\mu} = \begin{cases} 1 & \text{für } \nu = \mu, \\ 0 & \text{für } \nu \neq \mu. \end{cases} \qquad (1.76)$$

Diese orthonormalen Polynome können als Funktion des Polynoms $p_0(x)$ und dem Grad n der höchsten Potenz dargestellt werden. Dabei sind

$$p_0(x) = 1, \; p_n(x) = \sum_{k=0}^{n} a_{nk}x^k \quad (n = 1,2,\ldots). \qquad (1.77)$$

Damit läßt sich die vorgegebene VD $f(x)$ in die folgende unendliche Reihe entwickeln:

$$f(x) = f_0(x)[C_0p_0(x) + C_1p_1(x) + \ldots]. \qquad (1.78)$$

Zur Berechnung der Koeffizienten C_n lösen wir (1.78) nach $p_n(x)$ auf und integrieren den Ausdruck von $-\infty$ bis ∞. In Anbetracht von (1.76) erhalten wir:

$$C_n = \int_{-\infty}^{+\infty} p_n(x) f(x)\, dx \qquad (n = 1, 2, \ldots). \tag{1.79}$$

Nach Einsetzen von (1.77) in (1.79) ergibt sich:

$$C_0 = 1, \quad C_n = \sum_{k=0}^{n} a_{nk}\, \alpha_k \qquad (n = 1, 2, \ldots), \tag{1.80}$$

worin α_k das k-te Moment der durch die VD $f(x)$ charakterisierten Zufallsgröße X bedeutet:

$$\alpha_k = \int_{-\infty}^{+\infty} x^k f(x)\, dx \qquad (k = 1, 2, \ldots). \tag{1.81}$$

Auf diese Weise können also alle Koeffizienten der Reihendarstellung (1.78) leicht ausgerechnet werden. Die Reihe auf der rechten Seite von (1.78) konvengiert zu $f(x)$, so daß die genäherte Darstellung von $f(x)$ mit beliebiger Genauigkeit möglich ist. Wie die Erfahrung zeigt, genügen in den meisten Fällen die ersten zwei bis vier Glieder der unendlichen Reihe.

Man wählt aus mathematischen Gründen die Gaußsche Normalverteilungsdichte (NVD) als Etalonfunktion in der Form

$$f_0(x) = \frac{1}{\sqrt{2\pi}}\, e^{-x^2/2}. \tag{1.82}$$

Hat die betrachtete Zufallsgröße X' den Mittelwert m_x und die Streuung σ_x, so läßt sich ihre VD $f(x)$ auch in eine normierte VD mit der Veränderlichen

$$X = (X' - m_x)/\sigma_x$$

transformieren. Nach dieser Vorbereitung der Funktion $f(x)$ können wir die Polynome p_n aus der Formel

$$p_n(x) = \frac{1}{\sqrt{n!}}\, H_n(n) \qquad (n = 0, 1, 2, \ldots) \tag{1.83}$$

bestimmen. Darin bedeutet $H_n(x)$ die Hermiteschen Polynome:

$$H_0(x) = 1, \qquad H_1(x) = x, \qquad H_2(x) = x^2 - 1,$$
$$H_3(x) = x^3 - 3x, \qquad H_4(x) = x^4 - 6x^2 + 3, \ldots, \tag{1.84}$$

die mit der allgemeinen Gleichung

$$H_n(x) = x^n + \sum_{m=1}^{[n/2]} (-1)^m (2m - 1)!! \; C_n^{2m} x^{n-2m} \tag{1.85}$$

definiert sind. Aus (1.79) erhält man hierfür die ersten sechs Werte der Koeffizienten C_n:

$$C_0 = 1, \quad C_1 = C_2 = 0, \quad C_3 = \frac{\alpha_3}{\sqrt{3!}}, \quad C_4 = \frac{\alpha_4 - 3}{\sqrt{4!}},$$
$$\tag{1.86}$$
$$C_5 = \frac{\alpha_5 - 10\,\alpha_3}{\sqrt{5!}}, \quad C_6 = \frac{\alpha_6 - 15\,\alpha_4 + 30}{\sqrt{6!}},$$

und die Reihendarstellung der VD $f(x)$ geht über in

$$f(x) = \frac{1}{\sqrt{2\pi}} e^{-x^2/2} \left[1 + \sum_{n=3}^{\infty} \frac{C_n H_n(x)}{\sqrt{n!}} \right] . \tag{1.87}$$

Bedenkt man daß,

$$\frac{1}{\sqrt{2\pi}} e^{-x^2/2} H_n(x) = (-1)^n f_0^{(n)}(x) = (-1^n)\Phi^{(n+1)}(x) \tag{1.88}$$

ist, worin $\Phi(x)$ die durch (1.65) definierte Funktion bedeutet, so läßt sich (1.87) mit Hilfe der Ableitungen von $\Phi(x)$ nach x eine für praktische Berechnungen geeignete Formel schreiben:

$$f(x) = \Phi'(x) + \sum_{n=3}^{\infty} \frac{(-1)^n C_n}{\sqrt{n!}} \Phi^{(n+1)}(x) . \tag{1.89}$$

Dieser Ausdruck für die Verteilungsdichte $f(x)$ stellt ihre Gram-Charliersche Reihenentwicklung dar [1.5], [1.6].

Die praktische Anwendung dieser Reihendarstellung wird durch die im Anhang B tabellierten Werte der Ableitungen $\Phi^{(k)}(x)$ erleichtert.

Hat man bei der Analyse der als Zufallsgröße X betrachteten Schwingungsamplitude nicht ihre Momente α_k, sondern die Zentralmomente β_k und dabei auch die Streuung σ_x erhalten, so können die Konstanten statt nach (1.86) aus

$$C_0 = 1, \quad C_2 = C_3 = 0, \quad C_4 = \frac{1}{\sqrt{4!}}\left(\frac{\beta_4}{\sigma_x^4} - 3\right),$$

$$(1.90)$$

$$C_5 = \frac{1}{\sqrt{5!}}\left(\frac{\beta_5}{\sigma_x^5} - 10\frac{\beta_3}{\sigma_x^3}\right), \quad C_6 = \frac{1}{\sqrt{6!}}\left(\frac{\beta_6}{\sigma_x^6} - 15\frac{\beta_4}{\sigma_x^4} + 30\right)$$

berechnet werden. Die beiden Quotienten

$$\gamma_1 = \frac{\beta_3}{\sigma_x^3}, \qquad \gamma_2 = \frac{\beta_4}{\sigma_x^4} - 3 \qquad (1.91)$$

charakterisieren "Schiefe" (γ_1) und "Exzeß" (γ_2) der Verteilungsdichte $f(x)$. Sie sind ein Maß für die Abweichung von der Normalverteilung.

Bei der praktischen Anwendung von (1.89) brauchen allerdings nicht unendlich viele, sondern nur die ersten drei bis sechs Glieder der Reihe berücksichtigt zu werden. Zur Veranschaulichung zeigen wir im Bild 1.15 die Approximation einer Gleichverteilung im Intervall $[-\sqrt{3}, \sqrt{3}]$ durch ein, zwei und drei erste Glieder der Reihenentwicklung

$$f(x) = \Phi'(x) - \frac{1}{20}\Phi^{(V)}(x) + \frac{1}{105}\Phi^{(VII)}(x) + \dots \qquad (1.92)$$

1.7 Verteilungsdichte der Funktionen von Zufallsgrößen

In den Anwendungen der Theorie zufälliger Schwingungen kommt es häufig vor, daß einem als Zufallsgröße aufgefaßten Schwingungsvorgang in bestimmter Weise eine neue Zufallsgröße (ein aus dem ersten entstandener zufälliger Schwingungsvorgang) zugeordnet wird.

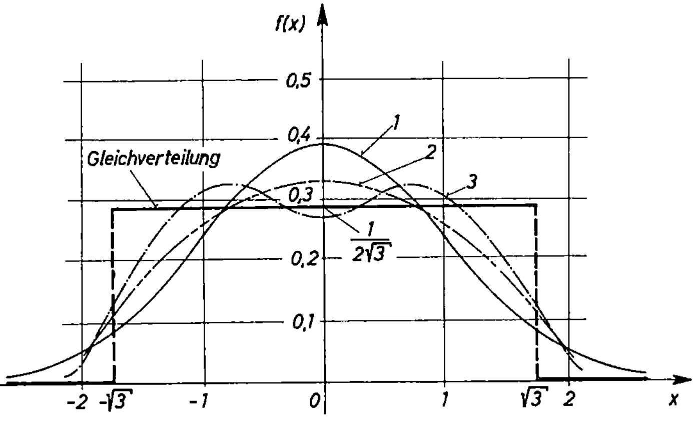

Abb. 1.15. Approximation der Gleichverteilung durch 1, 2 und 3 Gleider der Gram-Charlierschen Reihe (1.89)

Ist z.B. X die Eingangsgröße einer Germaniumdiode, so ist jedem Zahlenwert x der Eingangsgröße ein ganz bestimmter Zahlenwert y der Ausgangsgröße Y zugeordnet. Bei bekannter Verteilungsdichte $f(x)$ der Eingangsgröße muß es also eine zunächst unbekannte Verteilungsdichte $g(y)$ der Ausgangsgröße geben, die mit $f(x)$ und irgendeiner Charakteristik der Germaniumdiode zusammenhängt. Die Aufgabe besteht also darin, aus der Eingangsverteilungsdichte und dem Transformationsgesetz zwischen Ein- und Ausgangsgröße die Ausgangsverteilungsdichte zu bestimmen.

Nehmen wir an, es sei eine zweidimensionale Veränderliche (X_1, X_2) mit der Verteilungsfunktion $F(x_1, x_2)$ bzw. der Dichtefunktion $f(x_1, x_2)$ gegeben. Die Wertepaare (x_1, x_2) dieser Veränderliche (X_1, X_2) kann man dann wieder als Punkte mit der Abszisse x_1 und der Ordinate x_2 in einer (x_1, x_2)-Ebene deuten.

40

Wir betrachten ferner ein Gebiet G_x in dieser x_1x_2-Ebene (Bild 1.16).
Jedem Punkt (x_1x_2) des Gebietes G_x sei durch

$$y_1 = \psi_1(x_1,x_2), \qquad y_2 = \psi_2(x_1,x_2) \qquad (1.93)$$

ein ganz bestimmter Punkt (y_1y_2) in einem Gebiet G_y der y_1y_2-Ebene
umkehrbar eindeutig zugeordnet. Dann existieren die (eindeutigen) Um-
kehrfunktionen

$$x_1 = \varphi_1(y_1,y_2), \qquad x_2 = \varphi_2(y_1,y_2) \, . \qquad (1.94)$$

Durch die Funktionen ψ_1 und ψ_2 (bzw. φ_1 und φ_2) wird eine Abbildung
(Transformation) der zweidimensionalen Veränderlichen (X_1,X_2) auf
die zweidimensionale Veränderliche (Y_1,Y_2) vermittelt. Man schreibt
dafür auch symbolisch:

$$Y_1, = \psi_1(X_1,X_2), \qquad Y_2 = \psi_2(X_1,X_2) \, . \qquad (1.95)$$

Die Veränderliche (Y_1,Y_2) ist also diejenige zufällige Veränderliche,
die als Wertepaar (y_1,y_2) mit $y_1 = \psi_1(x_1,x_2)$, $y_2 = \psi_2(x_1,x_2)$ annimmt,
wenn die zufällige Veränderliche (X_1,X_2) das Wertepaar (x_1,x_2) annimmt.

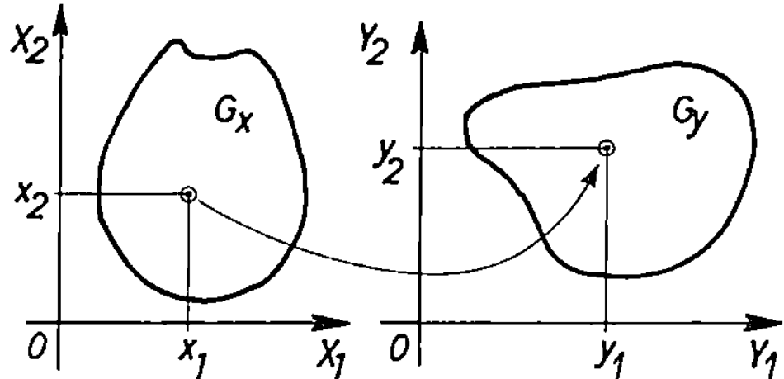

Abb.1.16. Transformation der zweidimensionalen Zufallsgröße
(X_1,X_2) auf (Y_1,Y_2)

Ist die Transformation – wie angenommen – umkehrbar eindeutig,
entspricht also jedem Punkt aus G_x nur ein Punkt aus G_y und umgekehrt, so ist die Wahrscheinlichkeit dafür, daß (X_1,X_2) in das
Gebiet G_x fällt gleich der Wahrscheinlichkeit dafür, daß (Y_1,Y_2) in
das Gebiet G_y fällt, in Zeichen

$$P\left[X_1,X_2) \in G_x\right] = P\left[(Y_1,Y_2) \in G_y\right] \, . \qquad (1.96)$$

Nach (1.25) ist

$$P\left[(X_1,X_2) \in G_x\right] = \iint\limits_{(G_x)} f(x_1,x_2)\,dx_1\,dx_2\,, \qquad (1.97)$$

$$P\left[(Y_1,Y_2) \in G_y\right] = \iint\limits_{(G_y)} f(y_1,y_2)\,dy_1\,dy_2\,, \qquad (1.98)$$

wenn $g(y_1,y_2)$ die zunächst unbekannte Dichtefunktion der transformierten Veränderlichen (Y_1,Y_2) bezeichnet.

Führen wir in (1.97) eine Variablensubstitution gemäß (1.94) durch, so erhalten wir mit (1.96) und den Regeln der Integralrechnung

$$\iint\limits_{(G_x)} f(x_1,x_2)\,dx_1\,dx_2 = \iint\limits_{(G_y)} g\left[\varphi_1(y_1,y_2),\ \varphi_2(y_1,y_2)\right] \times$$

$$\times \left|\frac{\partial(x_1,x_2)}{\partial(y_1,y_2)}\right| dy_1\,dy_2 = \iint\limits_{(G_y)} g(y_1,y_2)\,dy_1\,dy_2\,.$$

Durch Vergleich der letzten beiden Integrale liest man unmittelbar ab, daß die transformierte Veränderliche (Y_1,Y_2) die Dichtefunktion

$$g(y_1,y_2) = f\left[\varphi_1(y_1,y_2),\ \varphi_2(y_1,y_2)\right] \left|\frac{\partial(x_1,x_2)}{\partial(y_1,y_2)}\right| \qquad (1.99)$$

hat. Die darin auftretende Funktionaldeterminante lautet, ausführlich geschrieben:

$$\left|\frac{\partial(x_1,x_2)}{\partial(y_1,y_2)}\right| = \begin{vmatrix} \dfrac{\partial\varphi_1(y_1,y_2)}{\partial y_1} & \dfrac{\partial\varphi_1(y_1,y_2)}{\partial y_2} \\[2ex] \dfrac{\partial\varphi_2(y_1,y_2)}{\partial y_1} & \dfrac{\partial\varphi_2(y_1,y_2)}{\partial y_2} \end{vmatrix} = \begin{vmatrix} \dfrac{\partial x_1}{\partial y_1} & \dfrac{\partial x_1}{\partial y_2} \\[2ex] \dfrac{\partial x_2}{\partial y_1} & \dfrac{\partial x_2}{\partial y_2} \end{vmatrix}\,. \qquad (1.100)$$

In (1.99) ist dann der Betrag dieser Funktionsdeterminante einzusetzen [1.7].

Aus der n-diemnsionalen Veränderlichen $(X_1, X_2, \ldots, X_n)$ erhalten wir mit

$$Y_\nu = \psi_\nu(X_1, X_2, \ldots, X_n) \qquad (\nu = 1, 2, \ldots, n) \qquad (1.101)$$

eine n-dimensionale transformierte Veränderliche $(Y_1, Y_2, \ldots, Y_n)$. Die Zuordnung $(X_1, X_2, \ldots, X_n) \leftrightarrow (Y_1, Y_2, \ldots, Y_n)$ sei umkehrbar eindeutig durch die Transformationsformeln

$$y_\nu = \psi_\nu(x_1, x_2, \ldots, x_n) \qquad (1,102)$$

$$x_\mu = \varphi_\mu(y_1, y_2, \ldots, y_n) \qquad (1.103)$$

gegeben.

Hat die gegebene Veränderliche $(X_1, X_2, \ldots, X_n)$ die Dichtefunktion $f(x_1, x_2, \ldots, x_n)$ so hat die transformierte Veränderliche $(Y_1, Y_2, \ldots, Y_n)$ analog zu (1.99) die Dichte

$$g(y_1, y_2, \ldots, y_n) = f\left[\varphi_1(y_1, \ldots, y_n) \ldots \varphi_n(y_1, \ldots, y_n)\right] \left|\frac{\partial(x_1, x_2, \ldots, x_n)}{\partial(y_1, y_2, \ldots, y_n)}\right| .$$

$$(1.104)$$

Für den Sonderfall $n = 1$ (eindimensionale Veränderliche) erhalten wir speziell

$$g(y) = f[\varphi(y)] \, |\varphi'(y)| , \qquad (1.105)$$

wenn die Transformation durch $y = \psi(x)$ bzw. durch die Umkehrrelation $x = \varphi(y)$ eindeutig beschrieben wird.

Die Zufallsgröße Z sei eine Funktion der beiden Zufallsgrößen X und Y:

$$Z = X \sin Y , \qquad (1.106)$$

worin X und Y unabhängige Zufallsgrößen mit bekannten Verteilungsdichten sind. X habe eine Normalverteilung mit verschwindendem Mittelwert und der Streuung σ_x, Y sei im Intervall $-\pi < y < \pi$ gleichverteilt [1.7], [1.8].

Die zweidimensionale Verteiligungsdichte von X und Y lautet damit:

$$f(x,y) = \begin{cases} \dfrac{1}{2\pi\sqrt{2\pi}\,\sigma_x}\exp\left[-\dfrac{x^2}{2\sigma_x^{\;2}}\right], & (|y| < \pi) \\[4mm] 0 & , (|y| > \pi) \end{cases} \tag{1.107}$$

Die inverse Gleichung zu (1.106) lautet also:

$$x = \varphi(z,y,) = z/\sin y \,. \tag{1.108}$$

Da die zweidimensionale Verteilungsdichte $f(x,y)$ außerhalb des Intervalls $-\pi < y < \pi$ verschwindet, erhalten wir die Verteilungsdichte $g(z)$ der abhängigen Variablen Z in der Form:

$$g(z) = \frac{1}{2\pi\sqrt{2\pi D}}\int_{-\infty}^{+\infty}\exp\left[-\frac{z^2}{2D\sin^2 u}\right]\frac{du}{|\sin u|}$$

$$= \frac{1}{\pi\sqrt{2\pi D}}\int_0^{\pi}\exp\left[-\frac{z^2}{2D\sin^2 u}\right]\frac{du}{\sin u}\,, \tag{1.109}$$

worin die Abkürzung $\sigma_x^{\;2} = D$ (Dispersion) eingeführt wurde. Mit der neuen Integrationsvariablen

$$\cos u = -\mathrm{th}\lambda, \quad \sin^2 u = 1/\mathrm{ch}^2\lambda \tag{1.110}$$

geht (1.109) in

$$g(z) = \frac{2}{\pi\sqrt{2\pi D}}\int_0^{\infty}\exp\left[-\frac{z^2}{2D}\mathrm{ch}^2\lambda\right]d\lambda \tag{1.111}$$

über, deren Lösung durch eine neue Veränderliche $\eta = 2\lambda$ wegen

$$\mathrm{ch}^2\lambda = \frac{1}{2}(1 + \mathrm{ch}\,\eta) \tag{1.112}$$

durch das Integral

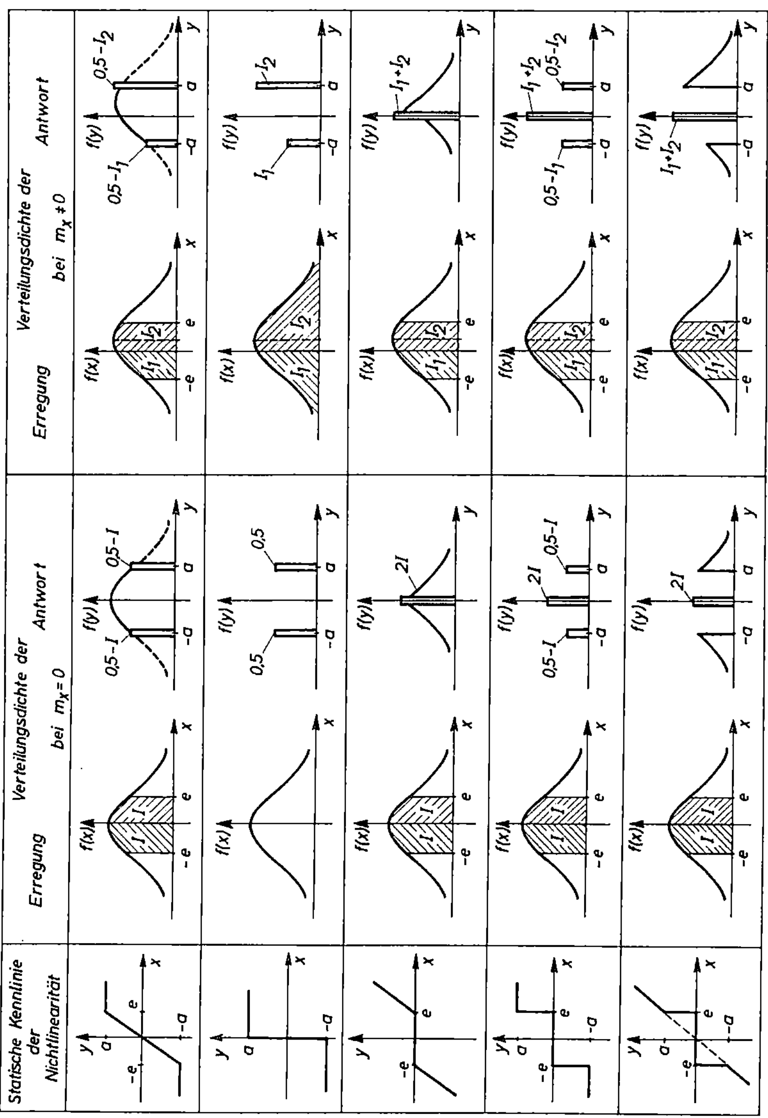

Abb. 1.17. Verzerrung einer Normalverteilungsdichte bei einigen typischen nichtlinearen Transformationen $y_i = \psi_i(x)$ für verschwindenden und von Null verschiedenen Mittelwert

$$g(z) = \frac{1}{\pi\sqrt{2\pi D}} \int_0^\infty \exp\left[-\frac{z^2}{4D}(1 + \operatorname{ch}\eta) \right] d\eta$$

$$\text{(1.113)}$$

$$= \frac{1}{\pi\sqrt{2\pi D}}\, e^{-z^2/4D} \int_0^\infty \exp\left[-\frac{z^2}{4D}\operatorname{ch}\eta \right] d\eta$$

bestimmt wird. Mit Hilfe des McDonaldschen Integrals 0. Ordnung [1.18]

$$K_0(u) = \int_0^\infty e^{-u\,\operatorname{ch}\eta}\, d\eta \qquad \text{(1.114)}$$

lautet die Verteilungsdichte der untersuchten Zufallsgröße Z:

$$g(z) = \frac{1\cdot}{\pi\sqrt{2\pi D}}\, e^{-z^2/4D} K_0\!\left(\frac{z^2}{4D}\right). \qquad \text{(1.115)}$$

Um den Einfluß einer Transformation auf die Verteilungsdichte einer normalverteilten Zufallsgröße zu veranschaulichen, betrachten wir zum Schluß dieses Abschnittes einige typische nichtlineare Kennlinien von schwingungsübertragenden Elementen mit den zugehörigen Verteilungsdichten der Ein- und Ausgangssignale, wie sie in Bild 1.17 zusammengestellt sind [1.9]. Wie aus der Darstellung hervorgeht, können Stetigkeit und Symmetrie der Eingansverteilungsdichte durch die Transformation z.T. oder völlig verloren gehen.

2. Zufallsfunktionen

Im vorangegangenen Kapitel wurden einige elementare Begriffe und Zusammenhänge aus der Wahrscheinlichkeitstheorie betrachtet, die bereits Möglichkeiten für die Analyse und Beschreibung zufälliger Schwingungsvorgänge bieten. Die Anwendung dieses mathematischen Rüstzeugs ist jedoch nur dann sinnvoll, wenn man von dem zeitlichen Ablauf des untersuchten Schwingungsprozesses absehen kann. Diese Betrachtungsweise ist bei sehr vielen Aufgaben gerade deswegen nicht anwendbar, weil man sich insbesondere über die dynamischen Verhältnisse des zufälligen und scheinbar regellosen Schwingungsprozesses einen qualitativen Überblick verschaffen will.

Zu diesem Zweck wurden die Begriffe und Beziehungen der Wahrscheinlichkeitsrechnung verallgemeinert und aus der für Zufallsgrößen ausgearbeiteten Theorie die Theorie der Zufallsfunktionen entwickelt. Ähnlich wie der Begriff der Zufallsgröße eine Verallgemeinerung des zufälligen Ereignisses ist, so ist der Begriff der Zufallsfunktion eine Verallgemeinerung des Begriffes der Zufallsgröße, da der Wert einer Zufallsfunktion bei einem beliebigen Wert ihres Arguments eine Zufallsgröße darstellt.

Durch diese Verallgemeinerung sind alle Ergebnisse der Theorie der Zufallsgrößen in gewissem Sinne in die Theorie der Zufallsfunktionen übernommen und durch viele neuen Ergebnisse bereichert worden.

Der bisher durch zeitunabhängige Zufallsgrößen modellierte Schwingungsprozeß kann daher seit der Schaffung der Theorie von Zufallsfunktionen auch durch zeitabhängige Zufallsfunktionen beschrieben werden. Die wesentlichste Bedeutung dieser Theorie der Zufallsfunktionen besteht darin, daß sie die Einbeziehung der Differentialgleichungen des Schwingungssystems in die statistische Betrachtung zufälliger Schwingungsprozesse ermöglicht. Aus diesem Grunde sollen in diesem Kapitel einige grundlegende Ergebnisse der Theorie der Zufallsfunktionen erläutert werden, die für die Behandlung von Zufallsschwingungen besonder wichtig erscheinen.

2.1 Definition von Zufallsfunktionen

Eine Funktion, deren Wert bei jedem vorgegegebenen Wert der unabhängigen Variablen eine Zufallsgröße ist, heißt zufällige Funktion oder Zufallsfunktion.

Man kann eine statistische Funktion als eine unendliche Menge statistischer Größen ansehen, die von einer oder mehreren stetigen Variablen abhängt. Zufallsfunktionen, deren unabhängige Variable die Zeit t ist, werden gewöhnlich als stochastische Funktionen bezeichnet.

Zur Charakterisierung einer Zufallsfunktion dienen die Momente der Zufallsfunktion. Zur Bestimmung der Momente müssen ihre mehrdimensionalen Verteilungsfunktionen bekannt sein.

Für die Betrachtung wird angenommen, daß eine große Anzahl gleichartiger Anordnungen vorhanden ist, z.B. Raketentriebwerke, die sämtlich gleichzeitig unter gleichartigen Bedingungen arbeiten. Wenn die Schwankungen der Schubkraft dieser Triebwerke beachtet werden, so können sie durch gewisse gemessene Zufallsfunktionen $x_1(t)$, $x_2(t)$,... charakterisiert werden, wobei alle diese Funktionen voneinander verschieden sind. Man nennt sie auch Realisierungen $x_k(t)$ der Zufallsfunktion $X(t)$. Betrachten wir nun ein bestimmtes Zeitmoment t. Es soll bestimmt werden, welcher Anteil aus der Gesamtzahl der Funktionen (Bild 2.1) $x_i(t)$ in diesem Zeitmoment einen Wert besitzt, der zwischen x und x + Δx liegt. Dieser Anteil hängt von t ab und ist proportional Δx bei kleinem Δx. Dieser Anteil soll mit $f_1(x,t)\Delta x$ bezeichnet und $f_1(x,t)$ erste oder eindimensionale Verteilungsdichtefunktion genannt werden.

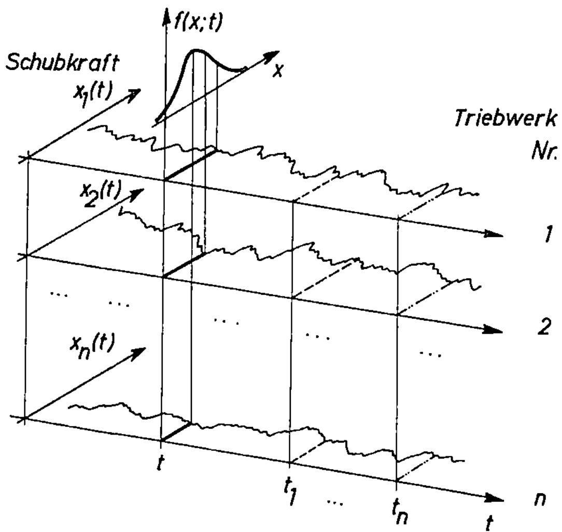

Bild 2.1. Realisierungen $x_j(t)$ einer Zufallsfunktion X(t) und ihre "erste Verteilungsdichtefunktion" f(x;t)

Betrachten wir nun alle möglichen Paare der Werte x, die in zwei verschiedenen Zeitmomenten t_1 und t_2 beobachtet werden können. Der Anteil der Wertepaare x, bei dem die Größe x bei $t = t_1$ im Intervall $(x_1, x_1 + \Delta x_1)$ (Bild 2.2.) und bei $t = t_2$ im Intervall $(x_2, x_2 + \Delta x_2)$ liegt, soll – bezogen auf die Gesamtzahl aller beobachteten Wertepaare – durch $f_2(x_1,t_1;x_2,t_2)\Delta x_1\,\Delta x_2$ ausgedrückt werden. Diese Funktion wird die zweite Verteilungsfunktion genannt. Dieser Prozeß kann fortgesetzt und die dritte, vierte und alle folgenden Verteilungsdichtefunktionen definiert werden.

Ein zufälliger Schwingungsvorgang kann daher durch Wahrscheinlichkeits-Verteilungsfunktionen charakterisiert werden, wodurch dieser Prozeß im statistischen Sinne vollständig bestimmt ist.

Wenn z.B. bekannt ist:

I. die Wahrscheinlichkeit, im Moment $t = t_1$ im Intervall $(x, x + \Delta x)$ eine beliebige Funktion $x_k(t)$ aus der Menge der den Prozeß charakterisierenden Funktionen herauszufinden – diese Wahrscheinlichkeit sei $f_1(x, t_1)\Delta x$ – ,

II. die Wahrscheinlichkeit, im Moment $t = t_1$ und im Intervall $(x_1, x_1 + \Delta x_1)$ sowie im Moment $t = t_2$ und im Intervall $(x_2, x_2 + \Delta x_2)$ eine beliebige der Funktionen $x_k(t)$ herauszufinden – diese Wahrscheinlichkeit sei $f_2(x_1, t_1; x_2, t_2)\Delta x_1 \Delta x_2$ – usw., d.h., wenn sämtliche Wahrscheinlichkeiten f_k bekannt sind, kann angenommen werden, daß

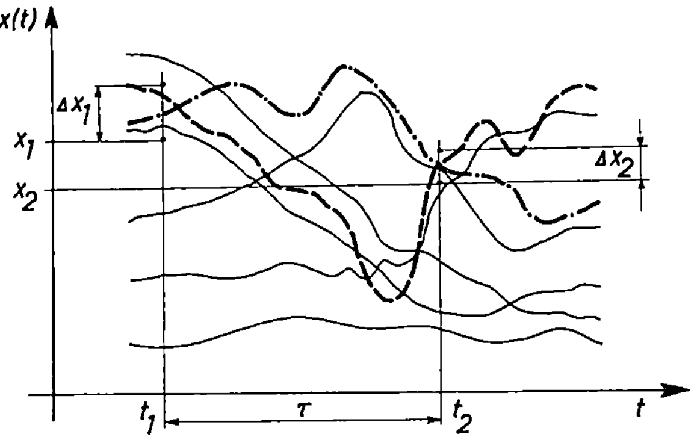

Bild 2.2. Zur Definition der "zweiten Verteilungsdichtefunktion" $f(x_1, x_2; t_1, t_2)$

alles über den regellosen Vorgang bekannt ist, was bekannt sein muß. In der Tat: Ist $f_1(x, t)$ bekannt, so kann die mathematische Erwartung $m_{0x}(t)$ der statistischen Veränderlichen $X(t)$ bestimmt werden:

$$m_{0x}(t) = \int\limits_{-\infty}^{+\infty} x(t)\, f_1(x, t)\, dx\,, \tag{2.1}$$

und ebenso die Dispersion:

$$\beta_{2x}(t) = E\left[x(t) - m_{0x}(t)\right]^2 = \int\limits_{-\infty}^{+\infty} \left[x(t) - m_{0x}(t)\right]^2 f_1(x, t)\, dx. \tag{2.2}$$

50

Ist die zweite Verteilungsfunktion $f_2(x_1,t_1;x_2,t_2)$ bekannt, so lassen sich sowohl $m_{0x}(t)$ und $\beta_{2x}(t)$ als auch das Zentralmoment 2. Ordnung

$$\beta_{2x}(t_1,t_2) = \int\limits_{-\infty}^{+\infty} \int\limits_{-\infty}^{+\infty} \left[x_1 - m_{0x}(t_1)\right]\left[x_2 - m_{0x}(t_2)\right]f_2(x_1,t_1;x_2,t_2)dx_1\,dx_2$$

$$(2.3)$$

bestimmen, das die Verknüpfung zwischen den Werten der statistischen Funktion zu den verschiedenen charakterisiert. $\beta_{2x}(t_1,t_2)$ heißt auch Korrelationsfunktion.

Ist die n-dimensionale Verteilungsfunktion bekannt, so lassen sich alle aufeinanderfolgenden Momente der stochastischen Funktion (bis zum n-ten Moment einschließlich) bestimmen:

$$\alpha_n(t_1,\dots,t_n) = \int\limits_{-\infty}^{+\infty} \int\limits_{-\infty}^{+\infty} x_1 \cdots x_n f_n(x_1,t_1;\dots,x_n,t_n)dx_1 \cdots dx_n .$$

$$(2.4)$$

Ist nicht nur eine, sondern sind mehrere miteinander verknüpfte Zufallsfunktionen vorhanden, so müssen außer den Eigenmomenten noch die Verbundmomente eingeführt werden.

Gibt es so z.B. zwei Funktionen $X(t)$ und $Y(t)$, so ist das einfachste Verbundmoment jenes 2. Ordnung:

$$\beta_{2xy}(t_1,t_2) = E\left\{\left[x - m_{0x}(t_1)\right]\left[y - m_{0y}(t_2)\right]\right\} =$$

$$(2.5)$$

$$= \int\limits_{-\infty}^{+\infty} \int\limits_{-\infty}^{+\infty} \left[x - m_{0x}(t_1)\right]\left[y - m_{0y}(t_2)\right]f_2(x_2,t_1;y,t_2)dx\,dy .$$

Diese Funktion stellt die Kreuzkorrelationsfunktion der Zufallsfunktionen $X(t)$ und $Y(t)$ dar.

Daher kann folgende Definition einer Zufallsfunktion gegeben werden:
Wenn als Ergebnis verschiedener Beobachtungen eines Prozesses, die

alle unter denselben Bedingungen durchgeführt wurden, verschiedene
Folgen von Funktionen $x(t)$ erhalten werden, wobei für jede von ihnen
die Abhängigkeit der Variablen x vom Argument t unbekannt ist und
lediglich die Verteilungsfunktionen für die Werte $x(t)$ für verschiedene
Zeitmomente bestimmt werden können, so wird diese allgemeine
Funktion als zufällige (regellose) oder, wenn es sich um einen zeitabhängigen Vorgang handelt, auch als stochastische Funktion bezeichnet.

Aus dem Gesagten wird klar, daß die statistische Untersuchungsmethode
solcher Zufallsfunktionen nicht in der Untersuchung der Einzelfunktionen
bestehen kann, sondern die Untersuchung des Ensembles einzelner
Realisierungen Mittelwertbildungen erfordert.

Wenn diese Methode auf die Analyse von Schwingungssystemen angewandt wird, ergibt sich hiermit die Möglichkeit, das Verhalten dieser
Systeme nicht nur hinsichtlich eines Ensembles von Erregungen zu
beurteilen. Es ist offensichtlich, daß dieses Verfahren eine außer-
ordentliche Bedeutung für die Projektierung von regellos erregten
Schwingungssystemen besitzen kann, denn diese Systeme sollen häufig
nicht nur bei irgendeiner deterministischen Erregung wirksam arbeiten,
sondern auch bei Erregungen, die sich nach den verschiedensten Ge-
setzen ändern können.

2.2 Stationäre Zufallsfunktion

Die allgemeine Theorie der Zufallsfunktionen, die die Vorgabe ihrer
mehrdimensionaler Wahrscheinlichkeitsverteilungsfunktionen erfordert,
erweist sich gewöhnlich für die Praxis als zu schwierig und umständ-
lich. Praktisch wird daher die Betrachtung auf die ersten beiden Momente der Zufallsfunktionen beschränkt. Die Theorie dieser Art wird
gewöhnlich Korrelationstheorie zufälliger Funktionen genannt, da die
Zentralmomente 2. Ordnung Korrelationsmomente sind.

Es soll darauf hingewiesen werden, daß bei Normalverteilung für die
statistischen Funktionen die Vorgabe der ersten beiden Momente für

die Berechnung aller folgenden Momente ausreicht. Die Korrelationstheorie kann daher als allgemeine Theorie normalverteilter Zufallsfunktionen angesehen werden [2.1].

Weiter wird bewiesen werden, daß mit Vorgabe der ersten beiden
Momente für die regellose Erregung am Eingang eines linearen Schwingungssystems auch stets die ersten beiden Momente der Ausgangsgröße
dieses Systems gefunden werden können. Für nichtlineare Schwingungssysteme gilt dies jedoch nicht. Hier ist allgemein für die Bestimmung
der ersten beiden Momente am Ausgang des Systems die Kenntnis auch
der höheren Momente der Eingangsgröße notwendig.

Die Korrelationstheorie der Zufallsfunktionen ist in der allgemeinen
Form ziemlich kompliziert, da die Verteilungsfunktionen $f_1(x,t)$
und $f_2(x,t)$ Funktionen der Zeit sind und nur durch Auswertung einer
großen Anzahl von Beobachtungen an ähnlichen Systemen zu verschiedenen Zeitpunkten gewonnen werden können.

Die im Rahmen der Korrelationstheorie beschriebenen Zufallsfunktionen
können nach verschiedenen Gesichtspunkten klassfiziert werden. So
spricht man von Markowschen Prozessen, wenn in jedem gegebenen
Moment der weitere Verlauf des Prozesses nur vom Zustand des
Systems in diesem Moment abhängt, aber nicht vom Charakter des
Verlaufs des Prozesses in der vorangehenden Zeit beeinflußt wird. Für
derartige Prozesse wird sich daher die Voraussage über die Zukunft
in keiner Weise ändern, falls die Kenntnis über den Ablauf der vorher-
gehenden Ereignisse erweitert wird. Ein Prozeß, der diese Eigenschaft nicht besitzt, heißt dementsprechend nicht-Markowscher Prozeß
[2.2].

Wir können die Zufallsfunktionen auch nach ihrem Verteilungsgesetz
unterscheiden in normalverteilte und nichtnormalverteilte.

Die wesentlichste Eigenschaft einer Zufallsfunktion, welche die Anwendbarkeit verschiedener Untersuchungsmethoden bestimmt, ist
jedoch die Abhängigkeit oder Unabhängigkeit der Eigenschaften der

Zufallsfunktion vom Zeitursprung. Dementsprechend unterscheidet
man stationäre und instationäre Zufallsfunktionen. Eine Zufallsfunktion
die durch ein Ensemble von Variablen $x_k(t)$ bestimmt wird, heißt
stationär im engeren Sinne, wenn die Wahrscheinlichkeitsverteilungs-
gesetze zweier Gruppen von Werten dieser Variablen:

$$[x(t_1), x(t_2), \ldots, x(t_n)]$$

und

$$[x(t_1 + \tau), x(t_2 + \tau), \ldots, x(t_n + \tau)]$$

untereinander identisch sind, wobei die Zahl n, die Zeitmomente
$t_1, t_2, \ldots, t_n$ und das Intervall τ vollständig willkürlich gewählt werden können.

Bei stationären Zufallsprozessen vereinfacht sich die Bestimmung
der Verteilungsfunktionen in der Hinsicht, daß sie alle im Laufe eines
hinreichend großen Zeitintervalls aus den Beobachtungsresultaten an
nur einem einzigen Schwingungssystem (und nicht an vielen) bestimmt
werden können.

Tatsächlich kann, da in diesem Fall die Funktion $f_1(x)$ nicht vom
zeitlichen Koordinatenanfang abhängt, auch die experimentelle Aufzeichnung der Kurve $x(t)$, die an einem einzigen System für einen
hinreichend großen Zeitraum beobachtet wurde, in eine Reihe von Abschnitten der Länge T aufteilt gedacht (wobei T groß gegenüber allen
Perioden ist, die in dem Prozeß auftreten können) und angenommen
werden, daß das Ensemble aller Funktionen aus den Funktionen $x(t)$
der einzelnen Abschnitte von der Länge T besteht.

Dieser Annahme liegt die Ergodenhypothese zugrunde. Nach dieser
Hypothese hat eine große Anzahl von Beobachtungen an einem einzigen
System, dessen Veränderung (für beliebig herausgegriffene Zeitmomente) eine stationäre Zufallsfunktion darstellt, dieselben statistischen
Eigenschaften wie dieselbe Anzahl von Beobachtungen in ein und demselben Zeitpunkt an beliebig herausgegriffenen gleichartigen Systemen
[2.3], [2.4]. Dies stellt eine ganz wesentliche Vereinfachung dar.

Außerdem vereinfachen sich im Fall stationärer Zufallsprozesse auch die Eigenschaften der Verteilungsfunktionen.

So hängt z.B. die erste von ihnen nicht von t ab; die zweite hängt nur von der Differenz $t_2 - t_1$, jedoch nicht von den Werten t_1, t_2 selbst ab usw.

Eine stationäre Zufallsfunktion kann daher durch eine Folge von Funktionen charakterisiert werden:

I. $f_1(x)dx$ - die Wahrscheinlichkeit, x in den Grenzen $(x, x + dx)$ anzutreffen,

II. $f_2(x_1, x_2, \tau)dx_1 dx_2$ - die Wahrscheinlichkeit des Auftretens eines Paares von Werten x in den Intervallen $(x_1, x_1 + dx_1)$, $(x_2, x_2 + dx_2)$ mit dem Intervallabstand τ usw.

Im Fall stationärer Zufallsfunktionen ist die mathematische Erwartung m_{0x} konstant:

$$m_{0x} = \int\limits_{-\infty}^{+\infty} xf(x)dx = \text{const}, \qquad (2.6)$$

und die Korrelationsfunktion $\beta_{2x}(t_1, t_2)$ hängt nur von der Differenz der Argumente, $\tau = t_2 - t_1$, ab:

$$\beta_{2x}(\tau) = \int\limits_{-\infty}^{+\infty} \int\limits_{-\infty}^{+\infty} [x_1 - m_{0x}][x_2 - m_{0x}]f_2(x_1, x_2; \tau)dx_1 dx_2. \qquad (2.7)$$

Im folgenden sollen nur jene Eigenschaften stationärer regelloser Funktionen betrachtet werden, die durch eine Konstante m_{0x} und eine Funktion $\beta_{2x}(\tau)$ einer einzigen Variablen τ bestimmt sind.

Bei dieser Art von Untersuchungen stationärer Zufallsfunktionen bei denen Momente höherer Ordnungen nicht berücksichtigt werden, kann folgende Definition der Stationärität gegeben werden: Eine Zufallsfunktion $X(t)$ heißt stationär, wenn ihre mathematische Erwartung konstant ist und ihre Korrelationsfunktion nur von der einen Variablen $\tau = t_2 - t_1$ abhängt. Solche Stationärität heißt Stationärität im weiteren Sinne zum Unterschied von der oben betrachteten Stationärität im engen Sinne.

Wenn eine Zufallsfunktion der Bedingung der Stationärität nicht genügt, so wird sie nichtstationär genannt.

Gemäß dieser Definition kann die Stationärität eines zufälligen Schwingungsprozesses in folgender Weise dargestellt werden: Angenommen, es sind eine Reihe Oszillogramme einer Zufallsschwingung vorhanden. Wenn die als Resultat der Auswertung der Oszillogramme gefundenen Verteilungsdichten $f(x,t)$, $f(x_1, x_k; t, t + \tau)$ sich als dieselben erweisen für jeden beliebigen Zeitpunkt t und jedes feste τ, so ist der Prozeß stationär; wenn die Verteilungsdichten dagegen von der Zeit t abhängen, für die sie bestimmt sind, so ist der Prozeß instationär.

Schließlich sei noch eine wichtige Eigenschaft der stationären Zufallsschwingungen erwähnt, die ebenfalls aus der Ergodenhypothese folgt.

Allgemein muß bei der Betrachtung von Zufallsschwingungen zwischen Mittelwerten des Ensembles und zeitlichen Mittelwerten unterschieden werden. Mittelwerte des Ensembles werden durch Betrachtungen an vielen gleichartigen Schwingungssystemen in ein und demselben Zeitmoment bestimmt, zeitliche Mittelwerte dagegen werden aus Betrachtungen an einem einzigen Schwingungssystem in aufeinanderfolgenden Zeitmomenten hinreichend großer Anzahl gewonnen.

Für stationäre Zufallsschwingungen liefern beide Mittelungsverfahren dasselbe Resultat, so daß in diesem Fall nach Belieben das eine oder das andere Verfahren benutzt werden kann.

So läßt sich z.B. der Mittelwert für das Ensemble der realisierten Funktionen $x(t)$ im Moment t bestimmen, wenn die erste Verteilungsdichtefunktion $f_1(x,t)$ bekannt ist:

$$\bar{x} = \int_{-\infty}^{+\infty} x f_1(x,t)dx \, . \qquad (2.8)$$

Aus der Art der Mittelung wird klar, daß die Größe $\bar{x}$ im allgemeinen von der Zeit t abhängt. Die zeitliche Mittelung über $2T$

$$\langle x \rangle = \lim_{T \to \infty} \frac{1}{2T} \int_{-T}^{+T} x(t)dt \qquad (2.9)$$

dagegen wird im allgemeinen für die einzelnen realisierten Funktionen des Ensembles Resultate liefern, aber nicht von der Zeit abhängen. Die Bezeichnung $\langle \ldots \rangle$ bedeutet ein Symbol für die Zeitmittelung.

Im stationären Fall liefern beide Mittelungen (entsprechend der Ergodenhypothese) dasselbe Resultat, unabhängig von der Wahl der Zeit t bei (2.8) und unabhängig von der Wahl der Realisation $x(t)$ bei (2.9), d.h.

$$\bar{x} = \langle x \rangle \, . \qquad (2.10)$$

Ebenso verhält es sich mit den Momenten höherer Ordnung. So ist z.B. das Moment n-ter Ordnung

$$\overline{x^n} = \int_{-\infty}^{+\infty} x^n f_1(x,t)dx \qquad (2.11)$$

im Fall einer stationären Zufallsschwingung gleich dem zeitlichen Mittel von x^n

$$\langle x^n \rangle = \lim_{T \to \infty} \frac{1}{2T} \int_{-\infty}^{+\infty} [x(t)]^n dt \, , \qquad (2.12)$$

d.h.

$$\overline{x^n} = \langle x^n \rangle \, . \qquad (2.13)$$

2.3 Korrelationsfunktionen

Unter der Beziehung Autokorrelationsfunktionen (AKF) wird die mathematische Erwartung des Produkts der Werte einer Zufallsfunktion für zwei verschiedene Zeitpunkte t_1 und t_2 verstanden. Die Autokorrelationsfunktion sei mit $K(t_1,t_2)$ bezeichnet. Für die stationäre Zufallsfunktion $X(t)$ ist [2.5], [2.6]:

$$K_x(\tau) = E\left\{\left[x(t_1) - m_{0x}\right]\left[x(t_2) - m_{0x}\right]\right\} =$$

$$= E\left\{\left[x(t_1) - m_{0x}\right]\left[x(t_1 + \tau) - m_{0x}\right]\right\} = \qquad (2.14)$$

$$= \int\limits_{-\infty}^{+\infty} \int\limits_{-\infty}^{+\infty} \left(x_1 - m_{0x}\right)\left(x_2 - m_{0x}\right)f_2\left(x_1, x_2, \tau\right)dx_1 dx_2$$

worin $\tau = t_2 - t_1$, $x_1 = x(t_1)$ und $x_2 = x(t_1 + \tau) = x(t_2)$ sind.

Da stationäre regellose Prozesse ergodisch sind, ist die mathematische Erwartung (oder das Ensemblemittel) gleich dem zeitlichen Mittel, und für die Autokorrelationsfunktion $K_x(\tau)$ kann geschrieben werden:

$$K_x(\tau) = E\left\{\left[x(t) - m_{0x}\right]\left[x(t + \tau) - m_{0x}\right]\right\} =$$

$$\qquad (2.15)$$

$$= \lim_{T \to \infty} \frac{1}{2T} \int\limits_{-T}^{+T} \left[x(t) - m_{0x}\right]\left[x(t + \tau) - m_{0x}\right]dt$$

Wenn $m_{0x} = 0$ ist, gilt statt (2.15):

$$K_x(\tau) \approx \frac{1}{2T} \int\limits_{-T}^{+T} x(t)\, x(t + \tau)dt \;. \qquad (2.16)$$

Wenn zwei Zufallsfunktionen $X(t)$ und $Y(t)$ vorhanden sind, so muß außer den mathematischen Erwartungen m_{0x} und m_{0y} und den Autokorrelationsfunktionen $K_x(\tau)$ und $K_y(\tau)$ auch noch die Kreuzkorrelationsfunktion $R_{xy}(\tau)$ betrachtet werden:

58

$$R_{xy}(\tau) = E\left\{\left[x(t) - m_{0x}\right]\left[y(t + \tau) - m_{0y}\right]\right\}$$

$$= \int\limits_{-\infty}^{+\infty} \int\limits_{-\infty}^{+\infty} \left[x(t) - m_{0x}\right]\left[y(t + \tau) - m_{0y}\right]f(x,y,\tau)\,dx\,dy. \tag{2.17}$$

Nach dem Ergodentheorem kann statt (2.17) auch geschrieben werden:

$$R_{xy}(\tau) = \lim_{T \to \infty} \frac{1}{2T} \int\limits_{-T}^{+T} \left[x(t) - m_{0x}\right]\left[y(t + \tau) - m_{0y}\right]dt. \tag{2.18}$$

Wenn $m_{0x} = m_{0y} = 0$ ist, so geht (2.18) über in

$$R_{xy}(\tau) \approx \frac{1}{2T} \int\limits_{-T}^{+T} x(t)\,y(t + \tau)\,dt. \tag{2.19}$$

Bei der Untersuchung von zufallserregten Schwingungssystemen mit mehreren Freiheitsgraden haben wir es mit mehr als zwei Erreger- und Antwortfunktionen (möglicherweise alle Zufallsschwingungen) zu tun. Um auch dann noch einen kurzen und prägnanten Ausdruck zu erhalten, werden wir uns dazu der Matrizenschreibweise bedienen, die auch die Verwertung der Gesetzmäßigkeiten dieses Kalküls ermöglicht.

Wir gehen von n stationären Zufallsfunktionen $X_1(t)$, $X_2(t)$, ..., $X_n(t)$ aus, die z.B. Eingangssignale eines Schwingungssystems sein können. Mit Hilfe von (2.15) und (2.18) können wir für jede dieser Zufallsfunktionen $X_i(t)$ die Autokorrelationsfunktion

$$K_{xi}(\tau) = \lim_{T \to \infty} \frac{1}{2T} \int\limits_{-T}^{+T} x_i(t)\,x_i(t \pm \tau)\,dt \qquad (i = 1, 2, \dots, n) \tag{2.20}$$

und die Kreuzkorrelationsfunktion für alle $X_i(t)$ und $X_k(t)$

$$R_{xkxi}(\tau) = \lim_{T \to \infty} \frac{1}{2T} \int\limits_{-T}^{+T} x_k(t \pm \tau)\,x_i(t)\,dt \qquad \begin{array}{l} (i = 1, 2, \dots, n, \\ k = 1, 2, \dots, n, \\ i \gtrless k) \end{array} \tag{2.21}$$

schreiben. Für die n Funktionen $X_1(t)$ bis $X_n(t)$ können einschließlich der Autokorrelationsfunktionen insgesamt n^2 Korrelationsfunktionen angegeben werden, die wir in einer Matrix $\underline{K}_{xx}(\tau)$ zusammenfassen wollen:

$$\underline{K}_{xx}(\tau) = \begin{pmatrix} K_{x1x1}(\tau), & R_{x1x2}(\tau), \ldots, R_{x1xn}(\tau) \\ \ldots & \ldots \qquad \ldots \\ R_{xnx1}(\tau), & R_{xnx2}(\tau), \ldots, K_{xnxn}(\tau) \end{pmatrix} . \qquad (2.22)$$

Von den n^2 Elementen dieser Matrix enthalten nur eine Anzahl von $n(n+1)/2$ Elemente eine echte Information, denn es ist

$$R_{xkxi}(\tau) = R_{xixk}(-\tau) , \qquad (2.23)$$

so, daß die Matrix $\underline{K}_{xx}(\tau)$ gleichwertig zu (2.22) auch geschrieben werden kann zu:

$$\underline{K}_{xx}(\tau) = \begin{pmatrix} K_{x1}(\tau), & R_{x2x1}(-\tau), \ldots, R_{xnx1}(-\tau) \\ R_{y2x1}(\tau), & K_{x2}(\tau), \qquad \ldots, R_{xnx2}(-\tau) \\ \ldots\ldots\ldots\ldots\ldots\ldots\ldots\ldots\ldots \\ \ldots\ldots\ldots\ldots\ldots\ldots\ldots\ldots\ldots \\ R_{xnx1}(\tau), \ldots\ldots\ldots\ldots K_{xn}(\tau) \end{pmatrix} =$$

$$= \begin{pmatrix} K_{x1}(\tau), & R_{x1x2}(\tau), \ldots, R_{x1xn}(\tau) \\ R_{x1x2}(-\tau), & K_{y2}(\tau), \qquad \ldots, R_{x2yn}(\tau) \\ \ldots\ldots\ldots\ldots\ldots\ldots\ldots\ldots\ldots \\ \ldots\ldots\ldots\ldots\ldots\ldots\ldots\ldots\ldots \\ R_{x1xn}(-\tau), \ldots\ldots\ldots\ldots K_{xn}(\tau) \end{pmatrix} . \qquad 2.24)$$

In den Korrelationsmatrizen (2.22) und (2.24), die Autokorrelationsmatrizen genannt werden sollen, enthält nur die obere bzw. untere Dreieckmatrix die gesamte Information. Alle übrigen jeweils an der Hauptiagonalen gespiegelten Elemente lassen sich aus den vorhandenen sofort angeben.

Würde man die Elemente der Matrix $\underline{K}_{xx}(\tau)$ durch die Definitionsgleichungen (2.20) und (2.21) dieser Elemente ersetzen, so könnte
man leicht erkennen, daß die Matrix $\underline{K}_{xx}(\tau)$ auch mit Hilfe der
Spaltenmatrix

$$\underline{x}(t) = \begin{pmatrix} x_1(t) \\ x_2(t) \\ \cdot \\ \cdot \\ \cdot \\ x_n(t) \end{pmatrix}$$

geschrieben werden kann:

$$\underline{K}_{xx}(\tau) = \lim_{T \to \infty} \frac{1}{2T} \int_{-T}^{+T} \underline{x}(t+\tau)\underline{x}^T(t)dt = \langle \underline{x}(t+\tau)\underline{x}^T(x) \rangle . \qquad (2.25)$$

Diese Gleichung ist so zu interpretieren, daß das dyadische Produkt
zwischen der Spaltenmatrix $\underline{x}(t)$ und der Zeilenmatrix $\underline{x}^T(t+\tau)$ und
dann jeweils für jedes Element dieser Matrix der Mittelwert zu bilden
ist. Hier sei die Verabredung getroffen, daß eine Reihenmatrix in
einer Matrizengleichung immer als Spaltenmatrix aufgefaßt werden
soll, wenn nichts anderes, z.B. durch Transponierungszeichen, ver-
abredet ist.

Die Matrix $\underline{K}_{xx}(\tau)$ hat wegen der Eigenschaft der Korrelationsfunktion nach (2.23) die interessante Eigenschaft

$$\underline{K}_{xx}^T(\tau) = \underline{K}_{xx}(-\tau) = \langle \underline{x}(t)x^T(t+\tau) \rangle = \langle \underline{x}(t-\tau)\underline{x}^T(t) \rangle , \qquad (2.26)$$

$$\underline{K}_{xx}^T(-\tau) = \underline{K}_{xx}(\tau) . \qquad (2.27)$$

Die Autokorrelationsmatrix hat also eine große Verwandschaft mit
den Hermiteschen Matrizen, und wir werden sehen, daß die zu $\underline{K}_{xx}(\tau)$
zugeordnete Spektralmatrix eine Hermitesche Matrix ist [2.7].

Als nächste wollen wir die Korrelationsmatrix zwischen zwei ein-
reihigen Signalmatrizen $\underline{y}(t) = [y_1(t), y_2(t), \ldots, y_n(t)]$ und

$\underline{x}(t) = [x_1(t), x_2(t), \ldots, x_n(t)]$ bilden. In Anlehnung an das vorstehend über die Autokorrelationsmatrix Gesagte definieren wir:

$$\underline{R}_{yx}(\tau) = \lim_{T \to \infty} \frac{1}{2T} \int_{-T}^{+T} \underline{y}(t + \tau)\,\underline{x}^T(t) = \langle \underline{y}(t + \tau)\,\underline{x}^T(t) \rangle =$$

$$= \langle \underline{y}(t)\,\underline{x}^T(t - \tau) \rangle, \tag{2.28}$$

$$\underline{R}_{yx}(\tau) = \begin{pmatrix} R_{y1x1}(\tau), & R_{y1x2}(\tau), \ldots, R_{y1xn}(\tau) \\ R_{y2x1}(\tau), & R_{y2x2}(\tau), \ldots, R_{y2xn}(\tau) \\ \cdots\cdots\cdots\cdots\cdots\cdots\cdots \\ \cdots\cdots\cdots\cdots\cdots\cdots\cdots \\ R_{ynx1}(\tau), & R_{ynx2}(\tau), \ldots, R_{ynxn}(\tau) \end{pmatrix} \cdot \tag{2.29}$$

Die Kreuzkorrelationsmatrix $\underline{R}_{yx}(\tau)$ zeichnet sich normalerweise nicht durch eine besondere Symmetrie aus, da alle ihre Elemente Kreuzkorrelationsfunktionen zwischen jeweils verschiedenen Signalkomponenten sind. In dem Fall, wo $\underline{x}(t)$ und $\underline{y}(t)$ jeweils n Elemente haben, hat die Matrix $\underline{R}_{yx}(\tau)$ insgesamt n^2 normalerweise unterschiedliche Elemente. Eine Kreuzkorrelationsmatrix muß aber nicht notwendigerweise quadratisch sein, sondern es können auch rechteckige Matrizen existieren, wenn $\underline{x}(t)$ und $\underline{y}(t)$ unterschiedlich viele Elemente haben. Mit den Eigenschaften der Kreuzkorrelationsfunktion nach (2.23) und denen der transponierten Matrizen gelten für $\underline{R}_{yx}(\tau)$ noch folgende Beziehungen:

$$\underline{R}_{xy}(\tau) = \underline{R}^T_{yx}(-\tau) = \langle \underline{x}(t + \tau)\,\underline{y}^T(t) \rangle = \langle \underline{x}(t)\,\underline{y}^T(t - \tau) \rangle, \tag{2.30}$$

$$\underline{R}_{yx}(-\tau) = \underline{R}^T_{yx}(\tau) = \langle \underline{y}(t)\,\underline{x}^T(t + \tau) \rangle = \langle \underline{y}(t - \tau)\,\underline{x}^T(t) \rangle, \tag{2.31}$$

$$\underline{R}^T_{yx}(\tau) = \underline{R}_{xy}(-\tau) = \langle \underline{x}(t)\,\underline{y}^T(t + \tau) \rangle = \langle \underline{x}(t - \tau)\,\underline{y}^T(t) \rangle. \tag{2.32}$$

Nun soll noch der physikalische Sinn des Begriffs der Korrelationsfunktion erläutert werden.

Wie zu sehen war, bestimmt die Autokorrelationsfunktion die Wahrscheinlichkeit dafür, daß eine Zufallsfunktion $X(t)$, die im Moment t den Wert x_1 hat, im Moment $t + \tau$ den Wert x_2 haben wird; sie charakterisiert also die gegenseitige Anhängigkeit zwischen $x(t)$ und $X(t + \tau)$.

Wenn so z.B. angenommen wird, daß die Zufallsfunktion $X(t)$ die Ausgangsgröße eines Schwingungssystems ist, deren Mittelwert Null sei, so wird klar, daß der Wert $X(t + \tau)$ vom Wert $X(t)$ eines vorangehenden Zeitpunktes abhängen muß, da angenommen werden kann, daß der Wert $X(t + \tau)$ eine Komponente hat, die sowohl vom Anfangswert X zur Zeit t als auch von den Parametern des Schwingungssystems abhängt.

Daher unterscheidet sich, falls τ klein im Vergleich zur Zeitkonstanten des Systems ist, $X(t + \tau)$ nur wenig von $X(t)$, die gegenseitige Verknüpfung zwischen $X(t + \tau)$ und $X(t)$ ist groß, und $K(\tau)/K(0)$ ist angenähert Eins. Mit anderen Worten: Bei sehr kleinem τ ist die Wahrscheinlichkeit dafür, daß der Wert $X(t + \tau)$ sich wenig vom Wert $X(t)$ unterscheidet, nahezu gleich Eins. Im Maße der Vergrößerung von τ nimmt die Komponente $X(t)$, die durch den Anfangswert $X(t)$ bei $t = 0$ bestimmt ist, ab, d.h. die Verknüpfung zwischen $X(t)$ und $X(t + \tau)$ wird schwächer, diese Werte werden voneinander unabhängig, und die Funktion $K(\tau)$ strebt gegen Null.

Einige Eigenschaften der Autokorrelationsfunktion:

I. Die Autokorrelationsfunktion $K(\tau)$ einer Zufallsfunktion mit verschwindendem Mittelwert strebt bei hinreichend großem τ gegen Null, d.h.

$$\lim_{\tau \to \infty} K(\tau) = 0 \, . \tag{2.33}$$

Dies folgt unmittelbar aus den obigen Überlegungen.

II. Der Anfangswert $K(0)$ der Autokorrelationsfunktion $K(\tau)$ ist gleich dem quadratischen Mittelwert der stochastischen Funktion und daher positiv, d.h.

$$K(0) = \overline{x^2} = \langle x^2 \rangle .\qquad(2.34)$$

Es ist nämlich nach Definition

$$K(0) = \lim_{T \to \infty} \frac{1}{2T} \int_{-T}^{+T} x^2(t)\,dt = \langle x^2 \rangle .$$

III. Die Autokorrelationsfunktion $K(\tau)$ ist eine gerade Funktion von τ, d.h.

$$K(\tau) = K(-\tau) ,\qquad(2.35)$$

denn es ist in der Tat

$$K(\tau) = \langle x(t + \tau)x(t) \rangle = \langle x(t)x(t -\tau) \rangle = K(-\tau) .$$

IV. Der Wert der Korrelationsfunktion $K(\tau)$ bei beliebigem τ kann den Anfangswert $K(0)$ nicht überschreiten, d.h.

$$K(0) \geqslant |K(\tau)| .\qquad(3.26)$$

Es gilt nämlich stets

$$[x(t) \pm x(t + \tau)]^2 \geqslant 0$$

oder

$$x^2(t) + x^2(t + \tau) \geqslant \pm\, 2x(t)x(t + \tau) .$$

Wird von beiden Seiten dieser Ungleichung der zeitliche Mittelwert subtrahiert, so ergibt sich unter Berücksichtigung von (2.34) die Beziehung (2.36).

(2.16) kann formal nicht nur auf stationäre Zufallsfunktionen, sondern auch auf gewöhnliche periodische Funktionen angewandt werden. Als Beispiel berechnen wir die Autokorrelationsfunktion für

$$x(t) = A \sin (\omega t + \varphi),$$

wobei unter dem Terminus Autokorrelationsfunktion einfach das Resultat der Anwendung der durch (2.16) beschriebenen Operation verstanden werden soll. Es ist

$$K(\tau) = \langle x(t)x(t + \tau) \rangle$$

$$= \lim_{T \to \infty} \frac{1}{2T} \int_{-T}^{+T} A^2 \sin(\omega t + \varphi) \sin(\omega t + \varphi + \tau\omega)\,dt$$

$$(2.37)$$

$$= \lim_{T \to \infty} \frac{1}{2T} \int_{-T}^{+T} \frac{A^2}{2} [\cos(\omega\tau) - \cos(2\omega t + \omega\tau + 2\varphi)]\,dt$$

$$= \lim_{T \to \infty} \frac{1}{2T} \left\{ \cos\omega\tau - \frac{1}{2T} \frac{\sin(2\omega T + \omega\tau + 2\varphi) + \sin(2\omega T - \omega\tau - 2\varphi)}{2\omega} \right\} .$$

Bei hinreichend großem T gilt mit beliebigem Genauigkeitsgrad:

$$K(\tau) \approx \frac{a^2}{2} \cos\omega\tau .$$

Die Funktion $K(\tau)$ hat somit dieselbe Periode wie die Funktion $x(t)$. Sie ist jedoch im Unterschied zu $x(t)$ eine gerade Funktion und unabhängig von der Phase φ. Ebenso läßt sich zeigen, daß die Funktion

$$x(t) = a_0 + \sum_{k=1}^{n} a_k \sin(\omega_k t + \varphi_k)$$

die Autokorrelationsfunktion

$$K(\tau) = a_0^2 + \sum_{k=1}^{n} (a_k^2/2) \cos\omega_k\tau \qquad (2.38)$$

besitzt.

Wenn daher eine stationäre Zufallsfunktion $X(t)$ eine überlagerte konstante Komponente hat, so hat die Autokorrelationsfunktion die Anfangsordinate $K(0)$ (gleich dem quadratischen Mittelwert $\langle x^2 \rangle$) und die Endordinate $K(\infty)$ (gleich dem Quadrat der konstanten Komponente) von $X(t)$.

Zur Veranschaulichung der aufgezählten Eigenschaften der Autokorrelationsfunktion sollen in Bild 2.3 die wichtigsten Charakteristiken dreier in verschiedenem Maße regelloser Schwingungsvorgänge mit dem gleichen, bzw. verschwindenden Mittelwert dargestellt werden [2.8]. Die drei Funktionen sind die Sinuswelle, die Schmalbandwelle und die Welle großer Bandbreite.

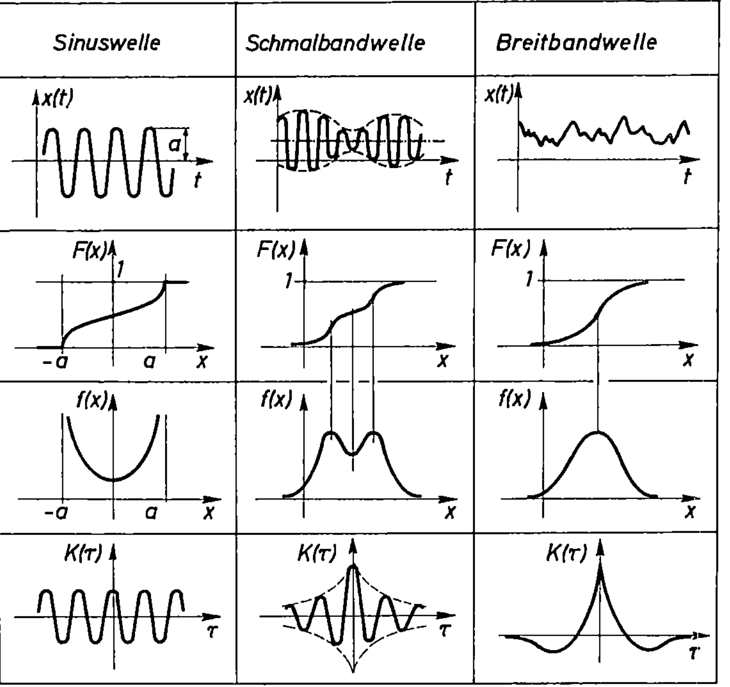

Bild 2.3. Statistische Charakteristiken dreier in verschiedenem Maße regelloser Schwingungsvorgänge

Die Verteilungsfunktion der Sinuswelle ist, wie leicht gezeigt werden kann,

$$P(x) = \frac{1}{2} + \frac{1}{\pi} \sin^{-1}\left(\frac{x}{a}\right) \tag{2.39}$$

66

und die Verteilungsdichte, die man durch Differenzieren erhält, ist

$$f(x) \begin{cases} = \dfrac{1}{\pi\sqrt{a^2 - x^2}} & \text{für } |x| < a, \\[3mm] = 0 & \text{für } |x| > a. \end{cases} \qquad (2.40)$$

Bei einer Welle großer Bandbreite ändern sich die Amplitude Phase und Frequenz willkürlich, und somit besteht kein analytischer Ausdruck für ihren Momentanwert. Solche Funktionen findet man im Rauschen des Radios, in der Änderung des Druckes bei Strahltriebwerken, in atmosphärischer Turbulenz usw. Dabei ist eine höchst wahrscheinliche Verteilungsfunktion die nach Gauß benannte, deren Normalform durch folgende Gleichungen beschrieben ist:

$$f(x) = \frac{1}{\sqrt{2\pi}}\, e^{-x^2/2} , \qquad (2.41)$$

$$P(x) = \frac{1}{\sqrt{2\pi}} \int_{-\infty}^{x} e^{-u^2/2}\, du . \qquad (2.42)$$

Wenn eine Erregung großer Bandbreite durch ein Resonanzsystem geschickt wird, wobei die Filterbandbreite verglichen mit seiner Mittelfrequenz ω_0 klein ist, dann erhalten wir den dritten Wellentyp, der im wesentlichen eine Schwingung mit konstanter Frequenz ist, deren Amplitude und Phase sich jedoch langsam und zufällig ändern. Solche Schwingungen können als eine Kombination einer Sinusschwingung mit der Frequenz ω_0 und einem Rauschen in dem Nachbarfrequenzband aufgefaßt werden. Die typische Verteilungsdichte neigt dazu, außerhalb der größten Amplitude scharf abzufallen und hat eine konkative Eindrückung in der Umgebung $x = 0$ wie in dem Fall der Sinusschwingung. Die relativen Anteile von Rauschen und Sinuswelle, die in einem Schrieb kleiner Bandbreite enthalten sind, können oft durch eine sorgfältige Analyse der Verteilungsdichte abgeschätzt werden.

Von besonderem Interesse ist es, die drei Wellentypen des Bildes 2.3a noch einmal zu untersuchen um zu sehen, welche kennzeichenden

Merkmale durch ihre Autokorrelation auf Bild 2.3a offenbart werden. Es ist augenscheinlich, daß die drei Wellentypen klar durch ihre Autokorrelationsfunktion unterschieden werden können.

Bei der Sinuswelle besitzt die Autokorrelationsfunktion dieselbe Frequenz ω_0 wie die Originalwelle

$$x(t) = a \sin(\omega_0 t + \varphi) .$$

Bei $\tau = 0$ ist der Wert der Autokorrelation gleich dem quadratischen Mittelwert

$$K_x(0) = \langle x^2 \rangle = \frac{a^2}{2} ;$$

$K_x(\tau)$ ist eine gerade Funktion, die unabhängig von der Phase ist. Es sollte außerdem noch angemerkt werden, daß sich bei der Sinuswelle $K_x(\tau)$ nicht mit wachsendem τ Null nähert wie in den anderen beiden Fällen.

Bei der Autokorrelation für die Breitenbandwelle haben wir eine scharfe Spitze bei $\tau = 0$, die mit wachsendem Betrag von τ sehr schnell nach Null strebt.

Bei der Schmalbandwelle besitzt die Autokorrelation einige Merkmale, die auch für die Sinuswelle gefunden wurden. Sie ist ebenfalls eine gerade Funktion mit einem Maximum bei $\tau = 0$, und ihre Frequenz ω_0 entspricht der mittleren Frequenz des schmalen Frequenzbandes. Der Unterschied liegt darin, daß $K_x(\tau)$ im Falle der Schmalbandwelle für große τ gegen Null strebt. Es ist offensichtlich, daß verborgene Periodizitäten in einem stochastischen Schwingungsvorgang entdeckt werden können, wenn man $K_x(\tau)$ für große Werte von τ bestimmt. Bei der Lösung einiger Aufgaben ist es erforderlich, die Autokorrelationsfunktion $K_x(\tau)$ durch eine analytische Funktion zu ersetzen.

Aus den Eigenschaften III und IV gemäß (2.35) und (2.36) folgt, daß $K_x(\tau)$ nur einen der beiden in Bild 2.4 angegebenen Kurvenverläufe besitzen kann. Die in Bild 2.4a dargestellte Funktion läßt sich z.B.

68

mit $K_x(0) = \sigma_x^2$ bei $m_{0x} = 0$ durch den Ausdruck

$$K_x(\tau) \approx \sigma_x^2 e^{-\alpha|\tau|} \qquad (\alpha > 0) \qquad (2.43)$$

oder

$$K_x(\tau) \approx \sigma_x^2 e^{-\alpha_1^2 \tau^2} \qquad (2.44)$$

approximieren, während die Funktion in Bild 2.4b durch

$$K_x(\tau) \approx \sigma_x^2 e^{-\alpha|\tau|} \cos \beta\tau \qquad (\alpha > 0), \qquad (2.45)$$

$$K_x(\tau) \approx \sigma_x^2 e^{-\alpha_1^2 \tau^2} \cos \beta_1\tau, \qquad (2.46)$$

$$K_x(\tau) \approx \sigma_x^2 e^{-\alpha|\tau|} (\cos \beta\tau + \tfrac{\alpha}{\beta}\sin \beta|\tau|) \qquad (2.47)$$

oder

$$K_x(\tau) \approx \sigma_x^2 e^{-\alpha|\tau|} (1 + \alpha|\tau|) \qquad (2.48)$$

approximiert werden kann.

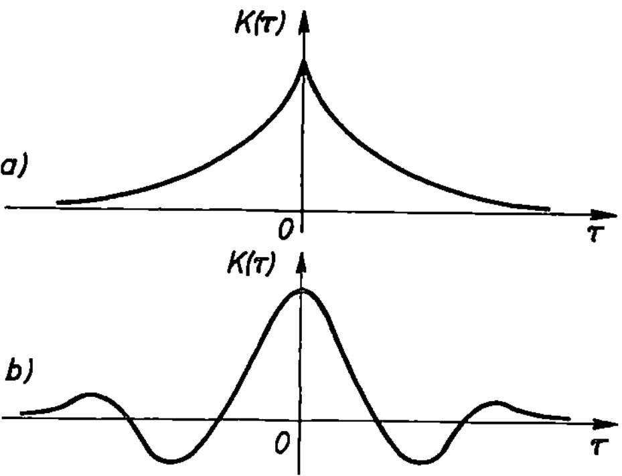

Bild 2.4. Grundformen der Autokorrelationsfunktion (AKF)

Bei der Lösung einer Reihe von Aufgaben werden die angeführten analytischen Ausdrücke eine ausreichend genaue Approximation ermöglichen,

manchmal ist jedoch eine höhere Genauigkeit mittels komplizierter
Funktionen erforderlich. Diese Approximationen werden in einem besonderen Kapitel näher besprochen.

Manchmal (gewöhnlich in jenen Fällen, in denen $\langle x \rangle \neq 0$ ist) erweist
es sich als zweckmäßig, die normierte Korrelationsfunktion

$$\rho(\tau) = \frac{\langle [x(t) - \langle x \rangle][x(t + \tau) - \langle x \rangle] \rangle}{\langle x^2 \rangle - \langle x \rangle^2} \qquad (2.49)$$

einzuführen. Diese Funktion genügt offensichtlich der Beziehung $\rho(0) = 1$.

Die Eigenschaften der Kreuzkorrelationsfunktionen (KKF) $R_{xy}(\tau)$ und
$R_{yx}(\tau)$ zweier stationärer Zufallsfunktionen $X(t)$ und $Y(t)$ lassen
sich wie folgt angeben:

Wenn die Zufallsfunktionen $X(t)$ und $Y(t)$ stationär im engeren Sinne
des Wortes sind, so hängt keine Eigenschaft dieser Funktionen vom
Zeitursprung ab. Daher hängen such ihre Kreuzkorrelationsfunktionen
nicht einzeln von den Werten t_1 und t_2 ab, sondern sind ausschließlich
Funktionen der Differenz $\tau = t_2 - t_1$.

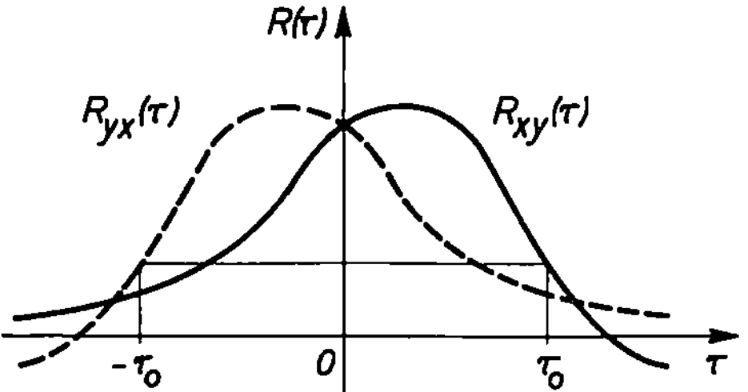

Bild 2.5. Symmetrieeigenschaften der Kreuzkorrelationsfunktion (KKF)

Für stationäre Zufallsfunktionen gilt folglich

$$R_{xy}(t_1, t_2) = R_{xy}(t_2 - t_1) = R_{xy}(\tau) \,, \qquad (2.50)$$

und aus Symmetriegründen folgen für reelle Zufallsfunktionen die beiden
Eigenschaften der KKF (siehe auch Bild 2.5):

I.
$$R_{xy}(\tau) = R_{yx}(-\tau) \, , \qquad\qquad (2.51)$$

II.
$$|R_{xy}(\tau)| \leqslant \sqrt{K_x(0)\,K_y(0)} = \sigma_x \sigma_y \, . \qquad\qquad (2.52)$$

Auch die dimensionsbehaftete Kreuzkorrelationsfunktion kann durch eine
einfache Normierung in eine dimensionslose der Gestalt

$$r_{xy}(\tau) = \frac{R_{xy}(t_1,t_2)}{\sqrt{K_x(t_1,t_1)K_y(t_2,t_2)}} = \frac{R_{xy}(\tau)}{\sigma_x \sigma_y} \qquad\qquad (2.53)$$

übergeführt werden, wenn die Zufallsschwingungen $X(t)$ und $Y(t)$ die
Bedingungen $\langle x \rangle = 0$, $\langle y \rangle = 0$ gleichzeitig erfüllen.

2.4 Differentiation von Zufallsfunktionen

Bei Schwingungsuntersuchungen kommen häufig Schwingungsgrößen vor,
die nicht direkt von der zufälligen Erregerfunktion $X(t)$, sondern von
ihrer k-ten Ableitung $X^{(k)}(t)$ $k = 1,2,\ldots,n$ abhängen. Um auch diese
Ableitungen einer wahrscheinlichkeitstheoretischen Analyse unterwerfen
zu können, müßte man alle ihre mehrdimensionalen Verteilungsge-
setze kennen. Die zu finden ist in der Regel äußerst schwierig (eine
Ausnahme bilden lediglich die normalverteilten Schwingungsprozesse),
so daß einfachere und für praktische Berechnungen geeignetere Möglichkeiten gesucht werden müssen.

Im Rahmen der Korrelationstheorie können die statistischen Charakteristiken einer Zufallsfunktion $Y(t)$, die aus der Zufallsfunktion $X(t)$ mit
der mathematischen Erwertung $\bar{x}(t)$ und der AKF $K_x(t_1,t_2)$ durch
durch Anwendung eines linearen Operators L hervorgeht, d.h.

$$Y(t) = LX(t) \, , \qquad\qquad (2.54)$$

sehr einfach gewonnen werden, wobei dazu nicht einmal die Kenntnis der ersten beiden Verteilungsdichten der Zufallsfunktion $X(t)$ erforderlich ist [2.9].

Unter einem Operator verstehen wir die symbolische Bezeichnung derjenigen Operation, die auf die Zufallsfunktion $X(t)$ wirken soll. Z.B. kann die Differentiation als die Anwendung des Differentialoperators d/dt auf die Zufallsfunktion $X(t)$ angesehen werden:

$$Y(t) = LX(t) = \frac{d}{dt} X(t) \, . \qquad (2.55)$$

In diesem Fall ist $L = d/dt$. Analog kann man von Operatoren der Integration, des Potenzierens usw. sprechen. Ein Operator heißt linear und homogen, wenn er folgende beide Eigenschaften besitzt:

I. $$L[A\,h(t)] = A\,L[h(t)] \, , \qquad (2.56)$$

d.h. ein konstanter Faktor kann vor das Zeichen des Operators gezogen werden.

II. $$L[h_1(t) + h_2(t)] = L[h_1(t)] + L[h_2(t)] \, , \qquad (2.57)$$

d.h. man kann die Reihenfolge von Addition und Anwendung des Operators vertauschen.

Gehen wir nun zur Untersuchung der Wirkung eines beliebigen linearen Operators L auf die Zufallsfunktion $X(t)$ mit der mathematischen Erwartung $\bar{x}(t)$ und der Autokorrelationsfunktion $K_x(t_1,t_2)$ über. Der Übergang zur mathematischen Erwartung auf beiden Seiten von (2.54) liefert wegen der Vertauschbarkeit der Operationen L und E:

$$\bar{y}(t) = E\{Y(t)\} = E\{L[X(t)]\} = L[E\{X(t)\}] = L[\bar{x}(t)] \, . \qquad (2.58)$$

Die Bestimmung der Korrelationsfunktion $K_y(t_1,t_2)$ erfolgt nach (2.14), wobei wir für $Y(t)$ und $\bar{y}(t)$ die Ausdrücke (2.54) und (2.58) einsetzen:

72

$$K_y(t_1,t_2) = E\{[L_{t1}X(t_1) - L_{t1}\bar{x}(t_1)][L_{t2}X(t_1) - L_{t2}\bar{x}(t_2)]\} =$$

$$= L_{t1}L_{t2}E\{[X(t_1) - \bar{x}(t_1)][X(t_2)\bar{x}(t_2)]\} = \qquad (2.59)$$

$$= L_{t1}L_{t2}K_x(t_1,t_2) \, .$$

Anhand dieser allgemeinen Beziehung können wir die Autokorrelationsfunktion für die Ableitung einer differenzierbaren Zufallsfunktion sowie
die Kreuzkorrelationsfunktionen zwischen den verschiedenen Ableitungen
einer differenzierbaren Zufallsfunktion einfach berechnen.

Es sei L der Operator der Differentiation L = d/dt. Dann bekommen wir
für die Korrelationsfunktion von

$$V(t) = L[X(t)] = \frac{d}{dt} X(t) \qquad (2.60)$$

wegen (2.59) sofort

$$K_v(t_1,t_2) = \frac{\partial^2}{\partial t_1 \partial t_2} K_x(t_1,t_2) \qquad (2.61)$$

oder für eine stationäre Zufallsfunktion $X(t)$

$$K_v(\tau) = K_v(t_1,t_2) = \frac{\partial^2}{\partial t_1 \partial t_2} K_x(t_2 - t_1) = - \frac{d^2}{d\tau^2} K_x(\tau) \, . \qquad (2.62)$$

Ähnlich können wir die Autokorrelationsfunktion $K_w(\tau)$ der zweiten
Ableitung von $X(t)$ aus $K_x(\tau)$ bestimmen. Mit

$$W(t) = LX(t) = \frac{d^2}{dt^2} X(t) = \frac{d}{dt} V(t) \qquad (2.63)$$

folgt aus

$$K_x(\tau) = - \frac{d^2}{d\tau^2} K_v(\tau) = \left(- \frac{d^2}{d\tau^2}\right)\left(- \frac{d^2}{d\tau^2}\right) K_x(\tau) = \frac{d^4}{d\tau^4} K_x(\tau) \, . \qquad (2.64)$$

Allgemein gilt für die n-te Ableitung einer stationären stochastischen
Funktion $X(t)$ die Korrelationsfunktion

$$K_{(n)}(\tau) = (-1)^n \left(\frac{d^{2n}}{d\tau^{2n}}\right) K_x(\tau) \, . \qquad (2.65)$$

Mit (2.65) haben wir zugleich eine hinreichende Bedingung für die n-fache Differenzierbarkeit einer stationären Zufallsfunktion: Eine Zufallsfunktion ist n-fach differenzierbar, wenn die 2n-fache Ableitung ihrer Autokorrelationsfunktion $K(\tau)$ an der Stelle $\tau = 0$ existiert.

Wenn wir die im vorigen Abschnitt angeführten Beispiele von Korrelationsfunktionen stationärer Zufallsfunktionen bezüglich Differenzierbarkeit betrachten, so entsprechen die Funktionen

$$K(\tau) = \sigma^2 e^{-\alpha|\tau|} \qquad (2.66)$$

und

$$K(\tau) = \sigma^2 e^{-\alpha|\tau|} \cos \beta\tau \qquad (2.67)$$

nicht differenzierbaren Zufallsfunktionen. Die Funktionen

$$K(\tau) = \sigma^2 e^{-\alpha|\tau|}\left(\cos \beta\tau + \frac{\alpha}{\beta}\sin \beta|\tau|\right) \qquad (2.68)$$

und

$$K(\tau) = \sigma^2 e^{-\alpha|\tau|}(1 + \alpha|\tau|) \qquad (2.69)$$

gelten für einmal differenzierbare und die Funktionen

$$K(\tau) = \sigma^2 \exp\left(-\alpha_1^2\tau^2\right) \qquad (2.70)$$

und

$$K(\tau) = \sigma^2 \exp\left(-\alpha_1^2\tau^2\right)\cos \beta_1\tau \qquad (2.71)$$

für n-mal differenzierbare Zufallsfunktionen. Je nach Art der zu lösenden Aufgabe werden wir von den obigen Funktionen die entsprechende Form auswählen.

Die obige Betrachtung über die Einbeziehung linearer Operatoren bei der Berechnung der AKF für höhere Ableitungen einer Zufallsfunktion läßt sich auch auf die Bestimmung von Kreuzkorrelationsfunktionen zwischen einer Zufallsfunktion $X(t)$ und der aus ihr durch die

74

Anwendung eines linearen Operators L entstandenen Zufallsfunktion

$$Y(t) = LX(t) \qquad (2.72)$$

übertragen. Die Definition der Kreuzkorrelationsfunktion der reellen Zufallsfunktionen $X(t)$ und $Y(t)$ lautet

$$R_{xy}(t_1, t_2) = E\{[X(t_1) - \bar{x}(t_1)][LX(t_2) - L\bar{x}(t_2)]\}$$

$$= L_{t_2} E\{[X(t_1) - \bar{x}(t_1)][X(t_2) - \bar{x}(t_2)]\} \qquad (2.73)$$

$$= L_{t_2} K_x(t_1, t_2) .$$

Aus dieser allgemeinen Formel folgt für $L = d/dt$ die KKF zwischen $X(t)$ und ihrer Ableitung $V(t) = LX(t)$

$$R_{xv}(t_1, t_2) = \frac{\partial}{\partial t_2} K_x(t_1, t_2) . \qquad (2.74)$$

Mit $\tau = t_2 - t_1$ für stationäre Zufallsfunktionen ergibt sich

$$\frac{\partial}{\partial t_2} K_x(t_1, t_2) = \frac{\partial}{\partial t_2} K_x(t_2 - t_1) = \frac{d}{d\tau} K_x(\tau) , \qquad (2.75)$$

und statt (2.74) bekommen wir

$$R_{xv}(\tau) = \frac{d}{d\tau} K_x(\tau) . \qquad (2.76)$$

Wie bereits oben erwähnt wurde, ist $K_x(\tau)$ für eine reelle Zufallsfunktion eine gerade Funktion. Daher wird $dK_x(\tau)/d\tau$ bei $\tau = 0$ Null, und es gilt folglich

$$R_{xv}(0) = 0 , \qquad (2.77)$$

d.h. für eine differenzierbare stationäre reelle Zufallsfunktion sind die Ordinate der Zufallsfunktion und ihre Ableitung in ein und demselben Zeitpunkt nichtkorrelierte (bei Normalverteilung auch unabhängige) Zufallsgrößen.

Ist eine Zufallsfunktion $X(t)$ zweifach differenzierbar, so können wir die Kreuzkorrelationsfunktion $R_{xw}(t_1,t_2)$ zwischen $X(t)$ und

$$W(t) = LX(t) = \frac{d^2}{dt^2} X(t) \qquad (2.78)$$

nach dem obigen Vorgehen für $R_{xv}(t_1,t_2)$ bestimmen. Der Operator L lautet in diesem Fall

$$L_{t2} = \frac{\partial^2}{\partial t_2^2} , \qquad (2.79)$$

was für $R_{xw}(t_1,t_2)$ den Ausdruck

$$R_{xw}(t_1,t_2) = \frac{\partial^2}{\partial t_2^2} K_x(t_1,t_2) \qquad (2.80)$$

ergibt. Für stationäre Zufallsfunktionen vereinfacht sich (2.80) wegen $\tau = t_2 - t_1$ auf

$$R_{xw}(\tau) = \frac{d^2}{d\tau^2} K_x(\tau) . \qquad (2.81)$$

Auf ähnliche Art und Weise lassen sich auch andere KKF ableiten. In Tabelle 2.1 sind alle AKF und KKF (und ihre Berechnung) für eine stationäre, zweifach differenzierbare Zufallsfunktion $X(t)$ und ihre Ableitungen $\dot{X}(t)$ und $\ddot{X}(t)$ angegeben.

Tabelle 2.1. Auto- und Kreuzkorrelationsfunktionen einer Zufallsfunktion $X(t)$ und ihrer Ableitung $\dot{X}(t)$ und $\ddot{X}(t)$

	$X(t)$	$\dot{X}(t)$	$\ddot{X}(t)$
$X(t)$	$K_x(\tau)$	$R_{x\dot{x}}(\tau) = \frac{d}{d\tau} K_x(\tau)$	$R_{x\ddot{x}}(\tau) = \frac{d^2}{d\tau^2} K_x(\tau)$
$\dot{X}(t)$	$R_{\dot{x}x}(\tau) = R_{x\dot{x}}(-\tau)$	$K_{\dot{x}}(\tau) = -\frac{d^2}{d\tau^2} K_x(\tau)$	$R_{\dot{x}\ddot{x}}(\tau) = -\frac{d^3}{d\tau^3} K_x(\tau)$
$\ddot{X}(t)$	$R_{\ddot{x}x}(\tau) = R_{x\ddot{x}}(-\tau)$	$R_{\ddot{x}\dot{x}}(\tau) = R_{\dot{x}\ddot{x}}(-\tau)$	$K_{\ddot{x}}(\tau) = \frac{d^4}{d\tau^4} K_x(\tau)$

Daraus wird klar, daß man anhand der einzigen AKF $K_x(\tau)$ alle anderen Auto- und Kreuzkorrelationsfunktionen der Tabelle durch einfache Differentiationen berechnen kann. Aus (2.34), (2.62) und (2.64) folgen sofort

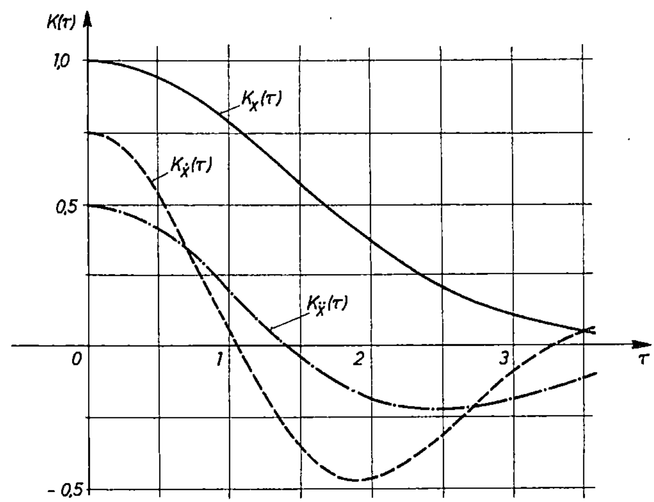

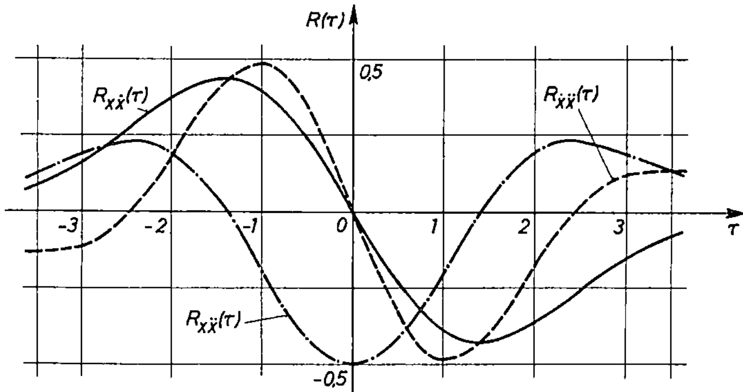

Bild 2.6. Auto- und Kreuzkorrelationsfunktionen einer differenzierbaren Zufallsfunktion $X(t)$ und ihrer Ableitungen $\dot{X}(t)$ und $\ddot{X}(t)$ $(\sigma_x = 1,\ \alpha_1 = 0,5)$

die Dispersionen der Zufallsfunktion $X(t)$ und ihrer Ableitungen $V(t)$ und $W(t)$:

$$\sigma_x^2 = K_x(0) , \qquad (2.82)$$

$$\sigma_v^2 = K_v(0) , \qquad (2.83)$$

$$\sigma_w^2 = K_w(0) . \qquad (2.84)$$

Zur Veranschaulichung der Tabelle 2.1 sollen nachstehend die entsprechenden Auto- und Kreuzkorrelationsfunktionen einer beliebig oft differenzierbaren stationären Zufallsfunktion $X(t)$ mit der AKF

$$K_x(\tau) = \sigma_x^2 \exp(-\alpha_1^2 \tau^2) = A e^{B\tau^2} \quad (A = \sigma_x^2;\ B = \alpha_1^2) \qquad (2.85)$$

berechnet und in Bild 2.6 dargestellt werden. Die AKF und KKF für die Ableitung lautet also in unserem Beispiel:

$$R_{x\dot{x}}(\tau) = -2AB\,\tau\, e^{-B\tau^2} = (-2B\tau) K_x(\tau) , \qquad (2.86)$$

$$K_v(\tau) = K_{\dot{x}}(\tau) = (+2B - 4B^2\tau^2) K_x(\tau) , \qquad (2.87)$$

$$R_{x\ddot{x}}(\tau) = (-2B + 4B^2\tau^2) K_x(\tau) , \qquad (2.88)$$

$$R_{\dot{x}\ddot{x}}(\tau) = (-12B^2\tau + 8B^3\tau^3) K_x(\tau) , \qquad (2.89)$$

$$K_w(\tau) = K_{\ddot{x}}(\tau) = (12B^2 - 48B^3\tau^3 + 16B^4\tau^4) K_x(\tau) . \qquad (2.90)$$

Wir können aus (2.87) und (2.90) sofort die Dispersionen σ_v^2 und σ_w^2 gemäß (2.83) und (2.84) angeben:

$$\sigma_v^2 = K_v(0) = K_{\dot{x}}(0) = 2BK_x(0) = 2BA = 2\alpha_1^2 \sigma_x^2 \qquad (2.91)$$

und

$$\sigma_w^2 = K_w(0) = K_{\ddot{x}}(0) = 12B^2 K_x(0) = 12B^2 A = 12\alpha_1^4 \sigma_x^2 . \qquad (2.92)$$

Eine Nachprüfung der Dimensionen der rechten und linken Seite von (2.91) bzw. (2.92) bestätigt leicht die Richtigkeit der Rechnung.

78

Schließlich seien noch zwei praktisch häufig vorkommende Fälle als
Beispiel für die rechnerische Ermittlung von AKF oder KKF angeführt.
Wir setzen die Zufallsfunktionen $X(t)$ und $Y(t)$ und ihre statistische
Charakteristiken im Sinne der Korrelationstheorie als bekannt voraus,
gesucht wird die AKF ihrer Summe

$$Z(t) = Y(t) + X(t) \, . \qquad (2.93)$$

Aus der Definition der AKF gemäß (2.14) folgt mit

$$\bar{z}(t) = \bar{y}(t) + \bar{x}(t) \qquad (2.94)$$

die Gleichung

$$K_z(t_1,t_2) = E\{[Z(t_1) - \bar{z}(t_1)][Z(t_2) - \bar{z}(t_2)]\} =$$

$$= E\{[X(t_1) + Y(t_1) - \bar{x}(t_1) - \bar{y}(t_1)][X(t_2) + Y(t_2) - \bar{x}(t_2) - \bar{y}(t_2)]\}$$

und nach Ausmultiplizieren und Ordnen der Ausdrücke

$$K_z(t_1,t_2) = K_x(t_1,t_2) + R_{xy}(t_1,t_2) + R_{yx}(t_1,t_2) + K_y(t_1,t_2), \qquad (2.95)$$

woraus für stationäre Zufallsfunktionen

$$K_z(\tau) = K_x(\tau) + R_{xy}(\tau) + R_{yx}(\tau) + K_y(\tau) \qquad (2.96)$$

folgt. Sind $X(t)$ und $Y(t)$ unkorrelierte (bei Normalverteilung auch
unabhängige) Zufallsfunktionen, so ist wegen $R_{xy}(\tau) = 0$ auch $R_{yx}(\tau) = 0$
und

$$K_z(\tau) = K_x(\tau) + K_y(\tau) \, . \qquad (2.96')$$

Wir betrachten nun die nachstehenden Linearkombinationen von Zufallsfunktionen. Sei z.B. gegeben

$$Y_1(t) = a_1(t) X_1(t) + a_2(t) X_2(t) \, ,$$

$$\qquad (2.97)$$

$$Y_2(t) = b_1(t) X_1(t) + b_2(t) X_2(t) \, ,$$

wobei $a_1(t)$, $a_2(t)$, $b_1(t)$ und $b_2(t)$ nichtstochastische Funktionen der Zeit sind und die AKF $K_{x1}(t_1,t_2)$ $K_{x2}(t_1,t_2)$ sowie die KKF $R_{x1x2}(t_1,t_2)$ als bekannt vorausgesetzt werden.

Aus der Definition der KKF folgt

$$R_{y1y2}(t_1,t_2) = E\{[a_1(t_1)X_1(t_1) + a_2(t_1)X_2(t_1) - a_1(t_1)\bar{x}(t_1) -$$

$$a_2(t_1)\bar{x}_2(t_1)] \times [b_1(t_2)X_1(t_2) + b_2(t_2)X_2(t_2) -$$

$$b_1(t_2)\bar{x}_1(t_2) - b_2(t_2)\bar{x}_2(t_2)]\} . \qquad (2.98)$$

Nach Anwendung der Hauptsätze über die mathematische Erwartung erhalten wir:

$$R_{y1y2}(t_1,t_2) = a_1(t_1)b_1(t_2)K_{x1}(t_1,t_2) + a_2(t_1)b_2(t_2)K_{x2}(t_1,t_2)$$

$$\qquad (2.99)$$

$$+ a_1(t_1)b_2(t_2)R_{x1x2}(t_1,t_2) + a_2(t_1)b_1(t_2)R_{x2x1} .$$

Analog berechnet man auch die Kreuzkorreltaionsfunktion komplizierterer Ausdrücke. Es sei noch bemerkt, daß (2.99) für stationäre Zufallsfunktionen leicht umgeschrieben werden kann, indem man einfach $t_1 = t$ und $t_2 = t + \tau$ setzt.

2.5 Spektraldichtefunktionen

Nach dem Wiener-Chintschineschen Satz [2.10] in der Theorie der stationären Zufallsfunktionen wird die Spektraldichte $S(\omega)$ als Fourier-Transformierte der Auto- oder Kreuzkorrelationsfunktion $K(\tau)$ berechnet, d.h.

$$S(\omega) = \int_{-\infty}^{+\infty} K(\tau)\, e^{-j\omega\tau}\, d\tau , \qquad (2.100)$$

und dementsprechend

$$K(\tau) = \frac{1}{2\pi} \int\limits_{-\infty}^{+\infty} S(\omega)\, e^{j\omega\tau}\, d\omega \,. \qquad (2.101)$$

Für symmetrische Funktionen $K(\tau)$ kann man (2.100) mit Hilfe der bekannten Eulerschen Gleichung

$$e^{\pm j\omega\tau} = \cos\omega\tau \pm j\omega\sin\omega\tau \qquad (j = \sqrt{-1})$$

auch in der Form

$$S(\omega) = 2 \int\limits_{0}^{+\infty} K(\tau)\cos\omega\tau\, d\tau \qquad (2.102)$$

schreiben, die besonders für numerische Berechnungen geeignet ist.

Diese Berechnung folgt aus dem folgenden Theorem Chintschines [2.11], das der Theorie stationärer Zufallsprozesse zugrundeliegt: Damit die Funktion $K(\tau)$ die Korrelationsfunktion einer stetigen stationären Zufallsfunktion ist, ist notwendig und hinreichend, daß sie in der Form

$$K(\tau) = \int\limits_{-\infty}^{+\infty} \cos\omega\tau\, dF(\omega) \qquad (2.103)$$

darstellbar ist. Unter der Voraussetzung, daß $F(\omega)$ für alle ω differenzierbar ist, d.h. daß $dF(\omega) = S(\omega)\, d\omega$ ist, ergibt sich (2.101) als spezielles Resultat von (2.103). (2.100) und (2.101) zeigen, daß Korrelationsfunktion und Spektraldichte gegenseitig durch die Fourier-Transformation verbunden sind.

Der Begriff der Spektraldichte $S(\omega)$ kann verknüpft werden mit dem Begriff des Spektrums $X_T(j\omega)$ der stationären Zufallsfunktion $X(t)$. Das Spektrum $X_T(j\omega)$ wird wie folgt definiert:
Es sei

$$x_T(t) = \begin{cases} X(t) & \text{für } -T \leqslant t \leqslant T\,, \\[2mm] 0 & \text{für alle übrigen } t\,. \end{cases}$$

Dann wird mit $X_T(j\omega)$ die Fourier-Tranformierte für die Funktion $x_T(t)$ bezeichnet, d.h.

$$X_T(j\omega) = \int\limits_{-\infty}^{+\infty} x_T(t)\, e^{-j\omega t}\, dt = \int\limits_{-T}^{+T} x_T(t)\, e^{-j\omega t}\, dt \ . \qquad (2.104)$$

Nun sei die Autokorrelationsfunktion

$$K_T(\tau) \approx \frac{1}{2T} \int\limits_{-T}^{+T} x_T(t)\, x_T(t + \tau)\, dt \qquad (2.105)$$

eingeführt. Ihre Fourier-Transformierte $S_T(\omega)$ ist dann

$$S_T(\omega) = \int\limits_{-\infty}^{+\infty} K_T(\tau)\, e^{-j\omega\tau}\, d\tau = \frac{1}{2T} \int\limits_{-\infty}^{+\infty} e^{-j\omega\tau}\, d\tau \int\limits_{-\infty}^{+\infty} x_T(t)\, x_T(t + \tau)\, dt$$

$$= \frac{1}{2T} \int\limits_{-\infty}^{+\infty} d\tau \int\limits_{-\infty}^{+\infty} x_T(t)x_T(t + \tau)\, e^{-j\omega(t + \tau)}\, e^{j\omega\tau}\, dt \qquad (2.106)$$

$$= \frac{1}{2T} \int\limits_{-\infty}^{+\infty} x_T(t)\, e^{j\omega t}\, dt \int\limits_{-\infty}^{+\infty} x_T(t + \tau)\, e^{-j\omega(t + \tau)}\, d\tau .$$

Wird in (2.106) $t + \tau = \lambda$ substituiert und berücksichtigt, daß

$$X_T^*(j\omega) = X_T(-j\omega) = \int\limits_{-\infty}^{+\infty} X_T(t)\, e^{j\omega t}\, dt$$

ist, so ergibt sich

$$S_T(\omega) = \int\limits_{-\infty}^{+\infty} K_T(\tau)\, e^{-j\omega\tau}\, d\tau = \frac{1}{2T} X_T^*(j\omega)\, X_T(j\omega) \ . \qquad (2.107)$$

Wird ferner berücksichtigt, daß $K_T(\tau)$ eine gerade Funktion ist, so ist

82

$$\int_{-\infty}^{+\infty} K_T(\tau)e^{-j\omega\tau}d\tau = 2\int_{0}^{+\infty} K_T(\tau)e^{-j\omega\tau}d\tau = 2\int_{0}^{\infty} K_T(\tau)\cos\omega\tau\,d\tau \qquad (2.108)$$

und daher auf Grund von (2.107)

$$S_T(\omega) = 2\int_{0}^{\infty} K_T(\tau)e^{-j\omega\tau}d\tau = 2\int_{0}^{\infty} K_T(\tau)\cos\omega\tau\,d\tau = \frac{1}{2T}\left|X_T(j\omega)\right|^2. \qquad (2.109)$$

Als Spektraldichte $S(\omega)$ kann die mathematische Erwartung

$$S(\omega) = E\left[S_{Ti}(\omega)\right] \qquad (2.110)$$

für das Funktionsensemble $x_{iT}(t)$ betrachtet werden.

Im Falle stationärer Zufallsschwingungen läßt sich das Ensemble der Funktionen $x_{iT}(t)$ aus einer einzigen gemessenen Realisierung gewinnen, wenn nämlich die Beobachtungszeit hinreichend groß gewählt und das Resultat in Teile zerlegt wird.

Wenn nun die mathematische Erwartung nach (2.110) unter Berücksichtigung des Ergodentheorems durch das zeitliche Mittel über ein hinreichend großes Zeitintervall ersetzt wird, so läßt sich statt (2.110) schreiben

$$S(\omega) \approx \frac{1}{2T}\left|X_T(j\omega)\right|^2. \qquad (2.111)$$

Die Beziehung (2.101) zwischen Korrelationsfunktion und Spektraldichte hat für die Theorie stationäre Zufallsschwingungen eine außerordentlich große Bedeutung. Sie liegt vor allem darin, daß sie es erlaubt, die Spektraldichte $S(\omega)$ aus der analytisch oder grafisch vorgegebenen Korrelationsfunktion $K(\tau)$ oder - umgekehrt - die Korrelationsfunktion $K(\tau)$ aus der vorgebenen Spektraldichte $S(\omega)$ zu bestimmen.

Ist z.B.

$$K(\tau) = \sigma^2 e^{-\alpha|\tau|}, \qquad (2.112)$$

so bekommen wir nach (2.100):

$$S(\omega) = \int_{-\infty}^{+\infty} e^{-j\omega\tau}\, \sigma^2 e^{-\alpha|\tau|}\, d\tau$$

$$= \sigma^2\left\{ \int_{-\infty}^{0} e^{-(j\omega + \alpha)\tau}\, d\tau + \int_{0}^{+\infty} e^{+(\alpha - j\omega)\tau}\, d\tau \right\} \qquad (2.113)$$

$$= \sigma^2\left\{ \frac{1}{\alpha + j\omega} + \frac{1}{\alpha - j\omega} \right\} = \frac{2\alpha\sigma^2}{\alpha^2 + \omega^2}\ .$$

Man erhält für

$$K(\tau) = \sigma^2 \exp\left(-\alpha_1^2 \tau^2\right) \qquad (2.114)$$

die Spektraldichte

$$S(\omega) = \frac{\sqrt{2\pi}}{\alpha_1^2} \exp\left[-\left(\frac{\omega}{2\alpha_1^2}\right)^2\right]\ . \qquad (2.115)$$

Unter Berücksichtigung der Eulerschen Beziehungen ergibt sich für

$$K(\tau) = \sigma^2 e^{-\alpha|\tau|} \cos\beta\tau \qquad (2.116)$$

die Spektraldichte

$$S(\omega) = \frac{\sigma^2}{2}\left\{ \int_{-\infty}^{+\infty} e^{-j\omega\tau - \alpha|\tau| + j\beta\tau}\, d\tau + \int_{-\infty}^{+\infty} e^{-j\omega\tau - \alpha|\tau| - j\beta\tau}\, d\tau \right\} =$$
$$(2.117)$$
$$= \frac{\sigma^2}{2}\left[\frac{\alpha}{\alpha^2 + (\omega + \beta)^2} + \frac{\beta}{\alpha^2 + (\omega - \beta)^2} \right]\ .$$

In manchen praktischen Aufgaben enthält die Autokorrelationsfunktion $K(\tau)$ einen konstanten Anteil m_0^2.

In einem solchen Fall berechnet man die Spektraldichte wie folgt: Es sei

$$K(\tau) = \sigma^2 e^{-k|\tau|} + m_0^2 ,$$

$$(2.118)$$

$$S(\omega) = 2 \int_0^\infty \sigma^2 e^{-k|\tau|} \cos \omega\tau \, d\tau + 2m_0^2 \int_0^\infty \cos \omega\tau \, d\tau = I_1 + I_2 .$$

I_1 wurde bereits in (2.115) berechnet:

$$I_1 = \frac{2k\sigma^2}{k^2 + \omega^2} .$$

Bei I_2 treten Konvergenzschwierigkeiten auf. Wir umgehen die wie folgt:

$$I_2 = 2 \int_0^\infty m_0^2 \cos \omega\tau \, d\tau = 2 \lim_{c \to 0} \int_0^\infty m_0^2 e^{-c\tau} \cos \omega\tau \, d\tau =$$

$$= \lim_{c \to 0} \frac{2m_0^2 c}{c^2 + \omega^2} \qquad (c > 0, \text{ Verwendung von } I_1) ,$$

$$I_2 = \begin{cases} 0 & \text{für } \omega \neq 0 , \\ 2\, m_0^2\, \delta(\omega) & \text{für } \omega = 0 . \end{cases}$$

Der konstante Anteil der Zufallsfunktion erscheint in der Spektraldichte als eine Stoßfunktion (Dirac-Delta) bei $\omega = 0$.

Die Definition und die wichtigsten Eigenschaften von $\delta(x)$ sind

$$\delta(x) = \begin{cases} \infty & \text{für } x = 0 , \\ 0 & \text{für } x \neq 0 , \end{cases}$$

$$\int_{-\infty}^{+\infty} \delta(x)dx = 1 , \qquad\qquad (2.119/a)$$

$$\int_{-\infty}^{+\infty} f(y)\, \delta(x - y)dx = f(x) ,$$

wobei $f(y)$ eine im Punkt $y = x$ stetige Funktion ist.

Die Deltafunktion genügt den Beziehungen

$$\int_0^\infty \cos \omega\tau\, d\tau = \frac{1}{2}\, \delta(\omega),$$

$$\int_0^\infty \cos \omega_0\tau \cos\omega\tau\, d\tau = \frac{1}{4}\, \delta(\omega - \omega_0). \tag{2.119/b}$$

Für

$$X(t) = a_0 + a_1 \cos(\omega_1 t + \varphi) \tag{2.120}$$

gilt nach (2.38) die Korrelationsfunktion

$$K(\tau) = a_0^2 + \frac{a_1^2}{2} \cos \omega_1\tau, \tag{2.121}$$

woraus sich unter Berücksichtigung von (2.119) ergibt:

$$S(\omega) = a_0^2\, \delta(\omega) + \frac{a_1^2}{4}\, \delta(\omega - \omega_1). \tag{2.122}$$

Ebenso ist zu sehen, daß die Spektraldichte für eine Funktion

$$X(t) = a_0 + \sum_{k=1}^{n} a_k \cos(\omega_k t + \varphi_k) \tag{2.123}$$

die Form

$$S(\omega) = a_0^2\, \delta(\omega) + \sum_{k=1}^{n} \frac{a_k^2}{4}\, \delta(\omega - |\omega_k|) \tag{2.124}$$

annimmt. Im allgemeinsten Fall besteht daher die Spektraldichte aus einem stetigen Anteil und einer Reihe von Spitzen bei einzelnen Frequenzen.

86

Jetzt soll bewiesen werden, daß

$$\langle x^2 \rangle = \frac{1}{2\pi} \int\limits_{-\infty}^{+\infty} S(\omega)\,d\omega \qquad (2.125)$$

ist. Es ist

$$\int\limits_{-\infty}^{+\infty} \left| X_T(j\omega) \right|^2 d\omega = \int\limits_{-\infty}^{+\infty} X_T(-j\omega)\, X_T(j\omega)\,d\omega$$

$$= \int\limits_{-\infty}^{+\infty} X_T(-j\omega)\,d\omega \int\limits_{-\infty}^{+\infty} x_T(t)\,e^{-j\omega t}\,dt$$

oder, wenn die Reihenfolge der Integration geändert wird,

$$\int\limits_{-\infty}^{+\infty} \left| X_T(j\omega) \right|^2 d\omega = \int\limits_{-\infty}^{+\infty} X_T(t)\,dt \int\limits_{-\infty}^{+\infty} X_T(-j\omega)\,e^{-j\omega t}\,d\omega = 2\pi \int\limits_{-\infty}^{+\infty} x_T^2(t)\,dt.$$

Daher ist

$$\int\limits_{-\infty}^{+\infty} x_T^2(t)\,dt = \int\limits_{-T}^{+T} x_T^2(t)\,dt = \frac{1}{2\pi} \int\limits_{-\infty}^{+\infty} \left| X_T(j\omega) \right|^2 d\omega. \qquad (2.126)$$

Wird (2.126) durch 2T dividiert, so ergibt sich unter Berücksichtigung von (2.111) nach dem Grenzübergang:

$$\langle x^2 \rangle = \lim_{T \to \infty} \frac{1}{2T} \int\limits_{-T}^{+T} x_T^2(t)\,dt =$$

$$\qquad (2.127)$$

$$= \lim_{T \to \infty} \frac{1}{2\pi} \int\limits_{-\infty}^{+\infty} \frac{1}{2T} \left| X_T(j\omega) \right|^2 d\omega = \frac{1}{2\pi} \int\limits_{-\infty}^{+\infty} S(\omega)\,d\omega.$$

Der physikalische Sinn der Funktion $S(\omega)$ kann in folgender Weise erklärt werden: Wenn angenommen wird, $x_T(t)$ stellt einen Strom dar, so kann (2.126) als der Ausdruck für die Energie betrachtet werden, die in einem Widerstand von 1Ω verbraucht wird, und der Ausdruck (2.125) als die mittlere Leistung dieses Stroms für die Zeit 2T.

Aus (2.127) ist ersichtlich, daß die Spektraldichte im betrachteten Fall die Dimension einer Energie hat, weswegen sie auch zuweilen Energiespektrum der Funktion $X(t)$ genannt wird.

Es sei darauf hingewiesen, daß die Spektraldichte $S(\omega)$, wie dies aus (2.111) folgt, ebenso wie die Korrelationsfunktion keinerlei Phasenbeziehungen zwischen den einzelnen Komponenten der Funktion $X(t)$ enthält.

Die wichtigsten Eigenschaften der Spektraldichte sind:

I. Die Spektraldichte kann nicht negativ sein:

$$S(\omega) \geqslant 0 \qquad \text{für } -\infty < \omega < +\infty.$$

II. $S(\omega)$ strebt für wachsende Absolutwerte von ω so schnell gegen Null, das gilt

$$\int_{-\infty}^{+\infty} S(\omega)\, d\omega < \infty.$$

III. $S(\omega)$ ist eine gerade Funktion:

$$S(\omega) = S(-\omega).$$

IV. Die Spektraldichte $S(\omega)$ ist mit $K(\tau)$ durch

$$S(\omega) = \int_{-\infty}^{+\infty} K(\tau) e^{-j\omega\tau}\, d\tau$$

und

$$K(\tau) = \frac{1}{2\pi} \int_{-\infty}^{+\infty} S(\omega) e^{j\omega\tau}\, d\omega$$

verbunden.

In der einschlägigen Literatur gibt es jedoch auch andere Formelpaare, die in Tabelle 2.2 Zusammengestellt sind, damit man die in anderen Quellen vorgefundenen Ergebnisse mit den hier besprochenen Zusammenhängen vergleichen oder kombinieren kann.

Tabelle 2.2

Korrelationsfunktion	Spektraldichte	Zusammenhang der Spektraldichte mit $S(\omega)$ nach (2.100)
$K(\tau) = \dfrac{1}{4\pi} \displaystyle\int_{-\infty}^{+\infty} F(\omega)e^{j\omega\tau}d\omega$	$F(\omega) = 2 \displaystyle\int_{-\infty}^{+\infty} K(\tau)e^{-j\omega\tau}d\tau$	
$K(\tau) = \dfrac{1}{2\pi} \displaystyle\int_{0}^{\infty} F(\omega)\cos\omega\tau\, d\omega$	$F(\omega) = 4 \displaystyle\int_{0}^{\infty} K(\tau)\cos\omega\tau\, d\tau$	$S(\omega) = \dfrac{1}{2}F(\omega)$
$K(\tau) = \dfrac{1}{2} \displaystyle\int_{-\infty}^{+\infty} G(\omega)e^{j\omega\tau}d\omega$	$G(\omega) = \dfrac{1}{\pi} \displaystyle\int_{-\infty}^{+\infty} K(\tau)e^{-j\omega\tau}d\tau$	
$K(\tau) = \displaystyle\int_{0}^{\infty} G(\omega)\cos\omega\tau\, d\omega$	$G(\omega) = \dfrac{2}{\pi} \displaystyle\int_{0}^{+\infty} K(\tau)\cos\omega\tau\, d\tau$	$S(\omega) = \pi G(\omega)$

Falls $\langle x \rangle \neq 0$ ist, läßt sich $S(\omega)$ in der Form

$$S(\omega) = \langle x \rangle^2 \delta(\omega) + S_1(\omega)$$

darstellen, wobei $S_1(\omega)$ eine stetige gerade Funktion ist. Manchmal ist es zweckmäßig, eine normierte Spektraldichte, die die Dimension einer Zeit hat, durch

$$\sigma(\omega) = S_1(\omega)\bigg/ \frac{1}{2\pi} \int_{-\infty}^{+\infty} S_1(\omega)\, d\omega = S_1(\omega)/K(0)$$

einzuführen.

Weiterhin ist zu sehen, daß

$$\langle (x - \langle x \rangle)^2 \rangle = \langle x^2 \rangle - \langle x \rangle^2 = \frac{1}{2\pi} \int_{-\infty}^{+\infty} S_1(\omega)\, d\omega$$

ist, wie aus

$$\langle (x - \langle x \rangle)^2 \rangle = \langle x^2 \rangle - 2x\langle x \rangle + \langle x \rangle^2 =$$

$$= \langle x^2 \rangle - 2\langle x \rangle^2 + \langle x \rangle^2 =$$

$$= \langle x^2 \rangle - \langle x \rangle^2$$

folgt.

Die Spektraldichte läßt sich auch für kreuzkorrelierte Zufallsfunktionen $X(t)$ und $Y(t)$ anhand ihrer Kreuzkorrelationsfunktion $R_{xy}(\tau)$ berechnen. Es ist

$$S_{xy}(j\omega) = \int_{-\infty}^{+\infty} R_{xy}(\tau) e^{-j\omega\tau}\, d\tau \qquad (2.128)$$

die Kreuzspektraldichte der beiden stationären Zufallsfunktionen. $S_{xy}(j\omega)$ ist eine ungerade komplexe Funktion, die - entsprechend der Eigenschaft (2.51) der KKF - ebenfalls dem gleichzeitigen Wechsel von Indizes und Vorzeichen des Arguments gehorcht, d.h.

$$S_{xy}(j\omega) = S_{yx}(-j\omega) \,. \qquad (2.129)$$

Die Fortführung der bei (2.104) bis (2.110) angestellten Überlegungen für zwei stationäre Zufallsfunktionen $X(t)$ und $Y(t)$ deren Realisierungen

$$x_T(t) = X(t) \qquad \text{für} \quad -T \leqslant t \leqslant T \,,$$

$$y_T(t) = Y(t) \qquad \text{für} \quad -T \leqslant t \leqslant T$$

bekannt sind, und ihre Fourier-Transformierte

$$X_T(j\omega) = \int_{-T}^{+T} x_T(t)e^{-j\omega t}\,dt\,, \qquad (2.130)$$

$$Y_T(j\omega) = \int_{-T}^{+T} y_T(t)e^{-j\omega t}\,dt \qquad (2.131)$$

existieren, so wird der Ausdruck

$$S_{xy}(\omega) = \lim_{T \to \infty} \frac{1}{2T} X_T^*(j\omega)\, Y_T(j\omega) \qquad (2.132)$$

als Kreuzspektraldichte bezeichnet. Aus den Beziehungen

$$X_T(j\omega) = X_T^*(-j\omega)\,,$$

$$Y_T(j\omega) = Y_T^*(-j\omega) \qquad (2.133)$$

folgt

$$S_{xy}(\omega) = S_{xy}^*(-\omega) = S_{yx}(-\omega)\,. \qquad (2.134)$$

Ähnlich wie bei den Korrelationsfunktionen lassen sich auch im Spektralbereich die Spektraldichten von Mehrfachsignalen kennzeichnen, zu
Matrizen zusammenfassen. Wir gehen wieder von einer Signalmatrix
$\underline{x}(t) = [X_1(t),\, X_2(t),\,\ldots,X_n(t)]$ und der Autokorrelationsmatrix $\underline{K}_{xx}(\tau)$
aus. Mit Hilfe der Wiener-Chintschineschen Beziehungen (2.100)
ordnen wir jedem Element der Korrelationsmatrix $\underline{K}_{xx}(\tau)$ ein Leistungsspektrum zu:

$$S_{x_k x_i}(\omega) = \int_{-\infty}^{+\infty} K_{x_k x_i}(\tau)e^{-j\omega\tau}\,d\tau \qquad \begin{aligned}(k &= 1,2,\ldots,n)\,,\\[4pt](i &= 1,2,\ldots,n)\,.\end{aligned} \qquad (2.135)$$

Aus den Elementen $S_{x_k x_i}(\omega)$ bilden wir die Spektraldichtematrix

$$\underline{S}_{xx}(\omega) = \begin{pmatrix} S_{x_1x_1}(\omega), \ldots, S_{x_1x_n}(\omega) \\ S_{x_2x_1}(\omega), \ldots, S_{x_2x_n}(\omega) \\ \cdots\cdots\cdots\cdots\cdots \\ \cdots\cdots\cdots\cdots\cdots \\ S_{x_nx_1}(\omega), \ldots, S_{x_nx_n}(\omega) \end{pmatrix} . \qquad (2.136)$$

Für den Zusammenhang zwischen den Matritzen $\underline{K}_{xx}(\tau)$ und $\underline{S}_{xx}(\omega)$ soll abgekürzt geschrieben werden:

$$\underline{S}_{xx}(\omega) = \int\limits_{-\infty}^{+\infty} \underline{K}_{xx}(\tau)\, e^{-j\omega\tau}\, d\tau . \qquad (2.137)$$

(2.137) ist so auszuwerten, daß für jeweils jedes Element der Matrizen die Wiener-Chintschinesche Beziehung nach (2.100) angewendet wird.

Genau wie bei der Autokorrelationsmatrix $\underline{K}_{xx}(\tau)$ enthalten nur $n(n+1)/2$ Elemente der Matrix $\underline{S}_{xx}(\omega)$ eine echte Information. Wegen der Gültigkeit der Gleichung $\underline{S}_{xx}(\omega) = \underline{S}^{*}_{xx}(\omega)$ (der Stern bedeutet konjugiert und transponiert) ist die Matrix $\underline{S}_{xx}(\omega)$ vom Hermiteschen Typ:

$$\underline{S}_{xx}(\omega) = \begin{pmatrix} S_{x_1x_1}(\omega), & S^{*}_{x_2x_1}(\omega), & \ldots, & S^{*}_{x_nx_1}(\omega) \\ S_{x_2x_1}(\omega), & S_{x_2x_2}(\omega), & \ldots, & S^{*}_{x_nx_2}(\omega) \\ \multicolumn{4}{c}{\cdots\cdots\cdots\cdots\cdots} \\ S_{x_nx_1}(\omega), & S_{x_nx_2}(\omega), & \ldots, & S_{x_nx_n}(\omega) \end{pmatrix}$$

$$\qquad (2.138)$$

$$= \begin{pmatrix} S_{x_1x_1}(\omega), & S_{x_1x_2}(\omega), & \ldots, & S_{x_1x_n}(\omega) \\ S^{*}_{x_1x_2}(\omega), & S_{x_2x_2}(\omega), & \ldots, & S_{x_2x_n}(\omega) \\ \multicolumn{4}{c}{\cdots\cdots\cdots\cdots\cdots} \\ S^{*}_{x_1x_n}(\omega), & S^{*}_{x_2x_n}(\omega), & \ldots, & S_{x_nx_n}(\omega) \end{pmatrix} ,$$

für die gilt

$$\underline{S}_{xx}(\omega) = \underline{S}_{xx}^{*}(\omega) \, . \tag{2.139}$$

Die zu (2.24) und (2.27) analogen Beziehungen lassen sich leichter
schreiben, wenn wie die Spektralmatrizen und damit auch ihre Elemente
mit komplexen Argumenten notieren. Mit der Substitution $j\omega = p$ gilt
für (2.139)

$$\underline{S}_{xx}(p) \;=\; \underline{S}_{xx}^{*}(p) = \underline{S}_{xx}^{T}(-p) \, , \tag{2.140}$$

$$\underline{S}_{xx}(-p) \;=\; \underline{S}_{xx}^{T}(p) \, . \tag{2.141}$$

Bis hierher haben wir die Leistungsdichtematrix $\underline{S}_{xx}(\omega)$ über die
Wiener-Chintschinesche Beziehung aus der Korrelationsmatrix abgeleitet. Unter Benützung von (2.104) und (2.117) lassen sich die Ele-
mente der Matrix $\underline{S}_{xx}(\omega)$ auch aus den Spektraldichten der zeitlich begrenzten Signale $X_{iT}(t)$ bilden [der Index T bedeutet eine Realisation
im Sinne von (2.103) und (2.104)]. Um Verwechslungen zu vermeiden,
werden wir gegegenenfalls die Indizes für die Elemente oben links
notieren:

$$S_{x_k x_i}(p) = \lim_{T \to \infty} \frac{1}{2T} \, {}^{k}X_T(-p) \, {}^{i}X_T(p) \qquad \begin{array}{l} (k = 1, 2, \ldots, n) \, , \\[1.2em] (i = 1, 2, \ldots, n) \, , \end{array} \tag{2.142}$$

$$\underline{S}_{xx}(p) \;=\; \lim_{T \to \infty} \frac{1}{2T} \left[\underline{X}_T(-p) \, \underline{X}_T^{T}(p) \right] \, . \tag{2.143}$$

Diese Matrizengleichung ist wieder so zu interpretieren, daß aus den
Signalmatrizen $\underline{X}_T(-p)$ und $\underline{X}_T^{T}(p)$, deren Elemente die Spektraldichten bzw. die konjugiert komplexen Spektren zeitlich begrenzter
Signale mit endlichem Energieinhalt sind, das dyadische Produkt zu
bilden ist. Für jedes Element der so entstandenen Matrix ist der an-
gegebene Grenzübergang dann getrennt zu vollziehen.

Aus Gründen der Übersichtlichkeit soll diese strenge Kennzeichnung in
der weiteren Darstellung nicht mehr verwendet werden, sondern wir
wollen für (2.143) vereinfacht schreiben:

$$\underline{S}_{xx}(p) = \underline{X}(-p)\,\underline{X}^T(p)\,. \tag{2.144}$$

Damit erhalten wir aus (2.141) auch

$$\underline{S}_{xx}(-p) = \underline{S}_{xx}^T(p) = [\underline{X}(-p)\,\underline{X}^T(p)]^T = \underline{X}(p)\,\underline{X}^T(-p). \tag{2.145}$$

Für die Kreuzspektraldichtematrix zweier Signale $\underline{y}(t) =$
$= [Y_1(t),\dots,Y_m(t)]$ und $\underline{x}(t) = [X_1(t),\dots,X_n(t)]$ gilt analog zu (2.137):

$$\underline{S}_{yx}(\omega) = \int_{-}^{+} \underline{K}_{yx}(\tau)e^{-j\omega\tau}\,d\tau \tag{2.146}$$

und mit der (2.144) entsprechenden vereinfachten Schreibweise

$$\underline{S}_{yx}(p) = \underline{Y}(-p)\,\underline{X}^T(p)\,. \tag{2.147}$$

Auch hier ist strenggenommen jedes Element der Matrix $\underline{S}_{yx}(p)$ nach der Vorschrift (2.142) zu bilden.

Die Matrix $\underline{S}_{yx}(p)$ kann genau wie die Matrix $\underline{K}_{yx}(\tau)$ auch rechteckig sein und hat normalerweise keine speziellen Symmetrieeigenschaften. Allerdings lassen sich, von (2.147) ausgehend, noch einige interessante Beziehungen für die Kreuzspektraldichtematrix angeben:

$$\underline{S}_{xy}(p) = \underline{X}(-p)\,\underline{Y}^T(p) = \underline{S}_{yx}^T(-p)\,, \tag{2.148}$$

$$\underline{S}_{yx}^T(p) = \underline{X}(p)\,\underline{Y}^T(-p) = \underline{S}_{xy}(-p)\,, \tag{2.149}$$

oder für reelle Argumente

$$\underline{S}_{yx}^T(\omega) = \underline{X}(\omega)\,\underline{Y}^{*}(\omega)\,. \tag{2.150}$$

Es sei daran erinnert, daß die vorstehenden Gleichungen eine abgekürzte Notierung für eine formale Rechnung darstellen. Strenggenommen müssen bei allen Gleichungen, in denen Spektraldichten vorkommen, diese erst darauf überprüft werden, ob diese richtig sind. Gegebenenfalls muß die Existenz dieser Spektren, d.h. die Konvergenz der zugehörigen Fourier-Transformation, durch die zeitliche Begrenzung des zugrundeliegenden Zeitsignals und durch einen später zu vollziehenden Grenzübergang (2.132) erzwungen werden, wenn man nicht vorzieht, die immer streng gültigen Wiener-Chintschineschen Beziehungen (2.100) zu benützen.

2.6 Spektraldichten von Ableitungen und Linearkombinationen stationärer Zufallsfunktionen

Wie im vorigen Abschnitt gezeigt wurde, hat die Ableitung der differenzierbaren Zufallsfunktion $X(t)$

$$V(t) = \frac{d}{dt} X(t) \qquad (2.151)$$

die Autokorrelationsfunktion

$$K_V(\tau) = - \frac{d^2}{d\tau^2} K_X(\tau) . \qquad (2.152)$$

Offensichtlich gilt nach (2.101) für $K_X(\tau)$

$$K_X(\tau) = \frac{1}{2\pi} \int\limits_{-\infty}^{+\infty} e^{j\omega\tau} S_X(\omega)d\omega . \qquad (2.153)$$

Differenzieren wir beide Seiten in (2.153) gemäß (2.152), so erhalten wir

$$K_V(\tau) = \frac{1}{2\pi} \int\limits_{-\infty}^{+\infty} e^{j\omega\tau} (-|j\omega|^2) S_X(\omega)d\omega \qquad (2.154)$$

Andererseits besteht zwischen der AKF der Zufallsfunktion $V(t)$ und ihrer Spektraldichte - ähnlich wie zwischen $K_X(\tau)$ und $S_X(\omega)$ - die Beziehung:

$$K_v(\tau) = \frac{1}{2\pi} \int_{-\infty}^{+\infty} e^{j\omega\tau} S_v(\omega)\,d\omega \, . \qquad (2.155)$$

Ein Vergleich der rechten Seiten von (2.153) und (2.155) liefert, da die Funktionen in beiden Formeln übereinstimmen müssen.

$$S_v(\omega) = \omega^2 S_x(\omega) \, . \qquad (2.156)$$

Entsprechend den Regeln der Fourier-Transformation ist an die Stelle der zweimaligen Defferentation in (2.152) das Multiplizieren mit $-(j\omega)^2$ in (2.156) getreten. Es ist offenbar wesentlich leichter, im Frequenzbereich die Spektraldichte einer Ableitung zu berechnen, als im Zeitbereich graphisch, analytisch oder numerisch zu differenzieren.

Die n-malige sukzessive Anwendung von (2.156) ergibt für die Spektraldichte von

$$Y(t) = \frac{d^n}{dt^n} X(t) \qquad (2.157)$$

die Gleichung

$$S_y(\omega) = \omega^{2n} S_x(\omega) \, . \qquad (2.158)$$

Die Spektraldichte $S_y(\omega)$ erlaubt eine Kontrolle der Differenzierbarkeit der Zufallsfunktion $X(t)$. Erfüllt nämlich die Funktion $\omega^{2n} S_x(\omega)$ die in Eigenschaft II formulierte Konvergenzbedingung, so ist die Zufallsfunktion $X(t)$ n-fach differenzierbar. Demnach entsprechen z.B. die Spektraldichten (2.113) und (2.117) nichtdifferenzierbaren, die Spektraldichte zur AKF

$$K(\tau) = \sigma^2 e^{-\alpha|\tau|}\left(\cos\beta\tau + \frac{\alpha}{\beta}\sin\beta|\tau|\right), \qquad (2.159)$$

d.h.

$$S(\omega) = \frac{4\alpha\sigma^2(\alpha^2 - \beta^2)}{(\omega^2 - \alpha^2 - \beta^2)^2 + 4\alpha^2\omega^2} \, , \qquad (2.160)$$

einer einmal differenzierbaren Zufallsfunktion. Die Spektraldichte (2.115) charakterisiert eine n-fach differenzierbare Zufallsfunktion.

Die Kreuzspektraldichte einer Zufallsfunktion und ihrer Ableitungen läßt sich ebenfalls nach dem bei der Herleitung von $S_v(\omega)$ befolgten Verfahren ermitteln. Die einschlägigen Gleichungen sind als Äquivalente zu Tabelle 2.1 in Tabelle 2.3 zusammengefaßt.

Tabelle 2.3. Spektraldichten und Kreuzspektraldichten einer mehrfach differenzierbaren Zufallsfunktion $X(t)$ und ihrer Ableitungen $\dot{X}(t)$ und $\ddot{X}(t)$

	$X(t)$	$\dot{X}(t)$	$\ddot{X}(t)$
$X(t)$	$S_x(\omega)$	$S_{x\dot{x}}(\omega) = j\omega S_x(\omega)$	$S_{x\ddot{x}}(\omega) = (j\omega)^2 S_x(\omega)$
$\dot{X}(t)$	$S_{\dot{x}x}(\omega) = -j\omega S_x(-\omega)$	$S_{\dot{x}}(\omega) = \omega^2 S_x(\omega)$	$S_{\dot{x}\ddot{x}}(\omega) = j\omega^3 S_x(\omega)$
$\ddot{X}(t)$	$S_{\ddot{x}x}(\omega) = (-j\omega)^2 S_x(-\omega)$	$S_{\ddot{x}\dot{x}}(\omega) = -j\omega^3 S_x(-\omega)$	$S_{\ddot{x}}(\omega) = \omega^4 S_x(\omega)$

Die angeführten Gleichungen lassen sich mit den bisher bekannten Beziehungen über die Wirkung eines linearen Operators auf eine Zufallsfunktion und mit der bekannten Eigenschaft der Fourier-Transformation, daß nämlich einer Differentiation im Zeitbereich eine Multiplikation im Bildbereich (oder Frequenzbereich) mit $j\omega$ ($j = \sqrt{-1}$) entspricht, einfach nachweisen.

Es ist z.B. mit $L = d/dt$ und $\tau = t_2 - t_1$ für die KKF einer differenzierbaren stationären Zufallsfunktion und ihrer Ableitung

$$K_{x\dot{x}}(t_1, t_2) = E\{X(t_1) L_{t2}[X(t_2)]\}$$

$$= L_{t2} E\{X(t_1) X(t_2)\} \qquad (2.161)$$

$$= \frac{\partial}{\partial t_2} K_x(t_1, t_2) = \frac{d}{d\tau} K_x(\tau) .$$

(2.61) läßt sich umformen, indem wir die AKF $K_x(\tau)$ auf der rechten Seite durch die inverse Fourier-Transformierte der zugehörigen Spektraldichte $S_x(\omega)$ ersetzen:

$$R_{x\dot{x}}(\tau) = \frac{d}{d\tau}\left[\frac{1}{2\pi}\int_{-\infty}^{+\infty} e^{j\omega\tau}S_x(\omega)\,d\omega\right], \qquad (2.162)$$

woraus nach der zulässigen Vertauschung der Reihenfolge von Differentiation und Integration

$$R_{x\dot{x}}(\tau) = \frac{1}{2\pi}\int_{-\infty}^{+\infty}\frac{d}{d\tau}\left[e^{j\omega\tau}S_x(\omega)\right]d\omega$$

$$= \frac{1}{2\pi}\int_{-\infty}^{+\infty} e^{j\omega\tau}\left[(j\omega)S_x(\omega)\right]d\omega \qquad (2.162/a)$$

entsteht. Der in eckigen Klammern stehende Ausdruck ist die Fourier-Transformierte zu der KKF, es ist also

$$S_{x\dot{x}}(\omega) = (j\omega)S_x(\omega)\,. \qquad (2.163)$$

Die Kreuzspektraldichte ist eine komplexe Funktion. Sie enthält - genau wie die KKF - neben Informationen über die Häufigkeit des Auftretens einzelner Frequenzen auch Informationen über die Phasenverhältnisse der kreuzkorrelierten Zufallsfunktionen $X(t)$ und $Y(t)$.

Nach dem soeben angewandten Verfahren können wir auch die Spektraldichte $S_{\dot{x}}(\omega)$ der Ableitung $\dot{X}(t)$ einer differenzierbaren Zufallsfunktion $X(t)$ mit der AKF $K_x(\omega)$ und der zugehörigen Spektraldichte $S_x(\omega)$ ableiten:

$$K_{\dot{x}}(\omega) = -\frac{d^2}{d\tau^2}K_x(\tau) = -\frac{d^2}{d\tau^2}\left[\frac{1}{2\pi}\int_{-\infty}^{+\infty} e^{j\omega\tau}S_x(\omega)\,d\omega\right]$$

$$= \frac{1}{2\pi}\int_{-\infty}^{+\infty}\left(-\frac{d^2}{d\tau^2}\right)\left[e^{j\omega\tau}S_x(\omega)\right]d\omega$$

$$= \frac{1}{2\pi}\int_{-\infty}^{+\infty} e^{j\omega\tau}\left[(-1)(j\omega)^2 S_x(\omega)\right]d\omega\,. \qquad (2.164)$$

98

Der in eckigen Klammern stehende Ausdruck ist die gesuchte Spektraldichte:

$$S_{\dot{x}}(\omega) = (-1)(j\omega)^2 S_x(\omega) = \omega^2 S_x(\omega) \, . \qquad (2.165)$$

Ausgehend von der Spektraldichte $S_x(\omega)$ der n-fach differenzierbaren
Zufallsfunktion können wir auch die Spektraldichte einer Linearkombina-
tion

$$Z(t) = \sum_{k=0}^{m} b_k \frac{d^{m-k}}{dt^{m-k}} X(t) = P_m(p)X(t) \qquad (2.166)$$

einfach bestimmen. In (2.166) bedeuten $p = d/dt$ den Operator der
Differentiation, $P_m(p)$ ein Polynom m-ten Grades in p, und b_k den
konstanten Koeffizienten der k-ten Ableitung. Die Spektraldichte
von $Z(t)$ erhält man zu

$$S_z(\omega) = \left| \sum_{k=0}^{m} b_k (j\omega)^{m-k} \right|^2 S_x(\omega) = \left| P_m(j\omega) \right|^2 S_x(\omega). \qquad (2.167)$$

Diese Beziehung läßt sich auch zur Bestimmung der Spektraldichte der
Lösung einer inhomogenen linearen Differentialgleichung bei stationärer
rechter Seite mit konstanten Koeffizienten benützen. Solche Differentialgleichungen kommen sehr häufig bei der mathematischen Modellierung
von Schwingungssystemen vor.

Wir betrachten dazu die Differentialgleichung

$$a_n \frac{d^n}{dt^n} Y(t) + \ldots + a_1 \frac{d}{dt} Y(t) + a_0 Y(t) = b_m \frac{d^m}{dt^m} X(t) + \ldots + b_0 X(t)$$
$$(2.168)$$

oder, in Operatorschreibweise,

$$Q_n(p) Y(t) = P_m(p) X(t) \, , \qquad (2.169)$$

wobei $Q_n(p)$ und $P_m(p)$ Polynome vom Grade n bzw. m sind und $X(t)$
eine stationäre Zufallsfunktion ist. Da die Differentiation die Stationärität

nicht zerstört, ist auch $Y(t)$ eine stationäre Zufallsfunktion, also gehorcht ihre Spektraldichte einer (2.167) ähnlichen Beziehung. Da die Spektraldichten der beiden Seiten der Differentialgleichung gleich sein müssen, gilt mit $p = j\omega$

$$|Q_n(j\omega)|^2 S_y(\omega) = |P_m(j\omega)|^2 S_x(\omega) , \qquad (2.170)$$

und daraus erhalten wir explizite die Spektraldichte für $Y(t)$ zu

$$S_y(\omega) = \frac{|P_m(j\omega)|^2}{|Q_n(j\omega)|^2} S_x(\omega) . \qquad (2.171)$$

Die Rechnung mit diesen oder ähnlichen algebraischen Gleichungen ist wesentlich einfacher als der Umgang mit den Differentialgleichungen.

Wir werden deshalb bei der Behandlung von Schwingungssystemen die Differentialgleichung häufig nur zur Bestimmung der Übertragungsfunktion [2.10]

$$W(j\omega) = \frac{P_m(j\omega)}{Q_n(j\omega)} \qquad (2.172)$$

benutzen und die weiteren Rechenoperationen im Frequenzbereich erledigen.

Setzen wir in (2.171) für den Quotienten der Beträge der beiden komplexen Polynome die linke Seite von (2.171) ein, so entsteht die grundlegende Beziehung

$$S_y(\omega) = |W(j\omega)|^2 S_x(\omega) , \qquad (2.173)$$

die die Berechnung der Ausgangsspektraldichte $S_y(\omega)$ eines zufällig erregten Schwingungssystems aus der Erregerspektraldichte $S_x(\omega)$ wesentlich erleichtert.

Diese Gleichung läßt sich auch auf Schwingungssysteme mit mehreren Freiheitsgraden verallgemeinern, worauf in Kapitel 4 näher eingegangen

100

wird. Z.B. berechnen wir die Spektraldichte für

$$Y(t) = \left(A\frac{d}{dt} + B\right)X(t) = (Ap + B)X(t), \qquad (2.174)$$

wobei die Koeffizienten A, B sowie die Spektraldichte $S_x(\omega)$ von $X(t)$ bekannt sein sollen. Mit $p = j\omega$ folgt nach (2.173)

$$S_y(\omega) = |Aj\omega + B|^2 S_x(\omega)$$

$$\qquad (2.175)$$

$$= (-Aj\omega + B)(Aj\omega + B)S_x(\omega) = (A^2\omega^2 + B^2)S_x(\omega).$$

Die Streuung σ_y^2 einer Zufallsfunktion $Y(t)$, die über (2.168) von den statistischen Merkmalen der Zufallsfunktion $X(t)$ abhängt, können wir bei verschwindenden Mittelwerten $m_y = m_x = 0$ einfach aus der Spektraldichte $S_y(\omega)$ berechnen:

$$\sigma_y^2 = K_y(\tau = 0) = \frac{1}{2\pi}\int_{-\infty}^{+\infty} S_y(\omega)\, e^{j\omega 0}\, d\omega$$

$$\qquad (2.176)$$

$$= \frac{1}{2\pi}\int_{-\infty}^{+\infty} S_y(\omega)\, d\omega = \frac{1}{2\pi}\int_{-\infty}^{+\infty} \left|\frac{P(j\omega)}{Q(j\omega)}\right|^2 S_x(\omega)\, d\omega.$$

Die Auswertung solcher Integrale ist bei der Lösung praktischer Aufgaben sehr häufig nötig. Wir wollen deshalb im nächsten Abschnitt kurz darauf eingehen.

2.7 Auswertung eines Typs komplexer Integrale

Wie es bereits bei den ersten Beispielen für die Berechnung der Spektraldichte zu sehen war, lassen sich die Spektraldichten als Summe von Quadraten gebrochen rationaler Funktionen der Form

$$S(\omega) = \left|\frac{G(j\omega)}{H(j\omega)}\right|^2 \qquad (2.177)$$

oder

$$S(\omega) = \frac{(-1)^k G(j\omega)^2}{H(j\omega)\,H(-j\omega)} \qquad (2.178)$$

darstellen. Der Ausdruck (2.178) kann aus (2.177) folgendermaßen erhalten werden:

$$|H(j\omega)|^2 = H(j\omega)\,H^*(j\omega) .$$

Weiterhin sei

$$H(j\omega) = (j\omega - \lambda_1)(j\omega - \lambda_2)\ldots(j\omega - \lambda_k) .$$

Dann ist

$$H(-j\omega) = (-j\omega - \lambda_1)(-j\omega - \lambda_2)\ldots(-j\omega - \lambda_k)$$

und

$$H^*(j\omega) = (j\omega + \lambda_1)(j\omega + \lambda_2)\ldots(j\omega + \lambda_k) ,$$

also gilt

$$H(-j\omega) = (-1)^k H^*(j\omega)$$

oder

$$H^*(j\omega) = H(-j\omega)/(-1)^k .$$

Nach Einsetzen dieses Ausdrucks in (2.177) erhält man (2.178). Die Berechnung der Streuung σ^2 führt daher auf die Auswertung von Integralen der Form

$$I = \frac{1}{2\pi} \int_{-\infty}^{+\infty} \frac{(-1)^k |G(j\omega)|^2 d\omega}{H(j\omega)\,H(-j\omega)} , \qquad (2.179)$$

in denen alle Wurzeln des Polynoms $H(j\omega)$ in der oberen Halbebene liegen. Da der Nenner in (2.179) eine gerade Funktion von $j\omega$ ist, genügt es im Zähler lediglich die geraden Potenzen von $j\omega$ zu berücksichtigen, da

102

$$\int_{-\infty}^{+\infty} \frac{(j\omega)^{2l + 1} \, d\omega}{H(j\omega)H(-j\omega)} = 0, \qquad (l = 0,1,2,\ldots),$$

ist. Daraus folgt, daß die Berechnung der Streuungsquadrate stets auf die Berechnung von Integralen der Form

$$I_k = \frac{1}{2\pi j} \int_{-j\infty}^{+j\infty} \frac{G_k(j\omega)}{H_k(j\omega)H_k(-j\omega)} \, d(j\omega) \qquad (2.180)$$

zurückgeführt werden kann, worin

$$H_k(j\omega) = a_0(j\omega)^k + a_1(j\omega)^{k-1} + \ldots + a_k,$$

$$G_k(j\omega) = b_0(j\omega)^{2k-2} + b_1(j\omega)^{2k-4} + \ldots + b_{k-1} \qquad (2.181)$$

gesetzt ist und sämtliche Wurzeln von $H_k(j\omega)$ in der oberen Halbebene liegen. (2.180) kann für beliebiges k ohne die vorherige Berechnung der Wurzeln λ_i explizit ausgewertet werden. Ohne das allgemeine Rechenverfahren näher darzustellen, geben wir in Anhang C in einer Tafel das Endresultat an [2.10].

Die Anwendung der Tafel soll an einem Beispiel gezeigt werden. Gegeben sei die Zufallsfunktion $X(t)$ mit der AKF

$$K_x(\tau) = D_x e^{-\alpha|\tau|} \qquad (\sigma_x^2 = D_x) \qquad (2.182)$$

und die zugehörige Spektraldichte

$$S_x(\omega) = \frac{2\alpha D_x}{\alpha^2 + \omega^2} = \frac{2\alpha D_x}{(j\omega + \alpha)(-j\omega + \alpha)} . \qquad (2.183)$$

Gesucht wird die Dispersion $D_y = \sigma_y^2$ der aus $X(t)$ durch die Differentialgleichung

$$\ddot{Y} + d_1 \dot{Y} + d_0 Y = X \qquad (2.184)$$

abgeleiteten Zufallsfunktionen $Y(t)$. Nach (2.176) und (2.180) gilt

$$D_y = 2\alpha D_x \frac{1}{2\pi} \int_{-\infty}^{+\infty} \left| \frac{1}{(\alpha + j\omega)[d_0 + d_1 j\omega + (j\omega)^2]} \right|^2 d\omega . \qquad (2.185)$$

Mit $p = j\omega$ erhalten wir nach Ausmultiplizieren im Nenner von (2.185)

$$D_y = 2\alpha D_x \frac{1}{2\pi j} \underbrace{\int_{-j\infty}^{+j\infty} \left| \frac{1}{p^3 + (d_1 + \alpha)p^2 + (d_0 + \alpha d_1)p + d_0\alpha} \right|^2 dp}_{I_3} . \qquad (2.186)$$

In diesem Integral haben $G(j\omega)$ bzw. $H(j\omega)$ folgende Gestalt:

$$G(j\omega) = G(p) = 1 ,$$

$$H(j\omega) = H(p) = p^3 + (d_1 + \alpha)p^2 + (d_0 + \alpha d_1)p + d_0\alpha . \qquad (2.187)$$

Ein Vergleich von (2.187) mit (2.181) zeigt, daß

$$\left.\begin{aligned} &k = 3 , \\[4pt] &a_0 = 1, \ a_1 = d_1 + \alpha, \ a_2 = d_0 + \alpha d_1, \ a_3 = \alpha d_0 , \\[4pt] &b_0 = b_1 = 0, \ b_2 = 1 \end{aligned}\right\} \qquad (2.188)$$

sind und die Lösung I_3 nach Anhang C in der Form

$$I_3 = \frac{-a_2 b_0 + a_0 b_1 - a_0 a_1 b_2 / a_3}{2 a_0 (a_0 a_3 - a_1 a_2)} \qquad (2.189)$$

erhalten wird.

Nach Einsetzen von (2.188) in (2.189) und Multiplizieren mit $2\alpha D_x$ ergibt sich die Dispersion der Zufallsfunktion $Y(t)$:

$$D_y = D_x \frac{d_1 + \alpha}{d_0 d_1 (d_0 + \alpha d_1 + \alpha^2)} . \qquad (2.190)$$

Es sei jedoch bemerkt, daß die Berechnung der Streuungsquadrate bei
komplizierten Systemen auch graphisch oder - durch numerische
Näherungsmethoden - rechnerisch aus der experimentell ermittelten
Spektraldichte vorteilhafter sein kann.

2.8 Häufigkeit und Dauer der Niveauüberschreitungen

Zum Abschluß dieses Kapitels gehen wir nachfolgend kurz auf die
Berechnung der Häufigkeit und Dauer der Niveauüberschreitung ein.

Unter Niveauüberschreitungsaufgaben ist die Bestimmung der Wahrscheinlichkeit dafür zu verstehen, daß die Amplitude einer Zufallsschwingung ein gegebenes Niveau (z.B. eine bestimmte Schubkraft,
die Fließgrenze eines Werkstoffes, der Wankwinkelausschlag einen
für den Fahrzeugführer unbequem Winkel usw.) überschreitet. Weitere
Teilaufgaben sind die Bestimmung der mittleren Anzahl der Überschreitungen für einen beliebigen Zeitraum, die mittlere Dauer einer
Überschreitung usw.

Die allgemeinen Formeln zur Bestimmung der Wahrscheinlichkeit einer
Überschreitung in der Zeiteinheit und für die mittlere Verweilzeit
einer Zufallsfunktion, deren Ableitung wir hier in ihren wichtigsten
Schritten wiedergeben, sind auf beliebige stetige Zufallsschwingungen
anwendbar, obwohl numerische Ergebnisse nur für normalverteilte
Zufallsfunktionen oder für solche mit bekannter empirischer Verteilungsdichte einfach zu erhalten sind.

$X(t)$ sei also eine Zufallsfunktion, und a sei der Ordinatenwert
(das Niveau) der Funktion, dessen Überschreitung berechnet werden
soll (Bild 2.7).

Die Bedingung einer Überschreitung ist, daß die Zufallsfunktion $X(t)$
zur Zeit t kleiner und nach der infinitesimalen Zeit dt bereits größer
als a ist. Folglich ist die Wahrscheinlichkeit für eine Überschreitung
während dt:

$$P\{X(t) < a;\ X(t + dt) > a\}. \qquad (2.191)$$

Wir können bis auf Größen zweiter Ordnung

$$X(t + dt) = X(t) + V(t)dt \qquad (2.192)$$

setzen und die beiden in (2.191) vorkommenden Ungleichungen zu einer zusammenfassen:

$$a - V(t)dt < X(t) < a \ \text{ für } V(t) > 0. \qquad (2.193)$$

Um die Wahrscheinlichkeit der Gültigkeit dieser Ungleichung zu berechnen, wird die zweidimensionale Verteilungsdichte der Zufallsfunktion

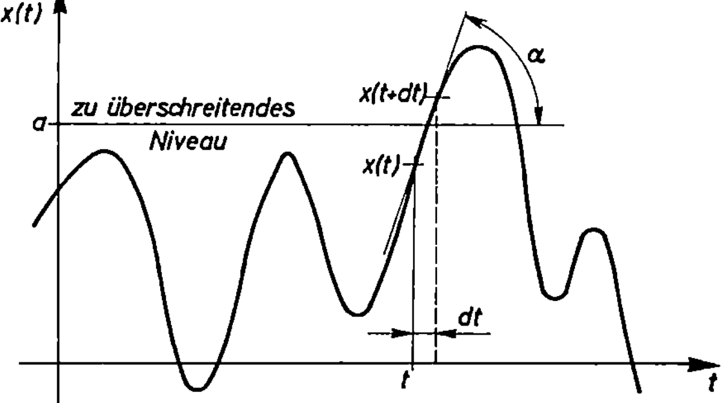

Bild 2.7. Zur Veranschaulichung der Niveauüberschreitung

und ihrer Ableitung zu ein und demselben Zeitpunkt t eingeführt:

$$f(x, v; t). \qquad (2.194)$$

Damit ergibt sich die gesuchte Wahrscheinlichkeit aus:

$$P\{a - V(t)dt < X(t) < a\} = \int_{0}^{\infty} \int_{a-vdt}^{a} f(x,v,t)dx\,dv = dt \int_{0}^{\infty} f(a,v;t)v\,dv. \qquad (2.195)$$

Die Überschreitungswahrscheinlichkeit ist also der Intervallänge dt proportional. Es ist deshalb zweckmäßig, die zeitliche Dichte p(a;t) der Überschreitungswahrscheinlichkeit einzuführen, definiert durch

$$P\{a - V(t)dt < X(t) < a\} = p(a;t)dt\,. \qquad (2.196)$$

Offensichtlich sind die rechten Seiten von (2.195) und (2.196) gleich,
d.h.:

$$p(a;t) = \int\limits_{0}^{\infty} f(a,v;t)v\,dv\,. \qquad (2.197)$$

Nach einigen mathematischen Umformungen und der Konstruktion
neuer Hilfszufallsgrößen - auf die hier nicht eingegangenen wird -
erhält man (2.9) für die mittlere Verweilzeit einer Zufallsfunktion
über dem Niveau a innerhalb des Zeitintervalls T:

$$\bar{T}_a = \int\limits_{0}^{T} \int\limits_{0}^{\infty} f(x;t)dx\,dt\,. \qquad (2.198)$$

Die mittlere Zahl der Niveauüberschreitungen während T ergibt sich
aus

$$N_a = \int\limits_{0}^{T} \int\limits_{0}^{\infty} vf(a,v;t)dv\,dt\,, \qquad (2.199)$$

und die mittlere Dauer $\bar{\tau}_a$ einer Überschreitung berechnet sich aus
diesen beiden zu

$$\bar{\tau}_a = \frac{\bar{T}_a}{\bar{N}_a}\,. \qquad (2.200)$$

Wir können auch die mittlere Anzahl $\bar{n}_a$ der Überschreitungen in der
Zeiteinheit berechnen:

$$\bar{n}_a = \frac{\bar{N}_a}{T}\,. \qquad (2.201)$$

Damit wir die obigen allgemeinen Formeln anwenden können, müssen
wir die Verteilungsdichten $f(x;t)$ und $f(x,v;t)$ kennen. Da wir nur
stationäre Zufallschwingungen betrachten, sind diese Verteilungsdichten nicht von der Zeit t abhängig (Siehe Abschnitt 2.1). Sie

haben daher die Form $f(x)$ und $f(x,v)$, und das Integral über dt wird auf das Multiplizieren mit T reduziert. Für eine normalverteilte stationäre Zufallsfunktion $X(t)$ mit der mathematischen Erwartung $m_x = \langle x \rangle$ und der Dispersion

$$\sigma_x^2 = D_x = K_x(0) = \frac{1}{2\pi} \int\limits_{-\infty}^{+\infty} S_x(\omega)\,d\omega \qquad (2.202)$$

gilt die Verteilungsdichte

$$f(x) = \frac{1}{\sqrt{D_x 2\pi}} \exp\left[-\frac{(x - m_x)^2}{2 D_x} \right] . \qquad (2.203)$$

Wie im Abschnitt 2.4 gezeigt wurde, sind die Ordinate einer Zufallsfunktion $X(t)$ und ihre Ableitung $V(t)$ in demselben Zeitpunkt unkorrelierte Zufallsgrößen und für normalverteilte stochastische Prozesse auch unabhängige Größen. Daher zerfällt ihre zweidimensionale Wahrscheinlichkeitsdichte $f(x,v)$ in ein Produkt normaler Verteilungsdichten für x und v, und es kann geschrieben werden:

$$f(x,v) = \frac{1}{\sqrt{D_x 2\pi}} \exp\left[-\frac{(x - m_x)^2}{2 D_x} \right]\left\{ \frac{1}{\sqrt{2\pi D_v}} \exp\left[-\frac{v^2}{2 D_v} \right] \right\} . \qquad (2.204)$$

Die Dispersion D_v bestimmen wir zu

$$D_v = \sigma_v^2 = -\left. \frac{d^2}{d\tau^2} K_x(\tau) \right|_{\tau = 0} , \qquad (2.205)$$

während $\langle v \rangle$ wegen der Stationärität gleich Null sein muß.

Durch Einsetzen von (2.203) und (2.204) in die Gleichung für $\bar{T}_a$ und $\bar{N}_a$ erhalten wir:

$$\bar{T}_a = T \int\limits_{a}^{\infty} f(x)\,dx = \frac{T}{\sqrt{2\pi D_x}} \int\limits_{a}^{\infty} \exp\left[-\frac{(x - m_x)^2}{2 D_x} \right]dx = T\left[1 - \Phi\left(\frac{a - \bar{x}}{\sigma_x} \right) \right] ,$$

$$(2.206)$$

108

wobei $\Phi(u)$ das Gaußsche-Fehlerintegral bedeutet. Aus (2.199) erhalten wir die mittlere Anzahl $\bar{N}_a$ der Überschreitungen während T:

$$\bar{N}_a = T \int_0^\infty v f(a,v)\,dv =$$

$$= T \int_0^\infty \frac{1}{\sigma_x \sqrt{2\pi}} \exp\left[-\frac{(a-m_x)^2}{2D_x}\right] \frac{v}{\sigma_v \sqrt{2\pi}} \exp\left[-\frac{v^2}{2D_v}\right] dv$$

$$= \frac{T\,\sigma_v}{\pi\,\sigma_x} \exp\left[-\frac{(a-m_x)^2}{2D_x}\right]. \tag{2.107}$$

Daraus ergibt sich für die mittlere Überschreitungsdauer

$$\bar{\tau}_a = \pi \frac{\sigma_x}{\sigma_v} \exp\left[+\frac{(a-m_x)^2}{2D_x}\right]\left[1 - \Phi\left(\frac{a-m_x}{\sigma_x}\right)\right]. \tag{2.208}$$

Für die Überschreitungsdauer des Mittelwertes m_x läßt sich folgende einfache Formel angeben:

$$\bar{\tau}_0 = \pi \frac{\sigma_x}{\sigma_v} = \pi \sqrt{-\left[\frac{K_x(\tau)}{\ddot{K}_x(\tau)}\right]_{\tau=0}} \tag{2.209}$$

Damit sind einige wesentliche Zusammenhänge aus der Theorie der Zufallsfunktionen zusammengefaßt, die bei der mathematischen Behandlung von Zufallsschwingungen in den folgenden Kapiteln zur Anwendung kommen..

Bei der Darstellung der obigen Methoden zur Charakterisierung von Zufallsfunktionen mußte oft aus Platzgründen auf ausführliche Ableitungen verzichtet werden. Man findet sie in den zitierten Literaturstellen beschrieben. Es wurde stets versucht, alle Bedingungen aufzuzählen, die die Anwendung der Zusammenhänge ermöglichen.

3. Zufallsschwingungen linearer Schwingungssysteme

In der Praxis betrachtet man die meisten Schwingungssysteme als linear, sofern das Wesentliche an ihrer Struktur nicht gerade die Nichtlinearität eines ihrer Bausteine ist. Häufig sind die Auswirkungen eventuell vorhandener nichtlinearer Bestandteile so gering auf das Gesamtverhalten des Schwingungssystems, daß das System noch mit linearen Differentialgleichungen beschrieben werden kann.

Dies bedeutet eine Erleichterung für ihre mathematische Behandlung sowohl mit deterministischen als auch mit zufälligen Erregerfunktionen. Das ist sehr vorteilhaft, zumal zahlreiche Untersuchungsmethoden ausgesprochen nichtlinearer Schwingungssysteme auf der Anwendung der linearen Theorie aufbauen.

In diesem Kapitel besprechen wir in erster Linie die Bestimmung der statistischen Charakteristiken am Ausgang eines linearen, zeitinvarianten Schwingungssystems mit konzentrierten Parametern bei stationärer Erregung. Nach der Erläuterung des allgemeinen Lösungsweges folgen ausführlich durchgerechnete Beispiele von Schwingungssystemen mit einem oder mehreren Freiheitsgraden aus dem Gebiet der Fahrdynamik. An einem linearen Modell eines Schwingungssystems wird mit Hilfe der stochastischen Erregung ihre praktische Gültigkeitsgrenze abgesteckt. Zum Abschluß kommt die Beschreibung der exakten und einer genäherten numerischen Bestimmung der Wahrscheinlichkeitsdichte am Ausgang eines mit nicht-gaußschen stationären Zufallsfunktion erregten Schwingungssystems angegeben.

3.1 Operatordarstellung linearer zeitinvarianter Schwingungssysteme

Lineare Schwingungssysteme mit n Freiheitsgraden und konzentrierten Parametern lassen sich mit dem folgenden System von Differentialgleichungen beschreiben:

$$\sum_{k=1}^{n} a_{ik}\ddot{q}_k + b_{ik}\dot{q}_k + c_{ik}q_k = Q_i(t) \qquad (i = 1,2,\ldots,n)\,, \qquad (3.1)$$

worin a_{ik}, b_{ik} und c_{ik} Konstante, q_k die verallgemeinerten Koordinaten und $Q_i(t)$ die verallgemeinerten Kräfte sind, die in diesem Falle also stationäre Zufallsfunktionen bedeuten.

Die in (3.1) benutzten Buchstaben sollen nur den Leser an die in vielen Disziplinen gewohnte Symbolik erinnern. Entsprechend den Bezeichnungen der ersten beiden Kapitel formen wir (3.1) etwas um. Die verallgemeinerten Kräfte betrachten wir als einzelne Realisationen einer n-dimensionalen Zufallsfunktion

$$\vec{X}(t) = (X_1(t), X_2(t), \ldots, X_n(t))$$

als eine ebenfalls n-dimensionale Zufallsfunktion

$$\vec{Y}(t) = (Y_1(t), Y_2(t), \ldots, Y_n(t))\,.$$

Diese Realisationen fassen wir gemäß der Darstellung des zweiten Kapitels zu Spaltenmatrizen zusammen:

$$\underline{x}(t) = \begin{bmatrix} x_1(t) \\ x_2(t) \\ \vdots \\ x_n(t) \end{bmatrix} = \begin{bmatrix} Q_1(t) \\ Q_2(t) \\ \vdots \\ Q_n(t) \end{bmatrix} \qquad (3.2)$$

und

$$\underline{y}(t) = \begin{bmatrix} y_1(t) \\ y_2(t) \\ \cdot \\ \cdot \\ \cdot \\ y_n(t) \end{bmatrix} = \begin{bmatrix} q_1(t) \\ q_2(t) \\ \cdot \\ \cdot \\ \cdot \\ q_n(t) \end{bmatrix}$$

Den Operator der Differentiation bezeichnen wir mit $p = d/dt$. Damit kann man zunächst die in (3.1) in den eckigen Klammern auftretenden Ausdrücke zu Operatorpolynomen zusammenfassen:

$$D_{ik}(p) = a_{ik}p^2 + b_{ik}p + c_{ik} , \qquad (3.3)$$

und das Gleichungssystem in der Form schreiben:

$$D_{11}(p)y_1(t) + D_{12}(p)y_2(t) + \ldots + D_{1n}(p)y_n(t) = x_1(t) ,$$

$$D_{21}(p)y_1(t) + D_{22}(p)y_2(t) + \ldots + D_{2n}(p)y_n(t) = x_2(t) ,$$

$$\ldots \ldots \ldots \ldots \ldots \ldots \ldots \ldots \ldots \ldots \ldots$$

$$D_{n1}(p)y_1(t) + D_{n2}(p)y_2(t) + \ldots + D_{nn}(p)y_n(t) = x_n(t) . \qquad (3.4)$$

Wie man leicht einsieht, entspricht (3.4) der Matrizengleichung

$$\underline{D}(p)\,\underline{y}(t) = \underline{x}(t) \qquad (3.5)$$

mit der Operatormatrix

$$\underline{D}(p) = \begin{bmatrix} D_n(p) & D_{12}(p) \ldots D_{1n}(p) \\ D_{21}(p) & D_{22}(p) \ldots D_{2n}(p) \\ \ldots \ldots \ldots \ldots \ldots \ldots \\ D_{n1}(p) & D_{n2}(p) \ldots D_{nn}(p) \end{bmatrix} .$$

Für verschwindende Anfangsbedingungen können wir (3.5) nach Fourier transformieren und erhalten mit $p = j\omega$

$$\underline{D}(p)\,\underline{Y}(p) = \underline{X}(p) . \qquad (3.6)$$

112

Daraus kann durch Linksmultiplikation beider Seiten mit der Kehr-matrix $\underline{D}^{-1}(p)$ die Fourier-transformierte Spaltenmatrix ausgedrückt werden:

$$\underline{Y}(p) = \underline{D}^{-1}(p)\,\underline{X}(p). \qquad (3.7)$$

Die Kehrmatrix $\underline{D}^{-1}(p)$ heißt auch Übertragungsmatrix, da sie eine Verallgemeinerung der in (2.172) bereits eingeführten Übertragungs-funktion darstellt.

Diese Operatorschreibweise ist auch dann gut anwendbar, wenn die in das Differentialgleichungssystem (3.1) bzw. (3.4) eingehenden Funktionen $x_i(t)$ selbst Summen der Ableitungen von Zufallsfunktionen sind.

Betrachten wir dazu ein einfaches Beispiel: Ein Schwingungssystem mit zwei Freiheitsgraden möge folgendem Differentialgleichungssystem ge-horchen:

$$a_{11}\frac{d^2 y_1(t)}{dt^2} + b_{11}\frac{dy_1(t)}{dt} + b_{12}\frac{dy_2(t)}{dt} = B_{11}\frac{dz_1(t)}{dt} + C_{12}z_2(t)\,,$$

$$(3.8)$$

$$b_{21}\frac{dy_1(t)}{dt} + a_{21}\frac{d^2 y_2(t)}{dt^2} + c_{21}y_2(t) = C_{21}z_1(t) + B_{22}\frac{dz_2(t)}{dt}\,.$$

In Operatorschreibweise mit $p = d/dt$ lautet es in Matrizenform:

$$\underline{D}(p)\,\underline{y}(t) = \underline{G}(p)\,\underline{z}(t) \qquad (3.9)$$

mit

$$\underline{y}(t) = \begin{bmatrix} y_1(t) \\ y_2(t) \end{bmatrix}, \qquad \underline{z}(t) = \begin{bmatrix} z_1(t) \\ z_2(t) \end{bmatrix}$$

und

$$\underline{D}(p) = \begin{bmatrix} a_{11}p^2 + b_{11}p, & b_{12}p \\ b_{21}p & , & a_{21}p^2 + c_{21} \end{bmatrix}$$

bzw.

$$\underline{G}(p) = \begin{bmatrix} B_{11}p & C_{12} \\ C_{21} & B_{22}p \end{bmatrix} .$$

Wenn jetzt für verschwindende Anfangsbedingungen mit $p = j\omega$ zur Fourier-Transformierten von (3.9)

$$\underline{D}(p)\,\underline{Y}(p) = \underline{G}(p)\,\underline{Z}(p) \qquad (3.10)$$

übergegangen wird, so können wir durch Linksmultiplikation mit der Kehrmatrix $\underline{D}^{-1}(p)$ eine formelle Lösung für $Y(p)$ erhalten:

$$\underline{Y}(p) = \underline{D}^{-1}(p)\,\underline{G}(p)\,\underline{Z}(p) \qquad (3.11/a)$$

oder mit der Substitution

$$\underline{W}(p) = \underline{D}^{-1}(p)\,\underline{G}(p)$$

eine allgemeinere Form von (3.7) hinschreiben:

$$\underline{Y}(p) = \underline{W}(p)\,\underline{Z}(p) . \qquad (3.11)$$

Diese Schreibweise ist, wie wir sogleich sehen werden, auch für die Bestimmung der statistischen Charakteristiken der Ausgangsgrößen linearer Schwingungssysteme gut geeignet.

3.2 Korrelationsfunktionen und Spektraldichten der Ausgangsgrößen bei stationärer Erregung

Für die Bestimmung der Korrelationsfunktionen und Spektraldichten der Antwortfunktion $Y(t)$ eines durch die stationäre Zufallsfunktion $X(t)$ erregten Schwingungssystems gibt es grundsätzlich zwei Wege. Einmal ist es möglich, die Rechnung im Zeitbereich, zum anderen im Frequenzbereich durchzuführen und durch entsprechende Fourier-Transformationen im ersten Fall die Spektraldichten und im zweiten die Korrelationsfunktionen zu ermitteln.

Der Rechenaufwand ist in beiden Fällen groß, aber keineswegs gleich-
groß. Wesentlich schneller und z.T. übersichtlicher ist die Rechnung
mit den Spektraldichten im Frequenzbereich, weil man dabei nur algebraische Gleichungssysteme zu lösen hat, während im Zeitbereich
Faltungsintegrale zu berechnen sind.

Man kann zwar die AKF der Lösung der Schwingungsdifferentialgleichung
auch ohne Faltungsintegrale berechnen, dafür hat man eine weitere Differentialgleichung zu lösen. Da diese Methode in einigen Fällen Vorteile
für die genauere Berechnung der Autokorrelationsfunktionen bietet, soll
sie an einem einfachen Beispiel erläutert werden.

Ein Schwingungssystem habe die Differentialgleichung

$$a\ddot{Y}(t) + b\dot{Y}(t) + cY(t) = X(t) \, . \tag{3.12}$$

Die Faktoren a, b und c sind Konstante, $X(t)$ ist eine stationäre
Gaußsche Zufallsfunktion mit verschiedenem Mittelwert und der bekannten AKF $K_x(\tau)$. Demzufolge sind $Y(t)$ und ihre Ableitungen $\dot{Y}(t)$ bzw.
$\ddot{Y}(t)$ stationäre normalverteilte Zufallsfunktionen der Zeit.

Es leuchtet ein, daß die Summe auf der linken Seite in (3.12) ebenfalls
den Mittelwert $\bar{y} = 0$ und die gleiche AKF hat wie $X(t)$.

Bezeichnen wir die AKF der Lösung $Y(t)$ mit $K_y(\tau)$, so bestehen
wegen der offensichtlichen Differenzierbarkeit von $Y(t)$ folgende Beziehungen:

$$K_x(\tau) = E\left\{[a\ddot{Y}(t) + b\dot{Y}(t) + cY(t)][a\ddot{Y}(t+\tau) + b\dot{Y}(t+\tau) + cY(t+\tau)]\right\} =$$

$$= a^2 K_{\ddot{y}}(\tau) + b^2 K_{\dot{y}}(\tau) + c^2 K_y(\tau) + ab[R_{\ddot{y}\dot{y}}(\tau) + R_{\dot{y}\ddot{y}}(\tau)] +$$

$$+ ac[R_{\ddot{y}y}(\tau) + R_{y\ddot{y}}(\tau)] + bc[R_{\dot{y}y}(\tau) + R_{y\dot{y}}(\tau)] \, . \tag{3.13}$$

Anhand von Tabelle 2.1 können wir alle auf der rechten Seite stehenden
AKF und KKF als Ableitungen der gesuchten AKF $K_y(\tau)$ auffassen und
schreiben:

$$a^2 \frac{d^4}{d\tau^4} K_y(\tau) + b^2 \frac{d^2}{d\tau^2} K_y(\tau) + c^2 K_y(\tau) = K_x(\tau) , \qquad (3.14)$$

da die anderen drei Terme in (3.13) wegen der Symmetrieeigenschaften der KKF von Ableitungen verschwinden. Die gesuchte AKF $K_y(\tau)$ erhält man als Lösung einer inhomogenen linearen Differentialgleichung, die große Ähnlichkeit mit der ursprünglichen Schwingungsdifferentialgleichung aufweist.

Ausgehend von den im vorigen Abschnitt besprochenen Kenngrößen von zufallserregten Schwingungssystemen mit n Eingängen und n Ausgängen soll jetzt der gesuchte Zusammenhang im Frequenzbereich hergestellt werden.

Sind $\underline{X}(p)$ und $\underline{Y}(p)$ die Spaltenmatrizen der zu zeitlich begrenzten stochastischen Signalen gehörenden Amplitudenspektren, dann gilt mit (3.11) für das Ausgangssignal

$$\underline{Y}(p) = \underline{W}(p)\,\underline{X}(p)$$

bzw. auch

$$\underline{Y}(-p) = \underline{W}(-p)\,\underline{X}(-p) \qquad (3.15)$$

oder nach Transponierung von (3.11)

$$\underline{Y}^T(p) = (\underline{W}(p)\,\underline{X}(p))^T = \underline{X}^T(p)\,\underline{W}^T(p) . \qquad (3.16)$$

Wird nun (3.15) auf beiden Seiten von rechts mit (3.16) multipliziert, so gewinnt man

$$\underline{Y}(-p)\,\underline{Y}^T(p) = \underline{W}(-p)\,\underline{X}(-p)\,\underline{X}^T(p)\,\underline{W}^T(p) \qquad (3.17)$$

oder mit (2.144)

$$\underline{S}_{yy}(p) = \underline{W}(-p)\,\underline{S}_{xx}(p)\,\underline{W}^T(p) . \qquad (3.18)$$

Transponiert man diese Gleichung:

$$\underline{S}_{yy}^{T}(p) = \left[\underline{W}(-p)\,\underline{S}_{xx}(p)\,\underline{W}^{T}(p)\right]^{T} = \underline{W}(p)\,\underline{S}_{xx}(p)\,\underline{W}^{T}(-p)$$

$$= \underline{W}(p)\,\underline{S}_{xx}(p)\,\underline{W}^{*}(p)\,, \tag{3.19}$$

dann erkennt man, daß (3.18) und (3.19) eine Verallgemeinerung von (2.173) sind.

Damit ist die Berechnung der Spektraldichten der Ausgangsgrößen stationär erregter Schwingungssysteme mit zeitinvarianten, konzentrierten Parametern möglich. In den folgenden Abschnitten sollen praktisch interessante Schwingungssysteme mit zufälliger Erregung in z.T. ausführlich durchgerechneten Beispielen untersucht und die Anwendung des beschriebenen Rüstzeugs demonstriert werden.

3.3 Schwingungssystem mit einem Freiheitsgrad und stationärer Breitbanderregung

Bei den bisherigen Bemühungen, das dynamische Verhalten von Fahrzeugfederungen durch mathematische Modelle [3.1] zu beschreiben, war man meistens davon ausgegangen, daß die Federungs- und Dämpfungseigenschaften des Luftreifens und der übrigen Federungs- und Dämpferelemente hinreichend konstant und linear sind und der Reifen stets Bodenkontakt hat. Diese Annahmen führten auf lineare Differentialgleichungen mit konstanten Koeffizienten und erlaubten sogar die statistische Analyse des Schwingungssystems am mathematischen Modell. Die bei dieser Linearisierung auftretenden Abweichungen des Modells vom Original wurden in Kauf genommen, ohne ihr Ausmaß näher zu berechnen oder abzuschätzen. Um über diese systematischen Fehler urteilen zu können, wird ein konkretes Schwingungssystem statistisch analysiert und als Nebenprodukt die beschränkte Gültigkeit des linearen Ersatzsystems im konkreten Falle nachgewiesen. Ausgehend von diesem Beispiel wird dann im Abschnitt 4.2 ein Rechenverfahren beschrieben, das die Einbeziehung verzögerungsfreier nichtlinearer Federcharakteristiken in die statistische Schwingungsuntersuchung des Systems gestattet und erleichtert.

Das einfachste mathematische Modell eines luftbereiften Straßen- oder
Geländefahrzeuges besteht aus einer Masse und dem Luftreifen mit
linearer Federung und geschwindigkeitsproportionaler Dämpfung. Als
Erregung treten die zufälligen Fahrbahnunebenheiten auf und bewirken
eine ebenfalls zufällige Vertikalschwinkung der Masse. Sind die Fahrbahnunebenheiten Teil eines stationären stochastischen Prozesses, so
stellen auch die Aufbauschwingungen einen solchen dar. Der Zusammenhang zwischen den statistischen Charaktristiken (Verteilungsdichte,
Autokorrelationsfunktion, Spektraldichte, Streuung) wird durch das
lineare Ersatzsystem eindeutig festgelegt, wie es in Bild 3.1 nach
verschiedenen Symbolformen dargestellt ist. Die erste Form (a) ist

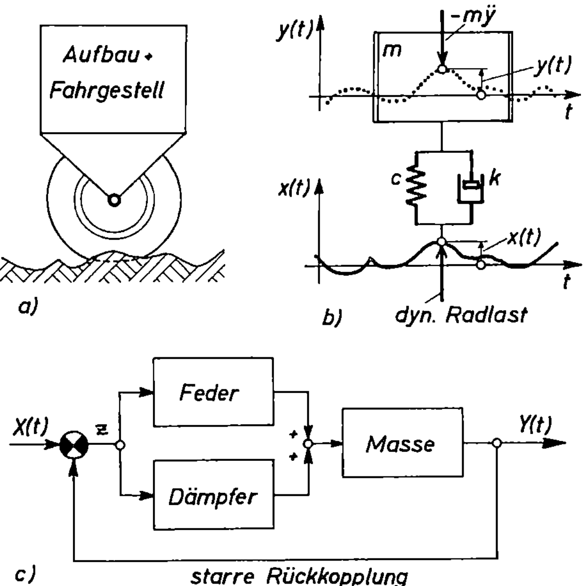

Bild 3.1. Verschiedene Modelldarstellungen des Reifen-Masse-Systems

die anschauliche, die zweite (b) die in der Mechanik übliche und die
dritte (c) die in der Regelungstechnik geläufige symbolische Darstellung
desselben Ersatzsystems. Während die ersten beiden Darstellungen
(a und b) im wesentlichen noch an der Anschauung festhalten, zeigt die

118

dritte (c) den gesamten Signalfluß in allen seinen Etappen und läßt
sofort erkennen, daß es sich dabei um ein Schwingungssystem mit
starrer Rückkopplung handelt.

Die Eingangsgröße des Schwingungssystems ist die Fahrbahnuneben-
heit $x(t)$ und seine Ausgangsgröße die Vertikalschwingung $y(t)$ der
Masse. Die Bewegungsgleichung der Masse lautet [3.2]:

$$m\frac{d^2}{dt^2}y(t) = k\left[\frac{d}{dt}x(t) - \frac{d}{dt}y(t)\right] + c[x(t) - y(t)], \qquad (3.20)$$

worin c die Federsteifigkeit und k den Dämpfungsfaktor bedeuten.
Mit den in der Schwingungslehre geläufigen Kenngrößen $\omega_0^2 = c/m$
und $2D = k/\sqrt{c\,m}$ läßt sich (3.20) in der übersichtlicheren Form

$$\ddot{y}(t) + 2D\omega_0\dot{y}(t) + \omega_0^2 y(t) = 2D\omega_0\dot{x}(t) + \omega_0^2 x(t) \qquad (3.21)$$

schreiben.

Durch die Laplace-Transformation [3.3] entsteht aus der Differentialgleichung (3.21) eine komplexe algebraische Gleichung:

$$p^2 Y(p) + 2D\omega_0 p Y(p) + \omega_0^2 Y(p) = 2D\omega_0 p X(p) + \omega_0^2 X(p), \qquad (3.22)$$

worin $p = j\omega$ die komplexe Variable mit $j = \sqrt{-1}$ und $X(p)$, $Y(p)$ die
Laplace-Transformierten von $x(t)$ und $y(t)$ sind. $(y(0) = \dot{y}(0) = 0)$

Nach einer Umformung erhält man aus (3.22) die Übertragungsfunktion $G(p)$ des Systems [3.4] zwischen Erregungsgröße und Ausgangsgröße zu

$$G(p) = \frac{Y(p)}{X(p)} = \frac{2D\omega_0 p + \omega_0^2}{p^2 + 2D\omega_0 p + \omega_0^2} . \qquad (3.23)$$

Sie ist eine der Differentialgleichung (3.20) gleichwertige Funktion,
eignet sich jedoch wesentlich besser als jene für die nachfolgende
statistische Schwingungsuntersuchung.

Lineare Systeme haben die Eigenschaft [3.5] auf normalverteilte Erregung mit normalverteilter Ausgangsgröße zu antworten, während sie auf nicht normalverteilte Eingangsgrößen mit ebenfalls nicht normalverteilten Ausgangsignalen antworten, wie dies in Bild 3.2 schematisch dargestellt wurde. Da die Berechnung der Verteilung der Ausgangsgröße

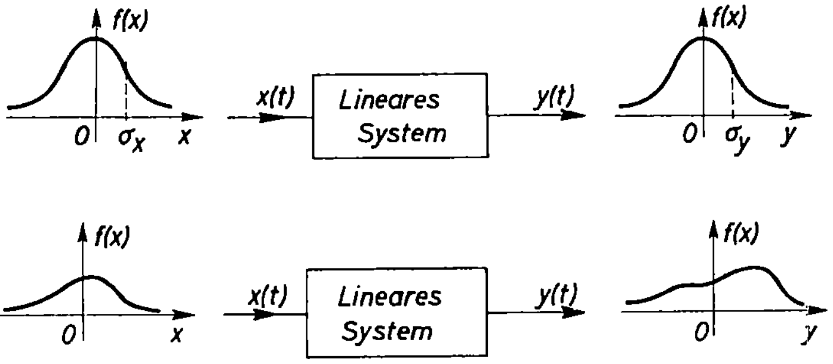

Bild 3.2. Zur Erhaltung oder Verzerrung der Verteilungsdichtefunktionen Gaußscher und nicht-Gaußscher Art beim Durchgang durch ein lineares System

(siehe auch Abschnitt 3.6) für nicht normalverteilte Erregung außerordentlich schwierig ist, nimmt man im allgemeinen an, daß die Eingangsgröße eine Gaußsche Normalverteilung besitzt. In diesem Falle kann man nämlich die Streuung der Ausgangsgröße über die Spektraldichten und die Übertragungsfunktion nach den bekannten Grundgleichungen

$$S_{yy}(\omega) = |G(j\omega)|^2 S_{xx}(\omega) \tag{3.24}$$

und

$$\sigma_y^2 = \frac{1}{2\pi} \int\limits_{-\infty}^{+\infty} |G(j\omega)|^2 S_{xx}(\omega)\,d\omega \tag{3.25}$$

aus der Spektraldichte $S_{xx}(\omega)$ der Eingangsgröße und dem Betragsquadrat der Übertragungsfunktion $|G(j\omega)|^2$ durch Lösung des Integrals (3.25) direkt berechnen. Den Mittelwert der Ausgangsgröße kann man wiederum anhand von (3.20) bestimmen. Damit ist die Verteilungsfunktion

120

des Ausgangssignals bereits vollständig bestimmt, da die Normalverteilung gerade durch diese beiden Größen charakterisiert wird.

Um die bei der Linearisierung dieses konkreten Schwingungssystems auftretenden systematischen Fehler zu zeigen, sollen ein konkretes Zahlenbeispiel angeführt und die Rechenergebnisse auf ihre Realität hin geprüft
werden.

<u>Zahlenbeispiel</u>
Wir gehen davon aus, daß ein einfaches Fahrzeug mit einem Reifen
5.5-16 bereift ist und auf einem der von Wendeborn [3.7] vermessenen
und statistisch analysierten Feldwege (z.B. auf Nr. 6 in Bild 3.3) ent-
langfährt. Die Unebenheiten des Feldweges 6 sind mit sehr guter

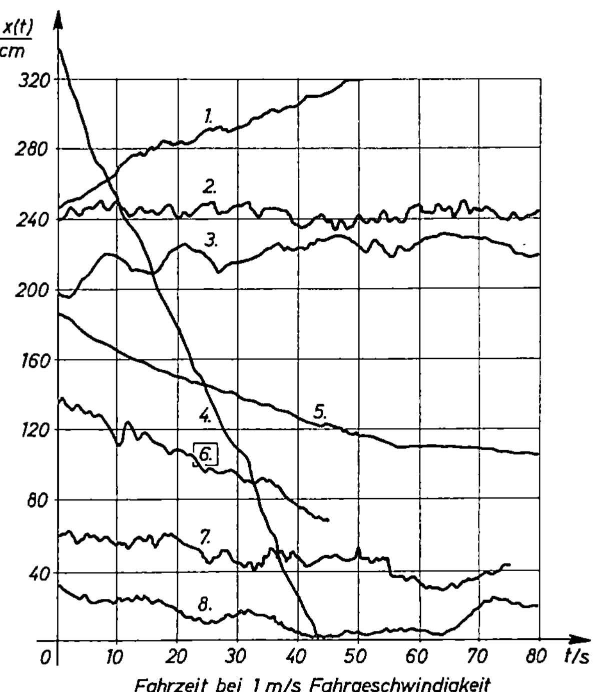

Bild 3.3. Fahrbahnprofile von Feldwegen ,

Näherung normalverteilt, sie bewirken daher am linearen Modell ebenfalls normalverteilte Ausgangsgrößen. Die Eingangsverteilungsdichte lautet mit $m_x = 0$:

$$p(x) = \frac{1}{\sigma_x\sqrt{2\pi}}\,\exp\left[-\frac{x^2}{2\sigma_x^2}\right].\qquad(3.26)$$

Zur Bestimmung der Spektraldichte $S_{yy}(\omega)$ wird die empirische Autokorrelationsfunktion des Feldwegprofils 6 dem Bild 3.4. entnommen

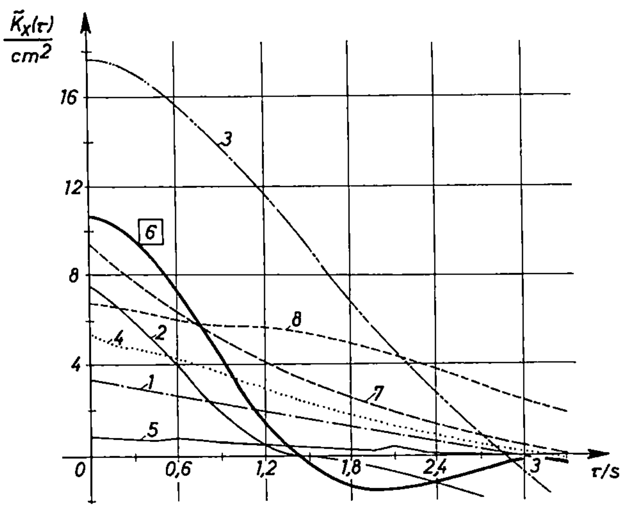

Bild 3.4. Autokorrelationsfunktionen der Fahrbahnprofile (aus Symmetriegründen nur die rechte Hälfte dargestellt)

und durch eine analytische Funktion der Form

$$K_{xx}(\tau) = \sigma_x^2 e^{-\alpha|\tau|}\left(\cos\beta\tau + \frac{\alpha}{\beta}\sin\beta|\tau|\right)\qquad(3.27)$$

angenähert. Dieses Vorgehen wird die indirekte Berechnung der Spektraldichte genannt [3.6] und ermöglicht eine genauere Bestimmung der Spektraldichte als die direkte Berechnung, wie sie z.B. in [3.7] angewandt wurde. Die empirische Autokorrelationsfunktion $\tilde{K}_{xx}(\tau)$ und die Näherungskurve $K_{xx}(\tau)$ sind in Bild 3.5 aufgetragen.

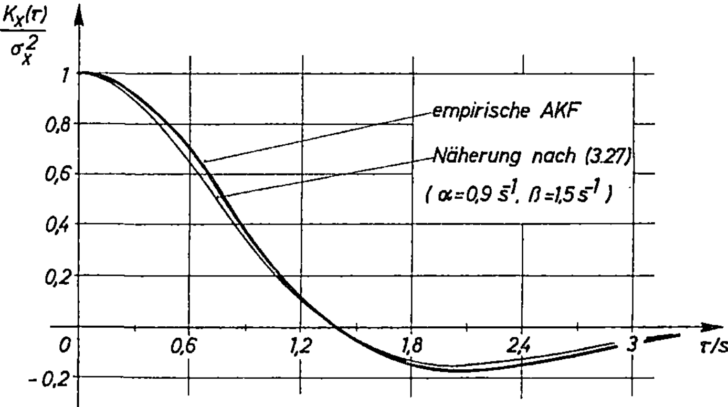

Bild 3.5. Vergleich der empirischen mit der Nährungs-Autokorrelationsfunktion

Die Konstanten α und β in (3.27) gelten für eine Fahrgeschwindigkeit $v_{F0} = 1$ m/s. Für die Fehlersuche werden auch verschiedene höhere Fahrgeschwindigkeiten

$$v_F = \lambda v_{F0}$$

benötigt. Die bezogene Fahrgeschwindigkeit λ wird deshalb in (3.27) einbezogen. Damit hat die Korrelationsfunktion $K_{xx}(\tau)$ folgendes Aussehen:

$$K_{xx}(\tau) = \varkappa^2 \sigma_x^2 e^{-\lambda\alpha|\tau|}\left(\cos \lambda\beta\tau + \frac{\lambda\alpha}{\lambda\beta}\sin \lambda\beta|\tau|\right). \qquad (3.28a)$$

$\varkappa$ ist der Faktor der Überhöhung der Fahrbahnunebenheiten, wie sie von Radaj [3.8] für die Schaffung von Materstrecken nach vorhandenen Feldwegprofilen für die Beanspruchungsanalyse von Fahrzeugen und Landmaschinen vorgeschlagen worden ist. Mit diesem Faktor $\varkappa$ wird praktisch eine lineare Vergrößerung oder Verkleineurng der Amplituden der zufälligen Erregerfunktion simuliert. Es ermöglicht, Aufschluß über den Einfluß der "Rauhigkeit" der Erregerfunktion auf die

Antwortamplitude zu gewinnen. Nach der Wiener-Chintschineschen
Relation (2.100) gehört dazu die Spektraldichte

$$S_{xx}(\omega) = \int\limits_{-\infty}^{+\infty} e^{-j\omega\tau} K_{xx}(\tau)\, d\tau$$

$$= \int\limits_{-\infty}^{+\infty} e^{-j\omega\tau} \varkappa^2 \sigma_x^2 e^{-\lambda\alpha|\tau|}\left(\cos\lambda\beta\tau + \frac{\lambda\alpha}{\lambda\beta}\sin\lambda\beta|\tau|\right) d\tau$$

$$= \varkappa^2 \sigma_x^2 \frac{4\lambda\alpha\left[(\lambda\alpha)^2 + (\lambda\beta)^2\right]}{\left[\omega^2 - (\lambda\alpha)^2 - (\lambda\beta)^2\right]^2 + 4(\lambda\alpha)^2\omega^2}, \qquad (3.28)$$

wie sie in Bild 3.6 für verschiedene λ-Werte dargestellt ist.

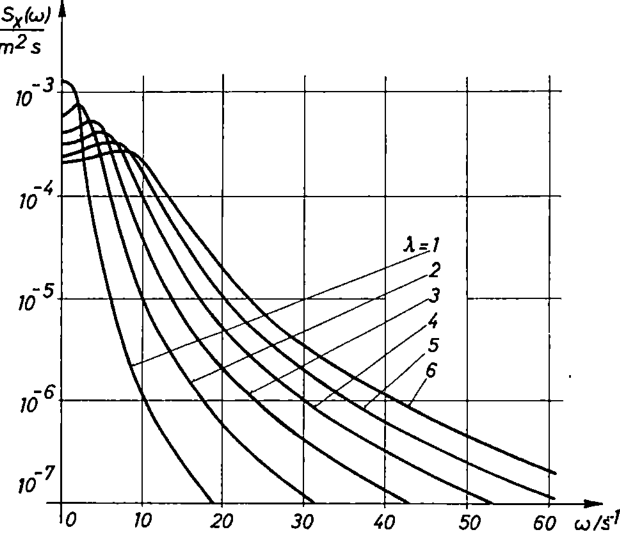

Bild 3.6. Spektraldichte des Feldweges Nr.6 für verschiedene Fahrgeschwindigkeiten

Für die Übertragungsfunktion werden folgende Werte angenommen:
Masse: m = 350 kp/9,81 m/s^2 = 35,677 kp s^2/m, Reifen: c = 17000 kp/m,
k = 95 kp s/m [3.9]. Damit ergeben sich

124

$$\omega_0 = \sqrt{\frac{c}{m}} = \sqrt{\frac{17000 \text{ kp/m}}{35,677 \text{ kp s}^2/m}} = 21,83 \text{ 1/s}$$

und

$$2D = \frac{k}{\sqrt{c \cdot m}} = \frac{95 \text{ kp s/m}}{\sqrt{17000 \cdot 35,6777 \text{ kp}^2 \text{s}^2/m^2}} = 0,122 .$$

Der Betrag der Übertragungsfunktion nimmt die in Bild 3.7 gezeichnete Gestalt an, und nach der Formel

$$S_{yy}(\omega) = |G(j\omega)|^2 S_{xx}(\omega) \tag{3.29}$$

ergibt sich die Ausgangsspektraldichte $S_{yy}(\omega)$, wie sie in Bild 3.8 für die betrachteten λ-Werte dargestellt wurde.

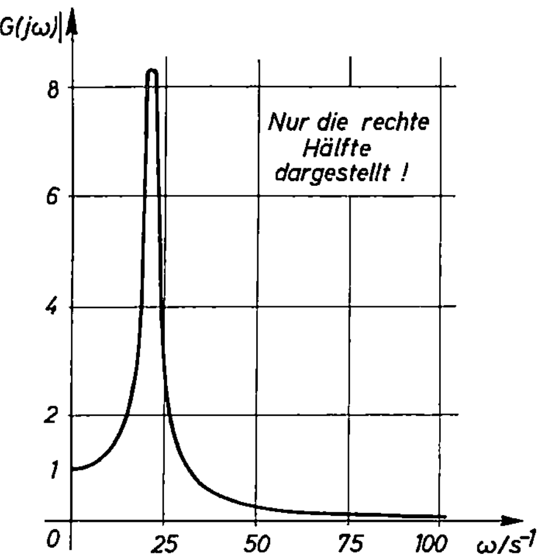

Bild 3.7. Betrag der Übertragungsfunktion für das Zahlenbeispiel

Anhand dieser Ausgangsspektraldichte kann man das Quadrat der Streuung σ_y aus dem Integral (3.30) bestimmen:

$$\sigma_y^2 = \frac{1}{2\pi} \int_{-\infty}^{+\infty} |G(j\omega)|^2 \, S_{xx}(\omega)\,d\omega$$

$$= \frac{\varkappa^2 \sigma_x^2 S_0}{2\pi} \int_{-\infty}^{+\infty} \frac{(A^2 + B^2\omega^2)}{[(\omega^2 - A)^2 + B^2\omega^2][(\omega^2 - C)^2 + E^2\omega^2]} \, d\omega . \tag{3.30}$$

Die darin eingeführten Abkürzungen sind:

$$A = \omega_0^2, \quad B = 2D\omega_0, \quad C = \lambda^2(\alpha^2 + \beta^2) ,$$

$$E = 2\lambda\alpha, \quad S_0 = 4\lambda^3\alpha(\alpha^2 + \beta^2) .$$

Dieses Integral läßt sich unter Beachtung des komplexen Ursprungs der Übertragungsfunktion und der Spektraldichte in ein bestimmtes komplexes

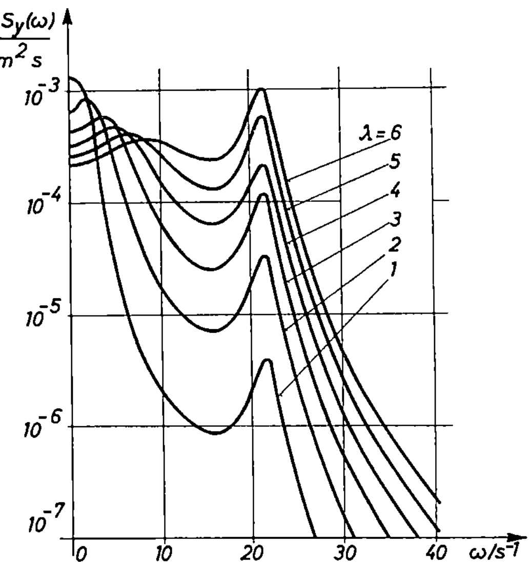

Bild 3.8. Spektraldichte der Amplitude der Aufbaumasse nach dem linearen Ersatzsystem für verschiedene Fahrgeschwindigkeiten

Integral (2.180) der Form

$$J_k = \frac{1}{2\pi j} \int\limits_{-\infty j}^{+\infty j} \frac{G_k(j\omega)}{H_k(j\omega)H_k(-j\omega)} \, d(j\omega)$$

mit

$$H_k(j\omega) = a_0(j\omega)^k + a_1(j\omega)^{k-1} + \ldots + a_k$$

und

$$G_k(j\omega) = b_0(j\omega)^{2k-2} + b_1(j\omega)^{2k-4} + \ldots + b_{k-1}$$

mit tabellierten Lösungen (Anhang C) überführen, wobei noch folgende
weitere Abkürzungen eingeführt werden:

$$a_0 = 1, \quad a_1 = b + E, \quad a_2 = A + BE + C, \quad a_3 = AE + BC, \quad a_4 = AC,$$

$$b_0 = 0, \quad b_1 = 0, \quad b_2 = -B^2, \quad b_3 = A^2.$$

Die gesuchte Lösungsformel lautet somit:

$$\sigma_y^2 = \frac{\varkappa^2 \sigma_x^2 S_0}{2j} \int\limits_{-j\infty}^{+j\infty} \frac{(-B^2 p^2 + A^2)\,dp}{\left| p^4 + (B+E)p^3 + (A+BE+C)p^2 + (AE\,BC)p + AC \right|^2}$$

$$= \varkappa^2 \sigma_x^2 S_0 J_{4,1}$$

mit

$$J_{4,1} = \frac{a_0 a_1 b_2 + (a_0 b_3 / a_4)(a_0 a_3 - a_1 a_2)}{2a_0(a_0 a_3^2 + a_1^2 a_4 - a_1 a_2 a_3)}, \quad a_i = a_i(\lambda).$$

Die Streuung σ_y hängt nach der Lösung (3.30) erwartungsgemäß von
der bezogenen Fahrgeschwindigkeit λ ab (Bild 3.9). Beim linearen
Schwingungsmodell schwingt die Masse um ihre statische Ruhelage.
Die vertikalen Schwingungsamplituden sind normalverteilte Zufallsgrößen mit verschiedenem Mittelwert und der geschwindigkeitsabhängigen

Streuung $\sigma_y(\lambda)$. Aus Bild 3.9 geht eindeutig hervor, daß die senkrechten Schwingungsamplituden der Aufbaumasse mit zunehmender Geschwindigkeit (wenn sie dem linearen Modell streng folgten) ständig zunehmen müßten. Ab einer bestimmten Geschwindigkeit aufwärts sind die Schwingungsamplituden der Aufbaumasse laut linearem Modell schon so stark angewachsen, daß sie die Fahrbahnunebenheiten um die statische Einfederung des Reifens übersteigen. Von dieser Fahrgeschwindigkeit an wird der Reifen mit Zunehmen der Geschwindigkeit immer häufiger abspringen, d.h. kurzzeitig von der Fahrbahn abheben. Während dieser Sprünge ist der Kraftfluß zwischen Reifen und Boden unterbrochen, und die Aufbaumasse fällt nach dem Gesetz des schiefen Wurfs zurück.

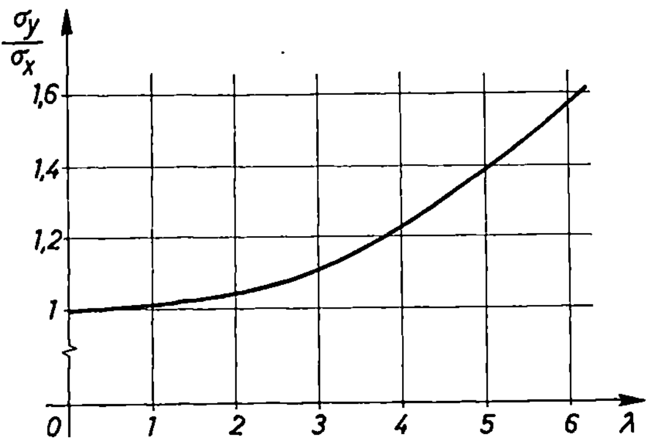

Bild 3.9. Geschwindigkeitsabhängigkeit der Streuung der vertikalen Schwingungsamplitude der Masse

Diese Erscheinung wird durch das lineare Modell nicht beachtet, vielmehr verfälscht es die Ergebnisse dadurch, daß es mit Zugkräften zwischen dem Reifen und dem Boden rechnet, obwohl diese gar nicht möglich sind. Daher ist das lineare Ersatzsystem während eines jeden Abhebens im Bereich der Hilfsgröße z (Bild 3.1c) unterbrochen und gegenüber dem Originalsystem mit einem systematischen Fehler behaftet.

Um über die Größenordnung des systematischen Fehlers mehr zu erfahren, wird die Spektraldichte $S_{\ddot{y}\ddot{y}}(\omega)$ der Beschleunigung der Masse

128

und daraus ihre Streuung $\sigma_{\dot{y}}$ berechnet. Die Spektraldichte der Beschleunigung ergibt sich nach der einfachen Beziehung

$$S_{\ddot{y}\ddot{y}}(\omega) = (j\omega)^4 S_{yy}(\omega) , \qquad (3.31)$$

und daraus kann man die Streuung der Vertikalbeschleunigungen nach der Formel

$$\sigma_{\ddot{y}}^2 = \frac{1}{2\pi} \int\limits_{-\infty}^{+\infty} (j\omega)^4 S_{yy}(\omega)d\omega$$

$$= \frac{\varkappa^2 \sigma_x^2 S_0}{2\pi j} \int\limits_{-j\infty}^{+j\infty} \frac{(-B^2 p^6 + A^2 p^4)dp}{\left| p^4 + (B+E)p^3 + (A+BE+C)p^2 + (AE+BC)p + AC \right|^2}$$

$$= \varkappa^2 \sigma_x^2 S_0 J_{4,2}(\lambda) \qquad (3.32)$$

mit

$$J_{4,2}(\lambda) = \frac{b_{01}(-a_1 a_4 + a_2 a_3) - a_0 a_3 b_{11}}{2a_0(a_0 a_3^2 + a_1^2 a_4 - a_1 a_2 a_3)} \qquad b_{01} = -B^2, \quad b_{11} = A^2$$

errechnen. Bei normalverteilter Eingangsgröße und linearem Systemverhalten ist auch die zweite Ableitung der Ausgangsgröße normalverteilt. Auch die Spektraldichte der Vertikalbeschleunigung (Bild 3.10) und deren Streuung $\sigma_{\ddot{y}}$ (Bild 3.11) sind geschwindigkeitsabhängig.

Zur Veranschaulichung der Größenordnung des systematischen Fehlers stellen wir die Verteilungsfunktion

$$P(\ddot{y}) = \int\limits_{-\infty}^{\ddot{y}} \frac{1}{\sigma_{\ddot{y}}\sqrt{2\pi}} \exp\left\{ -\frac{(\eta - g)^2}{2\sigma_{\ddot{y}}^2} \right\} d\eta \qquad (3.33)$$

der Vertikalbeschleunigung im Wahrscheinlichkeitsnetz [3.10] durch Geraden (Bild 3.12) dar. Dabei wurde berücksichtigt, daß der Mittelwert der Vertikalbeschleunigung beim linearen Modell der Gravitationsbeschleunigung gleich sein muß.

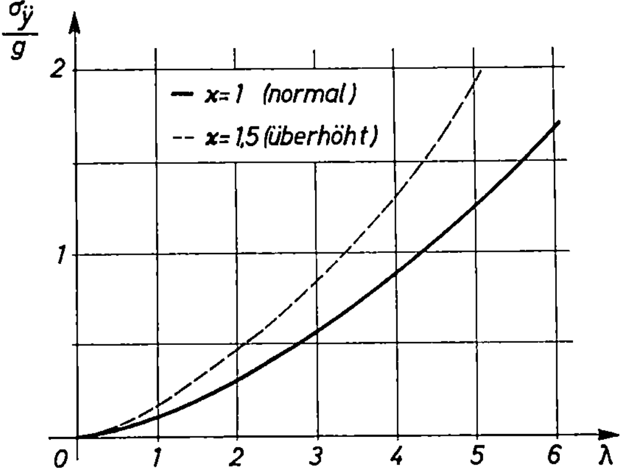

Bild 3.10. Spektraldichte der Aufbaubeschleunigungen für mehrere Fahrgeschwindigkeiten

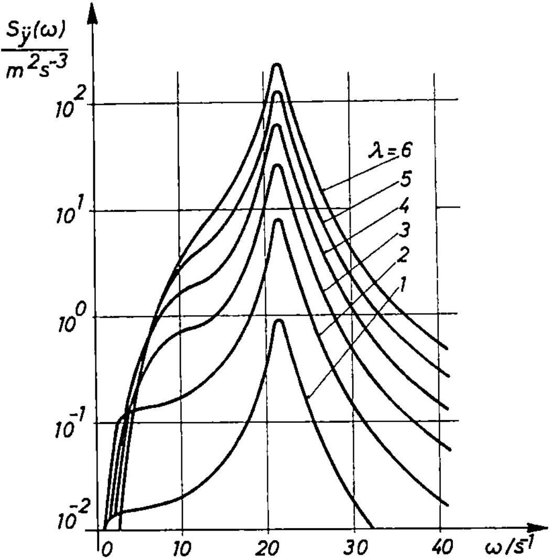

Bild 3.11. Geschwindigkeitsabhängigkeit der Streuung der Vertikalbeschleunigung nach dem linearen Ersatzsystem für normale und überhöhte Fahrbahnunebenheiten

130

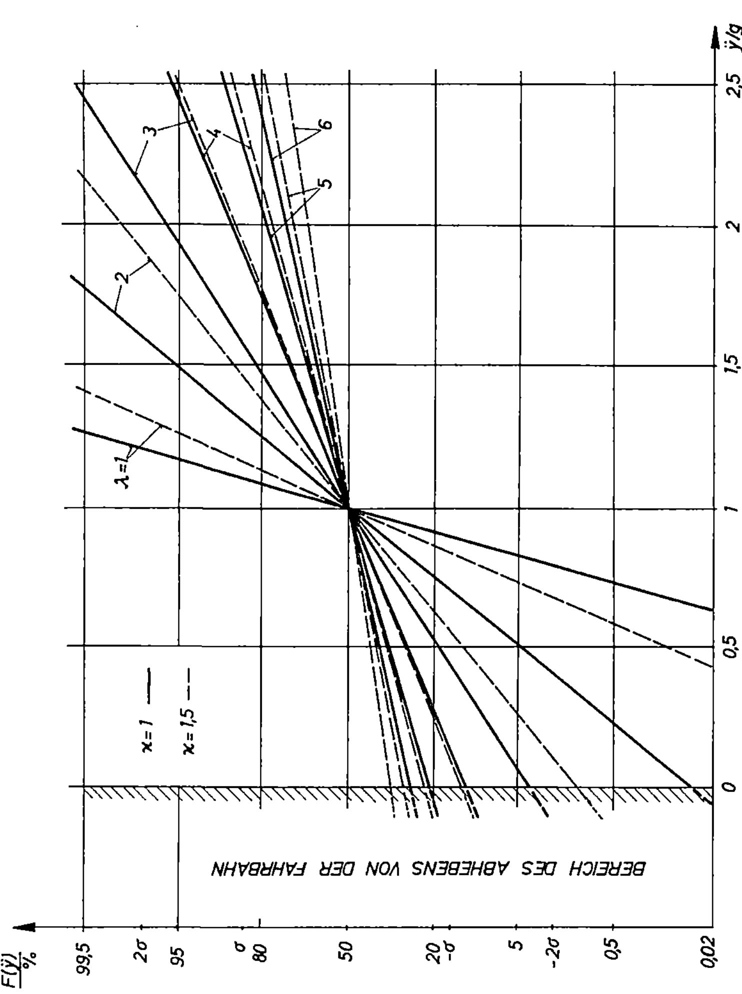

Bild 3.12. Verteilungsfunktionen der Vertikalbeschleunigung bei verschiedenen Fahrgeschwindigkeiten für normale und überhöhte Fahrbahnunebenheiten

Aus Bild 3.12 geht hervor, daß z.B. bei einer bezogenen Fahrgeschwindigkeit $\lambda = 4$ während 13,5 % der Beobachtungszeit größere Fallbeschleunigungen als 1 g auftreten müßten. Bei $\lambda = 6$ sind es sogar 27 %. Am theoretischen Modell ist es möglich, in der Tat aber nicht, weil die Aufbaumasse höchtens mit 1 g Fallbeschleunigung zurückfallen kann.

Wenn man den systematischen Fehler – sowie das unterschiedliche Verhalten des linearen Modells und des Originals – durch den prozentualen Anteil der praktisch unmöglich großen Fallbeschleunigungen des linearen Modells charakterisiert, ergeben sich die in Bild 3.13 dargestellten Fehlerkurven, die deutlich erkennen lassen, daß bei einer Überhöhung der Fahrbahnunebenheiten um 50 % die Unzulänglichkeit des linearen Ersatzsystems noch bedenklicher wird.

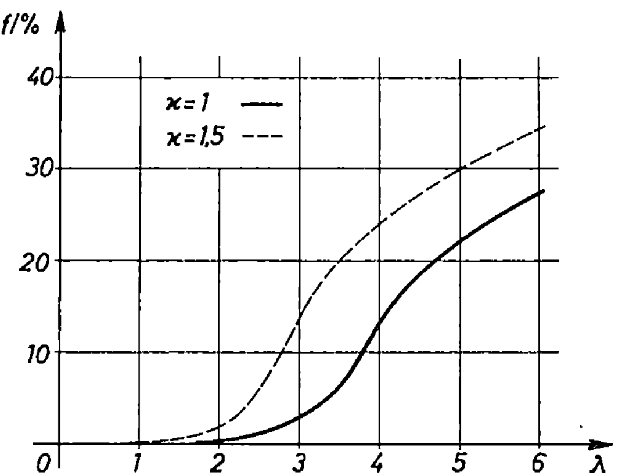

Bild 3.13. Der Prozentuale systematische Fehler des linearen Ersatzsystems als Funktion der Fahrgeschwindigkeit

Der Fehler f gibt dabei den prozentualen Anteil der Beobachtungszeit an, während dessen das lineare Modell nicht zutrifft. Das Originalsystem ist in der Tat nichtlinear, die Spektraldichten der Aufbaubewegung und Beschleunigung sowie deren Streuung werden daher vom linearen System verzerrt nachgeahmt. Wie stark diese Verzerrung ist, wird anschließend am selben konkreten Fall demonstriert, der oben für das Zahlenbeispiel verwendet wurde.

Es kann abschließend festgestellt werden, daß das beim linearen Ersatzsystem nicht beachtete Abheben des Reifens beträchtliche Verzerrungen
verursacht. Wenn man bedenkt, daß mancher schlechte Feldweg eine
wesentlich größere Streuung als der betrachtete aufweisen kann, so
treten die Unzulänglichkeiten des linearen Modells auch ohne eine Überhöhung der Fahrbahnunebenheiten (d.h. $\varkappa = 1$) in Erscheinung.

Im Falle kleinerer Streuungen, aber höherer Fahrgeschwindigkeiten tritt
eine ähnliche Fehlerquelle auf.

Es läßt sich weiterhin vermuten, daß auch die anderen Nichtlinearitäten,
wie gekrümmte Federkennlinien usw., Beachtung finden müssen, damit
die Rechenmodelle die Originale vollwertig ersetzen und praxisgetreue
Ergebnisse liefern können.

Ein im Kapitel 4 beschriebenes Linearisierungsverfahren gestattet die
Einbeziehung von Nichtlinearitäten in die statische Analyse von Schwingungssystem, so daß wir die Analyse dieses Schwingungsproblems dort
weiterführen können.

3.4 Schwingungssysteme mit zwei oder mehr Freiheitsgraden

Eine ganze Reihe von Arbeitsmaschinen und Fahrzeuganhängern sind als
einachsige Fahrzeuge mit luftbereiften Rädern ausgeführt. Eine solche
Maschine ist in Bild 3.14 schematisch dargestellt.

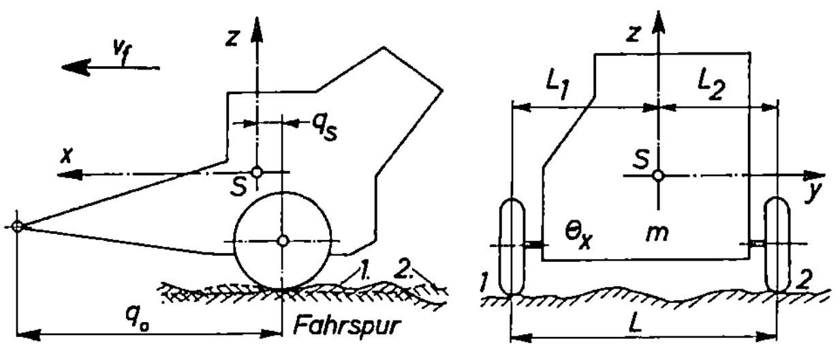

Bild 3.14. Schema einer Anhängemaschine

Mit den Bezeichnungen des obigen Bildes gilt also

$$q_s \ll q_0 \, ,$$

und, da der Schwerpunkt in den meisten Fällen außerhalb der geometrischen Mittellinie liegt, ist z.B.

$$L_2 < L_1 \, ,$$

und im allgemeinsten Fall können auch die Reifengrößen unterschiedlich sein. Das Federungs- und Dämpfungsverhalten der Reifen 1 und 2 können wir auch bei gleicher Größe als verschieden annehmen, weil sie wegen der unterschiedlichen Belastung verschiedene Luftdrücke aufweisen müssen, um die Arbeitsorgane parallel zur Straßenoberfläche führen zu können. In erster Näherung kann man die Federkennlinien der Reifen als linear und ihre Dämpfung als rein geschwindigkeitsproportional annehmen. Die Räder rollen bei der Arbeit oder beim Transport auf unebenen Fahrbahnprofilen ab. Ist der Boden nachgiebig, so werden durch die Fahrbahnunebenheiten wesentlich kleinere Schwingungen erregt als auf harter Betonstraße oder auf festgefahrenen Feldwegen. Im letzteren Fall nehmen wir an, daß die Fahrbahnprofile keine beachtenswerten Deformationen erfahren. Damit können wir die vermessenen Fahrbahnprofile als Realisierungen zweier Zufallsfunktionen betrachten. Es wird angenommen, daß diese Zufallsfunktionen stationär verbunden sind und durch entsprechende AKF und KKF charakterisiert werden können.

Als für die Arbeitsqualität und Beanspruchung der Maschine t wichtigste Bewegungen greifen wir die Fortbewegung in x-Richtung mit der Fahrgeschwindigkeit $v_f = \lambda \cdot 1$ m/s = const, die senkrechten Schwingungen des Schwerpunktes in z-Richtung (Träge Masse m) und die Wankschwingungen um die x-Achse (Trägheitsmoment Θ_x) aus den sechs Bewegungsmöglichkeiten der Maschine (als starrer Körper) heraus. Diese Bewegungen können durch ein zweiläufiges Schwingungssystem (Bild 3.15a) simuliert werden. Für die am System wirkenden dynamischen Kräfte (Bild 3.15b) gelten folgende Gleichgewichtsbedingungen:

$$m \ddot{Z}_s(t) = P_1(t) + P_2(t)$$

$$\Theta_x \ddot{\varphi}(t) = -P_1(t)L_1 + P_2(t)L_2 .$$

(3.34)

Die Kräfte $P_i(t)$ resultierten aus den Verschiebungs- und Geschwindig keitsdifferenzen der Fahrbahnprofile sowie der Fahrgestelltpunkte 1 und 2. Wir können sie also durch die Größen und die Reifenkennwerte ausdrücken. Die Kräfte sind Zufallsfunktionen der Zeit:

$$P_1(t) = c_1 [Q_1(t) - Z_1(t)] + k_1 [\dot{Q}_1(t) - \dot{Z}_1(t)] ,$$

(3.35)

$$P_2(t) = c_2 [Q_2(t) - Z_2(t)] + k_2 [\dot{Q}_2(t) - \dot{Z}_2(t)] .$$

Die Schwingungsamplituden $Z_i(t)$ sind im Vergleich zur Spurweite L vernachlässigbar klein, d.h. es treten nur kleine Winkel $\varphi(t)$ auf, so

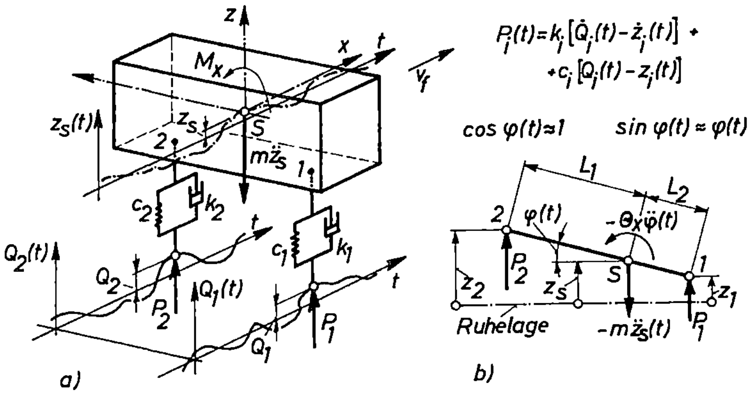

Bild 3.15. Mechanisches Schwingungssystem mit zwei Freiheitsgraden (a) und die dynamischen Kräfte (b)

daß wir die in Bild 3.15b eingetragenen Winkelbeziehungen anwenden können. Damit erhalten wir die Schwingungsamplituden $Z_i(t)$ als Funk tionen der Längen L_1 und L_2 sowie der Bewegungen des Schwerpunkts:

$$Z_1(t) = Z_s(t) - L_1\varphi(t) \, ,$$

$$(3.36)$$

$$Z_2(t) = Z_s(t) + L_2\varphi(t) \, .$$

Um die Kräfte als Funktionen der Fahrbahnprofile $Q_i(t)$ und der Schwerpunktsbewegungen $Z_s(t)$ und $\varphi(t)$ sowie der Systemeigenschaften c_i bzw. k_i auszudrücken, führen wir die Ausdrücke (3.36) in (3.35) ein:

$$P_1 = c_1[Q_1 - Z_s + L_1\varphi]_t + k_1[\dot{Q}_1 - \dot{Z}_s + L_1\dot{\varphi}]_t \, ,$$

$$(3.37)$$

$$P_2 = c_2[Q_1 - Z_s - L_2\varphi]_t + k_2[\dot{Q}_2 - \dot{Z}_s - L_2\dot{\varphi}]_t \, .$$

Wir können nun diese Ausdrücke in die Gleichgewichtsbedingungen (3.34) einsetzen und erhalten damit nach einigen Umformungen das folgende System linearer Differentialgleichungen mit konstanten Koeffizienten als mathematisches Modell für die eingangs aufgezählten Fahrzeuge:

$$m\ddot{Z}_s + \left(k_1 + k_2\right)\dot{Z}_s + \left(c_1 + c_2\right)Z_s + \left(k_2L_2 - k_1L_1\right)\dot{\varphi} + \left(c_2L_2 - c_1L_1\right)\varphi =$$

$$= c_1 Q_1 + c_2 Q_2 + k_1 \dot{Q}_1 + k_2 \dot{Q}_2 \, ,$$

$$(3.38a)$$

$$\Theta_x\ddot{\varphi} + \left(k_1L_1^2 + k_2L_2^2\right)\dot{\varphi} + \left(c_1L_1^2 + c_2L_2^2\right)\varphi + \left(k_2L_2 - k_1L_1\right)\dot{Z}_s + \left(c_2L_2 - c_1L_1\right)Z_s =$$

$$= -c_1L_1 Q_1 + c_2L_2 Q_2 - k_1L_1\dot{Q}_1 + k_1L_2\dot{Q}_2 \, .$$

Die Klammerausdrücke

$$\left(c_2L_2 - c_1L_1\right) \quad \text{bzw.} \quad \left(k_2L_2 - k_1L_1\right) \qquad (3.38b)$$

entscheiden, ob die beiden Schwingungsbewegungen gekoppelt oder unabhängig voneinander sind. Verschwinden beide Klammerausdrücke gleichzeitig, so führt die Masse m zwei voneinander unabhängige, nichtgekoppelte Schwingungen aus. In allen anderen Fällen handelt es sich um gekoppelte Schwingungen. Im ersten Fall können wir jede Differentialgleichung für sich nach dem in Abschnitt 2.6 beschriebenen Verfahren behandeln, während die statistische Behandlung der gekoppelten Schwingungen nach (3.38a) entweder nach Abschnitt 3.2 oder wie folgt möglich ist.

Der Übersichtlichkeit halber führen wir in (3.38) folgende Abkürzungen ein:

$$A_1 = \frac{k_1 + k_2}{m} \qquad B_1 = \frac{c_1}{m} \qquad C_1 = \frac{k_1 L_1^2 + k_2 L_2^2}{\Theta_x} \qquad D_1 = -\frac{c_1 L_1}{\Theta_x} \; ,$$

$$A_2 = \frac{c_1 + c_2}{m} \qquad B_2 = \frac{c_2}{m} \qquad C_2 = \frac{c_1 L_1^2 + c_2 L_2}{\Theta_x} \qquad D_2 = \frac{c_2 L_2}{\Theta_x} \; ,$$

$$\tag{3.38c}$$

$$A_3 = \frac{k_2 L_2 - k_1 L_1}{m} \qquad B_3 = \frac{k_1}{m} \qquad C_3 = \frac{k_2 L_2 - k_1 L_1}{\Theta_x} \qquad D_3 = -\frac{k_1 L_1}{\Theta_x} \; ,$$

$$A_4 = \frac{c_2 L_2 - c_1 L_1}{m} \qquad B_4 = \frac{k_2}{m} \qquad C_4 = \frac{c_2 L_2 - c_1 L_1}{\Theta_x} \qquad D_4 = \frac{k_2 L_2}{\Theta_x}$$

bzw. $Y_1(t) = Z_s(t)$ sowie $Y_2(t) = \varphi(t)$ und erhalten (3.38) in der Form

$$\ddot{Y}_1 + A_1 \dot{Y}_1 + A_2 Y_1 + A_3 \dot{Y}_2 + A_4 Y_2 = B_1 Q_1 + B_2 Q_2 + B_3 \dot{Q}_1 + B_4 \dot{Q}_2 ,$$

$$\tag{3.38}$$

$$\ddot{Y}_2 + C_1 \dot{Y}_2 + C_2 Y_2 + C_3 \dot{Y}_1 + C_4 Y_1 = D_1 Q_1 + D_2 Q_2 + D_3 \dot{Q}_1 + D_4 \dot{Q}_2 .$$

Bevor wir zur Bestimmung der Spektraldichten der Zufallsfunktionen $Y_1(t)$ und $Y_2(t)$ übergehen, sollen noch zwei andere Anwendungsbeispiele des obigen Schwingungsmodells erwähnt werden. Das eine Beispiel ist die Schlepperhinterachse, bei der die großen Triebradreifen die Federungs- und Dämpfungselemente darstellen, die auf zwei verschiedenen Fahrbahnen abrollen. Die Untersuchungen der Drehbewegung und der senkrechten Schwingungen eines Schleppers liefern wichtige Erkenntnisse über die für den Fahrer sehr unangenehmen

Wank- und Querschwingungen des Fahrersitzes. Diese Frage soll deshalb mit den oben beschriebenen statistischen Methoden für das betrachtete Modell beantwortet werden [3.11].

Das zweite Beispiel ist die Anwendung von (3.38) für die einfachste Simulierung der Nickschwingungen eines zweiachsigen Geländefahrzeuges auf harter Fahrbahn. Die Struktur des Modells ändert sich dabei nur auf der rechten Seite von (3.38), indem das zweite Eingangssignal $Q_2(t)$ direkt aus $Q_1(t)$ abgeleitet wird, wie es aus Bild 3.16 ersichtlich ist.

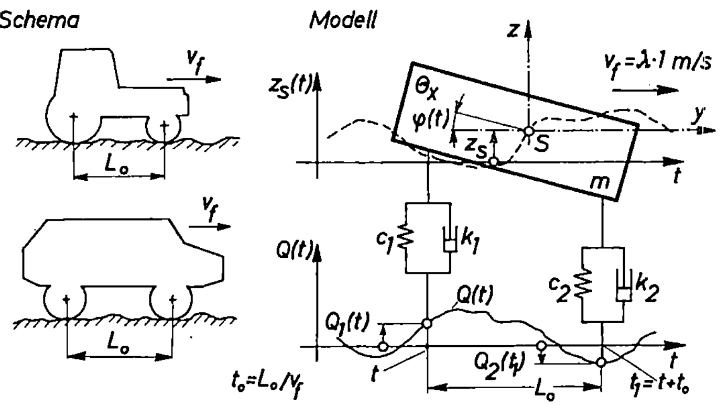

Abb.3.16. Schwingungsmodell für Nickschwingungsuntersuchungen

In diesem Fall haben $Q_1(t)$ und $Q_2(t)$ die gleiche AKF und Spektraldichte. Ihre Kreuzkorrelationsfunktionen bzw. Kreuzspektraldichten können auch einfach bestimmt werden: Die KKF

$$R_{q1q2}(\tau) = E\{[Q_1(t) - \bar{q}_1(t)][Q_2(t + \tau) - \bar{q}_2(t + \tau)]\} \qquad (3.39)$$

ist wegen

$$\bar{q}_1(t) = \bar{q}_2(t + \tau) \equiv 0 \qquad (3.40)$$

138

und

$$Q_1(t) = Q(t), \qquad K_{q1}(\tau) = K_q(\tau),$$

$$\tag{3.41}$$

$$Q_2(t) = Q(t + t_0), \quad K_{q2}(\tau) = K_q(\tau)$$

in der Form

$$R_{q1q2}(\tau) = E\{Q(t)Q(t + t_0 + \tau)\} = K_q(\tau + t_0) \tag{3.42}$$

darstellbar. Zu dieser Kreuzkorrelationsfunktion gehört die Kreuz-spektraldichte

$$S_{q1q2}(j\omega) = \exp(j\omega t_0) S_q(j\omega)$$

bzw. $$\tag{3.43}$$

$$S_{q2q1}(j\omega) = \exp(-j\omega t_0) S_q(-j\omega).$$

Damit sind die vielseitigen Anwendungsmöglichkeiten des obigen zwei-läufigen dynamischen Modells zumindest für die Fahrmechanik kurz ge-schildert, und wir gehen zur Bestimmung der statistischen Charakteri-stiken der Ausgangssignale des Systems für bekannte Charakteristiken der Eingangssignale über.

Für die vollständige und allgemeine Lösung der Aufgabe nehmen wir zunächst an, daß $Q_1(t)$ und $Q_2(t)$ stationäre und stationär verbundene, wenigstens einfach differenzierbare Zufallsfunktionen mit verschwinden-den Mittelwerten sind und die AKF und KKF und die zugehörigen Spektral-dichten $K_{q1}(\tau)$, $K_{q2}(\tau)$ und $R_{q1q2}(\tau)$, bzw. $S_{q1}(\omega)$, $S_{q2}(\omega)$ und $S_{q1q2}(j\omega)$ besitzen. Zur Veranschaulichung sind in Bild 3.17 die Auto- und Kreuzkorrelationsfunktionen einer schlechten Landstraße in Ab-hängigkeit der Weglänge ξ für eine Spurweite von 1,5 m angegeben. Teils wegen der Übersichtlichkeit, teils aus rechentechnischen Gründen führen wir in (3.38) auf der rechten Seite die neuen Zufallsfunktionen ein:

$$X_1(t) = B_1 Q_1(t) + B_2 Q_2(t) + B_3 \dot{Q}_1(t) + B_4 \dot{Q}_2(t),$$

$$(3.44)$$

$$X_2(t) = D_1 Q_1(t) + D_2 Q_2(t) + D_3 \dot{Q}_1(t) + D_4 \dot{Q}_2(t).$$

Bevor wir die Ausgangssignale untersuchen, bestimmen wir die Spektral dichten der Eingangssignale $X_1(t)$ und $X_2(t)$. Dazu benutzen wir das

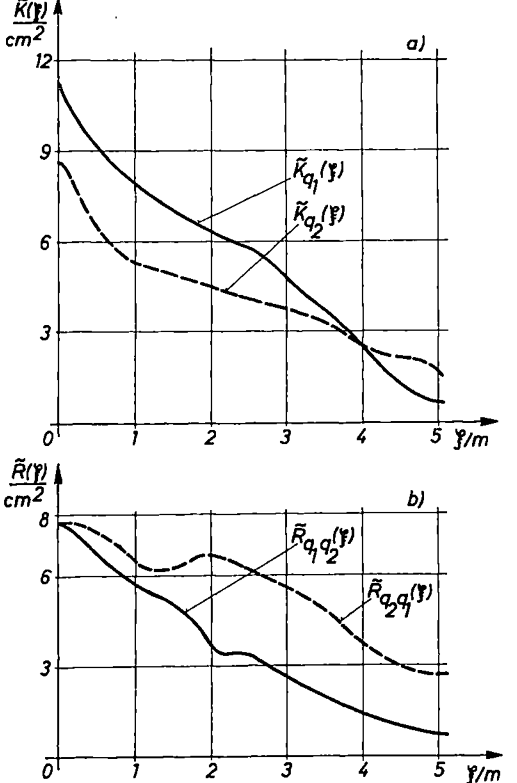

Bild 3.17. Auto- und Kreuzkorrelationsfunktionen eines Feldweges bei 1,5 m Spurweite

in Abschnitt 3.2 angewandte Verfahren der Operatordarstellung von Zufallsfunktionen. Die Gleichungen (3.44) lauten in Operatorschreib-weise mit $p = d/dt$:

140

$$X_1(t) = (B_3 p + B_1)Q_1(t) + (B_4 p + B_2)Q_2(t) ,$$

$$(3.45)$$

$$X_2(t) = (D_3 p + D_1)Q_1(t) + (D_4 p + D_2)Q_2(t) .$$

In (3.35) treten mit $p = j\omega$ folgende Teilübertragungsfunktionen auf:

$$W_{11}(j\omega) = B_3 j\omega + B_1 \qquad W_{12}(j\omega) = B_4 j\omega + B_2$$

$$(3.46)$$

$$W_{21}(j\omega) = D_3 j\omega + D_1 \qquad W_{22}(j\omega) = D_4 j\omega + D_2 .$$

Die Matrizengleichung des Systems (3.38) lautet in Operatorform mit $p = d/dt$:

$$\begin{bmatrix} U_{11}(p) & U_{12}(p) \\ U_{21}(p) & U_{22}(p) \end{bmatrix} \begin{bmatrix} Y_1(t) \\ Y_2(t) \end{bmatrix} = \begin{bmatrix} W_{11}(p) & W_{12}(p) \\ W_{21}(p) & W_{22}(p) \end{bmatrix} \begin{bmatrix} Q_1(t) \\ Q_2(t) \end{bmatrix} \qquad (3.47)$$

oder

$$\underline{U} \cdot \underline{y} = \underline{W} \cdot \underline{q} = \underline{x} . \qquad (3.48)$$

In (3.48) wurden für die rechte Seite dieser Gleichung eine Spaltenmatrix

$$\underline{x}(t) = \begin{bmatrix} X_1(t) \\ X_2(t) \end{bmatrix} = \underline{W} \cdot \underline{q} \qquad (3.49)$$

eingeführt und die Auto- und Kreuzkorrelationsfunktionen der Fahrbahnprofile $Q_1(t)$ und $Q_2(t)$ als bekannt vorausgesetzt. Es ist also auch die Spektraldichtematrix der Fahrbahnprofile

$$\underline{S}_{qq}(p) = \begin{bmatrix} S_{q1q1}(p) & S_{q1q2}(p) \\ S_{q2q1}(p) & S_{q2q2}(p) \end{bmatrix} , \qquad (p = j\omega) \qquad (3.50)$$

bekannt, da deren Elemente aus den Auto- und Kreuzkorrelationsfunktionen bestimmt werden können.

Wenn wir jetzt entsprechend den obigen Ausführungen (3.49) auf beiden Seiten nach Fourier transformieren, nach (3.18) die Produkte bilden und über die Zeit mitteln, so erhalten wir die Spektraldichte der Spaltenmatrix $\underline{x}(t)$ in der Form

$$\underline{S}_{xx}(p) = \underline{W}(-p)\,\underline{S}_{qq}(p)\,\underline{W}^{T}(p) \qquad (p = j\omega) . \tag{3.51}$$

Ausführlich ausgeschrieben lautet (3.51) mit (3.50):

$$\begin{bmatrix} S_{x1x1}(j\omega)\ S_{x1x2}(j\omega) \\[2mm] S_{x2x1}(j\omega)\ S_{x2x2}(j\omega) \end{bmatrix} =$$

$$= \begin{bmatrix} W_{11}(-j\omega)\ W_{12}(-j\omega) \\[2mm] W_{21}(-j\omega)\ W_{22}(-j\omega) \end{bmatrix} \begin{bmatrix} S_{q1q1}(j\omega)\ S_{q1q2}(j\omega) \\[2mm] S_{q2q1}(j\omega)\ S_{q2q2}(j\omega) \end{bmatrix} \begin{bmatrix} W_{11}(j\omega)\ W_{21}(j\omega) \\[2mm] W_{12}(j\omega)\ W_{22}(j\omega) \end{bmatrix} =$$

$$= \begin{bmatrix} |W_{11}|^{2}S_{q1q1} + W_{12}^{*}W_{11}S_{q2q1} + W_{11}^{*}W_{12}S_{q1q2} + |W_{12}|^{2}S_{q2q2} \\[3mm] W_{11}^{*}W_{21}S_{q1q1} + W_{12}^{*}W_{21}S_{q2q1} + W_{11}^{*}W_{22}S_{q1q2} + W_{12}^{*}W_{22}S_{q2q2} \\[3mm] W_{21}^{*}W_{11}S_{q1q1} + W_{22}^{*}W_{11}S_{q2q1} + W_{21}^{*}W_{12}S_{q1q2} + W_{22}^{*}W_{12}S_{q2q2} \\[3mm] |W_{21}|^{2}S_{q1q2} + W_{22}^{*}W_{21}S_{q2q1} + W_{21}^{*}W_{22}S_{q1q2} + |W_{22}|^{2}S_{q2q2} \end{bmatrix} .$$

Nachdem die Spektraldichtematrix der rechten Seite von (3.48) bekannt ist, kann auch die Spektraldichtematrix $\underline{S}_{yy}(j\omega)$ der Ausgangssignale berechnet werden. Aus

$$\underline{U}\,\underline{y} = \underline{x} \tag{3.53}$$

folgt nämlich

$$\underline{y} = \underline{U}^{-1}\underline{x}, \tag{3.54}$$

142

und entsprechend dem oben angewandten Verfahren ist die Spektraldichtematrix der Ausgangssignale

$$\underline{S}_{yy}(j\omega) = \underline{U}^{-1}(-j\omega)\,\underline{S}_{xx}(j\omega)\,\underline{U}^{-1T}(j\omega). \qquad (3.55)$$

Da die Matrix $\underline{U}(p)$ mit $p = d/dt$ entsprechend der linken Seite von
(3.38) die folgenden Elemente hat:

$$\underline{U}(p) = \begin{bmatrix} U_{11}(p)\,U_{12}(p) \\ U_{21}(p)\,U_{22}(p) \end{bmatrix} = \begin{bmatrix} p^2 + A_1 p + A_2, & A_3 p + A_4 \\ C_3 p + C_4, & p^2 + C_1 p + C_2 \end{bmatrix}, \qquad (3.56)$$

ist die zugehörige inverse Matrix $\underline{U}^{-1}(p)$ wie folgt aufgebaut:

$$\underline{U}^{-1}(p) = \begin{bmatrix} \dfrac{U_{22}}{U_{11}U_{22}-U_{12}U_{21}} & \dfrac{-U_{12}}{U_{11}U_{22}-U_{12}U_{21}} \\[2mm] \dfrac{-U_{21}}{U_{11}U_{22}-U_{12}U_{21}} & \dfrac{U_{11}}{U_{11}U_{22}-U_{12}U_{21}} \end{bmatrix} = \dfrac{1}{U_{11}U_{22}-U_{12}U_{21}}\begin{bmatrix} U_{22} & -U_{12} \\ -U_{21} & U_{11} \end{bmatrix}.$$

$$(3.57)$$

Setzt man in (3.56) $p = j\omega$, so stellt $\underline{U}(p)$ die Übertragungsmatrix
in Fourier-transformierter Form dar, damit kann auch (3.57) als
die Fourier-transformierte Form von $\underline{U}^{-1}(p)$ angesehen und in (3.55)
eingesetzt werden. Wir erhalten also die Spektraldichtematrix der Ausgangssignale $\underline{y}(t)$ zu

$$\begin{bmatrix} S_{y1y1}S_{y1y2} \\ S_{y2y1}S_{y2y2} \end{bmatrix} = \frac{1}{U_{11}^{*}U_{22}^{*} - U_{12}^{*}U_{21}^{*}}\begin{bmatrix} U_{22}^{*}, & -U_{12}^{*} \\ -U_{21}^{*}, & U_{11}^{*} \end{bmatrix}\begin{bmatrix} S_{x1x1}S_{x1x2} \\ S_{x2x1}S_{x2x2} \end{bmatrix} \times$$

$$\times \frac{1}{U_{11}U_{22} - U_{12}U_{21}}\begin{bmatrix} U_{22} & -U_{21} \\ -U_{12} & U_{11} \end{bmatrix}, \qquad (3.58)$$

und mit

$$\frac{1}{N(j\omega)} = \frac{1}{|U_{11}|^2|U_{22}|^2 + |U_{12}|^2|U_{21}|^2 - U_{11}^*U_{22}^*U_{12}U_{21} - U_{12}^*U_{21}^*U_{11}U_{22}}$$

(3.59)

lautet (3.58)

$$\begin{bmatrix} S_{y1y1}S_{y1y2} \\ \\ S_{y2y1}S_{y2y2} \end{bmatrix} = \frac{1}{N(j\omega)} \begin{bmatrix} U_{22}^* & -U_{12}^* \\ \\ -U_{21}^* & U_{11}^* \end{bmatrix} \begin{bmatrix} S_{x1x1}S_{x1x2} \\ \\ S_{x2x1}S_{x2x2} \end{bmatrix} \begin{bmatrix} U_{22} & -U_{21} \\ \\ -U_{12} & U_{11} \end{bmatrix} \cdot$$

(3.60)

Hier soll nur der Fall untersucht werden, daß die beiden Differentialgleichungen nicht gekoppelt sind. In diesem Falle sind wegen (3.38b)

$$U_{12}(p) = U_{21}(p) = 0 .$$

(3.61)

(3.59) vereinfacht sich zu

$$\frac{1}{N(j\omega)} = \frac{1}{|U_{11}(p)|^2|U_{22}(p)|^2} ,$$

(3.62)

und die Spektraldichtematrix (3.51) der Ausgangssignale besitzt folgende
Elemente:

$$\begin{bmatrix} S_{y1y1}S_{y1y2} \\ \\ S_{y2y1}S_{y2y2} \end{bmatrix} = \frac{1}{|U_{11}|^2|U_{22}|^2} \begin{bmatrix} U_{22}^*U_{22}S_{x1x1} & U_{22}^*U_{11}S_{x1x2} \\ \\ U_{11}^*U_{22}S_{x2x1} & U_{11}^*U_{11}S_{x2x2} \end{bmatrix} =$$

$$= \begin{bmatrix} \dfrac{S_{x1x1}}{U_{11}^{\;2}} & \dfrac{S_{x1x2}}{U_{11}^*U_{22}} \\ \\ \dfrac{S_{x2x1}}{U_{22}^*U_{11}} & \dfrac{S_{x2x2}}{U_{22}^{\;2}} \end{bmatrix} \cdot$$

(3.63)

Dieses Ergebnis zeigt, daß die beiden Ausgangsgrößen $Y_1(t)$ und $Y_2(t)$
auch dann miteinander korreliert sind, wenn die beiden Gleichungen

nicht gekoppelt und die Erregerfunktionen $Q_1(t)$ und $Q_2(t)$ unkorreliert sind.

Damit ist die allgemeine Lösung des Problems bekannt, und wir können uns der Behandlung einiger Teilfragen zuwenden, deren Kenntnis z.B. bei der eingehenden Beanspruchungsanalyse des Fahrzeugführers und der Konstruktion und Anordnung des Fahrersitzes von Bedeutung ist.

Es gilt also die statistische Charakteristiken der Bewegung eines beliebigen Punktes H, der Aufbaumasse m außerhalb des Schwerpunktes zu ermitteln.

Wir betrachten die Komponenten $Z_H(t)$ und $Y_H(t)$ der Bewegung eines beliebigen Punktes H der Masse m (Bild 3.18). Da der Winkelausschlag $\varphi(t)$ und die Schwerpunktsamplitude $Z_S(t)$ die Bewegung des starren

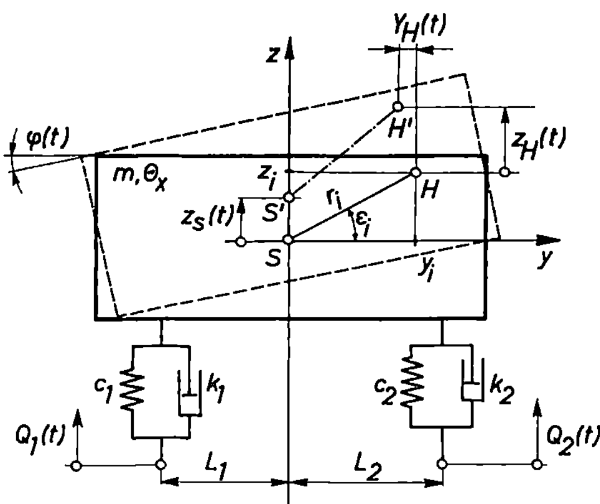

Bild 3.18. Schema zur Untersuchung der Querausschläge des Punktes $H(x_i, y_i)$ der Masse m

Körpers eindeutig bestimmen, können wir die Bewegungsamplituden des Punktes H bei der Verlagerung in H' wie folgt ausdrücken: Der Querausschlag ist :

$$Y_H(t) = r_i \{ \sin \varepsilon_i - \cos[\varepsilon_i + \varphi(t)] \} , \qquad (3.64)$$

während die senkrechte Amplitude durch

$$Z_H(t) = Z_s(t) + r_i \{ \sin[\varepsilon_i + \varphi(t)] - \sin \varepsilon_i \} \qquad (3.65)$$

gegeben ist. Man sieht, daß beide Funktionen zufälliger Natur sind, die von geometrischen Größen und den Zufallsfunktionen $Z_s(t)$ und $\varphi(t)$ abhängen. Da wir die statistischen Charakteristiken von $Z_s(t)$ und $\varphi(t)$ bereits kennen, lassen sich anhand von (3.64) und (3.65) auch die Spektraldichten, Streuungsquadrate, Verteilungsdichten usw. für $Y_H(t)$ und $Z_H(t)$ ableiten.

Da die Masse m nur geringe Winkelausschläge $\varphi(t)$ ausführt, setzen wir auch hier $\cos \varphi(t) \approx 1$ und $\sin \omega(t) \approx \varphi(t)$ und ersetzen dadurch die entsprechenden Anteile in (3.64) und (3.65). Wegen

$$\cos[\varepsilon_i + \varphi(t)] = \cos \varepsilon_i \cos \varphi(t) - \sin \varepsilon_i \sin \varphi(t)$$
$$\approx \cos \varepsilon_i - \varphi(t) \sin \varepsilon_i \qquad (3.66)$$

und

$$\sin[\varepsilon_i + \varphi(t)] = \sin \varepsilon_i \cos \varphi(t) + \cos \varepsilon_i \sin \varphi(t)$$
$$\approx \sin \varepsilon_i + \varphi(t) \cos \varepsilon_i \qquad (3.67)$$

erhalten wir die linearisierten Näherungsgleichungen

$$Y_H(t) \approx r_i \sin \varepsilon_i - r_i \cos \varepsilon_i + r_i \varphi(t) \sin \varepsilon_i$$
$$\approx z_i - y_i + z_i \varphi(t) \qquad (3.68)$$

und

$$Z_H(t) \approx Z_s(t) + r_i \sin \varepsilon_i + r_i \varphi(t) \cos \varepsilon_i - r_i \sin \varepsilon_i$$
$$\approx Z_s(t) + y_i \varphi(t) . \qquad (3.69)$$

146

Da die Größen y_i und z_i für den betrachteten Punkt H Konstante sind,
ist die AKF der Querausschläge

$$K_{yHi}(\tau) = z_i^2 K_\varphi(\tau) + (z_i - y_i)^2 . \qquad (3.70)$$

Demnach hat $Y_H(t)$ die Spektraldichte

$$S_{yHi}(\omega) = z_i^2 S_\varphi(\omega) + (z_i - y_i)^2 \delta(\omega) . \qquad (3.71)$$

Die Vertikalamplitude $Z_H(t)$ des Punktes H besitzt die AKF

$$K_{zHi}(\tau) = K_{zs}(\tau) + y_i R_{zs\varphi}(\tau) + y_i R_{\varphi zs}(\tau) + y_i^2 K_\varphi(\tau) , \qquad (3.72)$$

woraus die Spektraldichte

$$S_{zHi}(\omega) = S_{zs}(\omega) + y_i \operatorname{Re}\left\{ S_{zs\varphi}(j\omega) + S_{zs\varphi}(-j\omega) \right\} + y_i^2 S_\varphi(\omega) \qquad (3.73)$$

folgt. ($\operatorname{Re}\{\ \}$ bedeutet den Realteil der komplexen Funktionen, d.h. das
"Wirkleistungsspektrum".) Man sieht, daß in (3.71) und (3.72)
lauter bekannte Funktionen und Konstante auftreten, und damit können
auch die entsprechenden Streuungsquadrate

$$\sigma_{yHi}^2 = \frac{1}{2\pi} \int_{-\infty}^{+\infty} z_i^2 S_\varphi(\omega)\, d\omega = z_i^2 \sigma_\varphi^2 \qquad (3.74)$$

sowie

$$\sigma_{zHi}^2 = \frac{1}{2\pi} \int_{-\infty}^{+\infty} S_{zHi}(\omega)\, d\omega \qquad (3.75)$$

berechnet werden. Dabei bedeutet der Index i, daß diese Größen auch
von der Lage des Punktes H abhängig sind.

Ohne eine nähere Untersuchung der Ergenisse kann man feststellen, daß
die Querschwingungsamplituden auf der Höhe des Schwerpunktes am
geringsten sind und mit der Höhe z_i linear zunehmen.

Wir können sehr einfach auch die Spektraldichte der Querbeschleunigung und das entsprechende Streuungsquadrat berechnen:

$$S_{\ddot{y}Hi}(\omega) = \omega^4 S_{yHi}(\omega) = z_i^2 \omega^4 S_{\varphi}(\omega) \qquad (3.76)$$

bzw.

$$\sigma_{\ddot{y}Hi}^2 = \frac{1}{2\pi} \int\limits_{-\infty}^{+\infty} S_{\ddot{y}Hi}(\omega)\,d\omega = z_i^2 \sigma_{\ddot{\varphi}}^2 \; . \qquad (3.77)$$

Je höher also der Punkt H über dem Schwerpunkt liegt, desto größere Beschleunigungen treten auf.

Wir werden jetzt die in Abschnitt 2.8 über die Niveauüberschreitungshäufigkeit gewonnenen Kenntnisse zur Analyse der Winkel- und Querbeschleunigungen während der Arbeitzeit T heranziehen. Wir wollen die Querbeschleunigung $\pm\, b_0$ und den Wankwinkel $\pm\, \varepsilon_0$ als für den Fahrzeugführer unangenehm bezeichnen und berechnen die mittlere Anzahl $\overline{N}_a$ der Überschreitung der beiden Größen während einer Schicht.

In (2.199) gehen folgende Größen im Falle der Querbeschleunigung ein:

$$T \;= \text{Arbeitszeit in s}$$

$$\sigma_x \;\hat{=}\; \sigma_{\ddot{y}Hi} = z_i \sigma_{\ddot{\varphi}} \quad \text{in rad m/s}^2,$$

$$\sigma_v \;\hat{=}\; \sigma_{\dddot{y}Hi} = z_i \sigma_{\dddot{\varphi}} \quad \text{in rad m/s}^3,$$

$$a \;\hat{=}\; \pm b_0 \qquad \text{in m/s}^2,$$

$$\bar{x} \;\hat{=}\; 0 \; .$$

Zusätzlich zu errechnen ist noch

$$\sigma_{\dddot{\varphi}}^2 = \frac{1}{2\pi} \int\limits_{-\infty}^{+\infty} \omega^6 S_{\varphi}(\omega)\,d\omega \; , \qquad (3.78)$$

148

und es wird (2.207) für unseren Fall

$$\bar{N}_{b0} = \frac{2T\sigma_{\dddot{\varphi}}}{\pi\sigma_{\ddot{\varphi}}} \, \exp\left\{-\frac{b_0^2}{2z_i^2\sigma_{\ddot{\varphi}}^2}\right\}. \tag{3.79}$$

Der Faktor 2 rührt von der Einbeziehung positiver und negativer Beschleunigungen her. Die mittlere Dauer einer Beschleunigungsspitze von der Größe $\pm\, b_0$ beträgt nach (2.208)

$$\bar{\tau}_{b0} = \pi\frac{\sigma_{\ddot{\varphi}}}{\sigma_{\dddot{\varphi}}} \, \exp\left[+\frac{b_0^2}{2z_i^2\sigma_{\ddot{\varphi}}^2}\right]\left\{1 - \Phi\left(\frac{b_0}{z_i\sigma_{\ddot{\varphi}}}\right)\right\}. \tag{3.80}$$

Ähnlich verfahren wir bei der Analyse des Wankwinkelausschlages über $\pm\, \varepsilon_0$ und erhalten ihre mittlere Anzahl während der Zeit T zu

$$\bar{N}_{\pm\varepsilon0} = \frac{2T\sigma_{\dot{\varphi}}}{\pi\sigma_{\varphi}} \, \exp\left[-\frac{\varepsilon_0^2}{2\sigma_{\varphi}^2}\right]. \tag{3.81}$$

Die mittlere Dauer einer Überschreitung des Wankwinkels $\pm\, \varepsilon_0$ beträgt

$$\bar{\tau}_{\pm\varepsilon0} = \pi\frac{\sigma_{\varphi}}{\sigma_{\dot{\varphi}}} \, \exp\left[+\frac{\varepsilon_0^2}{2\sigma_{\varphi}^2}\right]\left\{1 - \Phi\left(\frac{\varepsilon_0}{\sigma_{\varphi}}\right)\right\}. \tag{3.82}$$

Die abgeleiteten Formeln eignen sich sehr gut für die theoretische Untersuchung der Natur der Belastungen eines Menschen, der im Sitz eines Schleppers oder eines Geländefahrzeuges Quer- und Wankschwingungen ausgesetzt wird. Da die in Abschnitt 3.3 beschriebene Methode die Einbeziehung der Geschwindigkeit gestattet, sind auch die Streuungen σ_{φ}, $\sigma_{\dot{\varphi}}$, $\sigma_{\ddot{\varphi}}$ und $\sigma_{\dddot{\varphi}}$ als Funktionen der bezogenen Fahrgeschwindigkeit λ darstellbar.

Für eine eingehendere statistische Schwingungsanalyse von Fahrzeugen mit Einzelradfederung ist das in Bild 3.19 dargestellte Schwingungsmodell besonders geeignet.

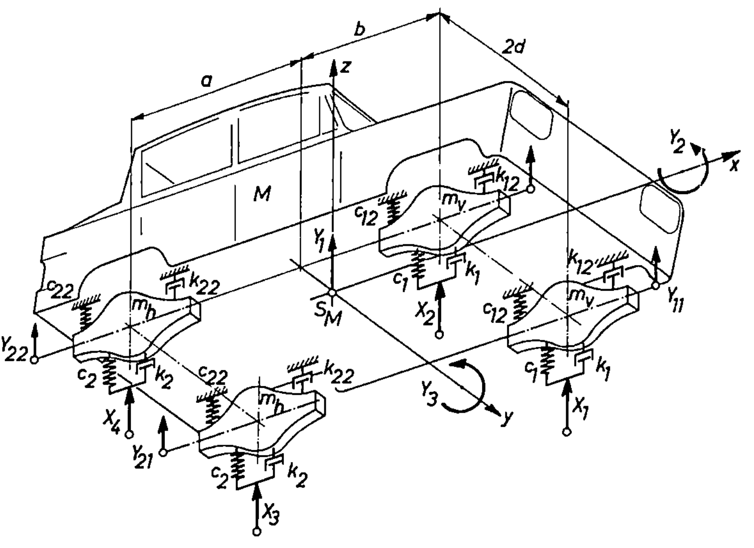

Bild 3.19. Schwingungssystem eines Straßenfahrzeuges mit Einzelradfederung und zufälligen Erregerfunktionen $X_i(t)$

Die Ein- und Ausgangssignale $X_i(t)$ und $Y_{jk}(t)$ sind stationäre Zufallsfunktionen. Sie werden zu Spaltenmatrizen zusammengefaßt:

$$\underline{x}(t) = \begin{bmatrix} 0 \\ 0 \\ 0 \\ X_1(t) \\ X_2(t) \\ X_3(t) \\ X_4(t) \end{bmatrix} \qquad \underline{q}(t) = \begin{bmatrix} Y_1(t) \\ Y_2(t) \\ Y_3(t) \\ Y_{11}(t) \\ Y_{12}(t) \\ Y_{21}(t) \\ Y_{22}(t) \end{bmatrix} \cdot \qquad (3.83)$$

Die Bewegungsgleichungen der Aufbaumasse und der einzelnen Räder
kann man in Form einer Matrix-Differentialgleichung schreiben:

$$\underline{A}\,\underline{\ddot{y}} + \underline{B}\,\underline{\dot{y}} + \underline{C}\,\underline{y} = \underline{D}\,\underline{\dot{x}} + \underline{E}\,\underline{x}. \qquad (3.84)$$

Die in (3.84) eingehenden quadratischen Matrizen $\underline{A}$, $\underline{B}$, $\underline{C}$, $\underline{D}$ und $\underline{E}$
[3.12], [3.13] enthalten alle Systemeigenschaften und lauten:

$$\underline{A} = \begin{bmatrix}
M & 0 & 0 & 0 & 0 & 0 & 0 \\
\cdot & M\rho_1^2 & 0 & 0 & 0 & 0 & 0 \\
\cdot & \cdot & M\rho_2^2 & 0 & 0 & 0 & 0 \\
\cdot & \cdot & \cdot & m_v & 0 & 0 & 0 \\
\cdot & \cdot & \cdot & \cdot & m_v & 0 & 0 \\
\cdot & \cdot & \cdot & \cdot & \cdot & m_h & 0 \\
\cdot & \cdot & \cdot & \cdot & \cdot & \cdot & m_h
\end{bmatrix} . \qquad (3.85)$$

M ist dabei die Aufbaumasse, $M\rho_1^2$ das Trägheitsmoment der Aufbaumasse um die X-Achse und $M\rho_2^2$ dasjenige um die Y-Achse. Weiterhin
ist m_v die Masse eines Vorderrades und m_h diejenige eines Hinterrades.

Die Dämpfungs- und Steifigkeitsmatrizen lauten

$$\underline{B} = \begin{bmatrix}
2(k_{12}+k_{22}) & 2(ak_{12}-bk_{22}) & 0 & -k_{12} & -k_{12} & -k_{22} & -k_{22} \\
0 & 2a^2k_{12}+b^2k_{22} & 0 & ak_{12} & ak_{12} & -bk_{22} & -bk_{22} \\
0 & 0 & 2d^2(k_{12}+k_{22}) & -dk_{12} & -dk_{22} & -dk_{22} & dk_{22} \\
0 & 0 & 0 & k_{12}+k_1 & 0 & 0 & 0 \\
0 & 0 & 0 & 0 & k_{12}+k_1 & 0 & 0 \\
0 & 0 & 0 & 0 & 0 & k_{22}+k_2 & 0 \\
0 & 0 & 0 & 0 & 0 & 0 & k_{22}+k_2
\end{bmatrix}$$

$$(3.86)$$

$$\underline{C} = \begin{bmatrix} 2(c_{12}+c_{22}) & 2(ac_{12}-bc_{22}) & 0 & -c_{12} & -c_{12} & -c_{22} & -c_{22} \\ 0 & 2(a^2c_{12}+b^2c_{22}) & 0 & ac_{12} & ac_{12} & -bc_{22} & -bc_{22} \\ 0 & 0 & 2d^2(c_{12}+c_{22}) & -dc_{12} & -dc_{12} & -dc_{22} & dc_{22} \\ 0 & 0 & 0 & c_{12}+c_1 & 0 & 0 & 0 \\ 0 & 0 & 0 & 0 & c_{12}+c_1 & 0 & 0 \\ 0 & 0 & 0 & 0 & 0 & c_{22}+c_2 & 0 \\ 0 & 0 & 0 & 0 & 0 & 0 & c_{22}+c_2 \end{bmatrix},$$

$$(3.87)$$

$$\underline{D} = \begin{bmatrix} 0 & 0 & 0 & 0 & 0 & 0 & 0 \\ 0 & 0 & 0 & 0 & 0 & 0 & 0 \\ 0 & 0 & 0 & 0 & 0 & 0 & 0 \\ 0 & 0 & 0 & k_1 & 0 & 0 & 0 \\ 0 & 0 & 0 & 0 & k_1 & 0 & 0 \\ 0 & 0 & 0 & 0 & 0 & k_2 & 0 \\ 0 & 0 & 0 & 0 & 0 & 0 & k_2 \end{bmatrix}$$

$$(3.88)$$

$$\underline{E} = \begin{bmatrix} 0 & 0 & 0 & 0 & 0 & 0 & 0 \\ 0 & 0 & 0 & 0 & 0 & 0 & 0 \\ 0 & 0 & 0 & 0 & 0 & 0 & 0 \\ 0 & 0 & 0 & c_1 & 0 & 0 & 0 \\ 0 & 0 & 0 & 0 & c_1 & 0 & 0 \\ 0 & 0 & 0 & 0 & 0 & c_2 & 0 \\ 0 & 0 & 0 & 0 & 0 & 0 & c_2 \end{bmatrix}$$

Nach der Fourier-Transformation von (3.84) läßt sich die Übertragungs-matrix formell angeben:

$$\underline{W}(p) = (p^2\underline{A} + p\underline{B} + \underline{C})^{-1} \, (p\underline{D} + \underline{E}) \qquad p = j\omega. \qquad (3.89)$$

Zur statistischen Beschreibung der Ausgangssignale $\underline{y}(t)$ wird noch die Autokorrelationsmatrix der Eingangssignale $\underline{K}_{xx}(\tau)$ benötigt. Sie hat folgendes Aussehen:

$$\underline{K}_{xx}(\tau) = \begin{bmatrix} 0 & 0 & 0 & 0 & 0 & 0 & 0 \\ 0 & 0 & 0 & 0 & 0 & 0 & 0 \\ 0 & 0 & 0 & 0 & 0 & 0 & 0 \\ 0 & 0 & 0 & K_{11}(\tau) & R_{12}(\tau) & R_{13}(\tau) & R_{14}(\tau) \\ 0 & 0 & 0 & K_{21}(\tau) & K_{22}(\tau) & R_{23}(\tau) & R_{24}(\tau) \\ 0 & 0 & 0 & R_{31}(\tau) & R_{32}(\tau) & K_{33}(\tau) & R_{34}(\tau) \\ 0 & 0 & 0 & R_{41}(\tau) & R_{42}(\tau) & R_{43}(\tau) & K_{44}(\tau) \end{bmatrix} . \tag{3.90}$$

Da die Vorder- und Hinterräder auf jeder Seite auf demselben Fahrbahnprofil abrollen, gilt

$$X_3(t) = X_1(t - \tau_0) \; ; \quad X_4(t) = X_2(t - \tau_0) \tag{3.91}$$

mit

$$\tau_0 = L/v_F \, . \tag{3.92}$$

Für die geradlinige Fahrt auf in beiden Richtungen befahrenen Feldwegen oder Landstraßen kann man mit an Sicherheit grenzender Wahrscheinlichkeit annehmen, daß beide Fahrspuren die gleiche Autokorrelationsfunktion haben, so daß

$$K_{11}(\tau) = K_{22}(\tau) = K_{33}(\tau) = K_{44}(\tau) = K_x(\tau) \tag{3.93}$$

gesetzt werden kann. Als Folge der obigen Annahme gelten:

$$\begin{aligned} R_{13}(\tau) &= R_{24}(\tau) = K_x(\tau - \tau_0) \\ R_{14}(\tau) &= R_{12}(\tau - \tau_0) \; ; \quad R_{32}(\tau) = K_x(\tau + \tau_0) \\ R_{23}(\tau) &= R_{21}(\tau - \tau_0) \; ; \quad R_{31}(\tau) = K_x(\tau + \tau_0) \\ R_{34}(\tau) &= R_{12}(\tau) \qquad\quad ; \quad R_{42}(\tau) = K_x(\tau + \tau_0) \\ R_{41}(\tau) &= R_{21}(\tau + \tau_0) \, . \end{aligned} \tag{3.94}$$

Damit sind alle Elemente der Matrix $\underline{K}_{xx}(\tau)$ bekannt und alle Voraussetzungen zur Berechnung der Spektraldichtematrix $\underline{S}_{yy}(j\omega)$ der Ausgangssignale gegeben. Mit

$$\underline{S}_{xx}(j\omega) = \int\limits_{-\infty}^{+\infty} \underline{K}_{xx}(\tau)\, e^{-j\omega\tau} d\tau \qquad (3.95)$$

folgt gemäß (3.18)

$$\underline{S}_{yy}(j\omega) = \underline{W}^{-1}(j\omega)\underline{S}_{xx}(j\omega)\,[\underline{W}^{-1}(j\omega)]^T \; , \qquad (3.96)$$

womit die Ausgangssignale im Sinne der Korrelationstheorie stationärer Zufallsschwingungen vollständig beschrieben sind.

Mit vorstehenden allgemein gehaltenen Anwendungsbeispielen wurde versucht, die Möglichkeiten der linearen mathematischen Modellierung technischer Schwingungssysteme aufzuzeigen. Bei den letzten zwei Beispielen wird der Rechenaufwand auf den ersten Blick vielleicht etwas übertrieben erscheinen. Man sollte dabei aber nicht übersehen, daß erstens jede Art statistischer Analyse von experimentellen Ergebnissen stets mit großem Aufwand verbunden ist, was in der Natur der Wahrscheinlichkeitsrechnung liegt, und zweitens die Rechenergebnisse einen sehr tiefen Einblick in die dynamischen Verhältnisse eines Systems gewähren, den man sich sonst nur durch einen wesentlich höheren und kostspieligeren experimentellen Arbeitsaufwand erkaufen könnte.

Die praktische Durchführung solcher umfangreicher Berechnungen ist dank der Rechentechnik und der elektronischen Datenverarbeitung möglich und auch wirtschaftlich vertretbar geworden.

3.5 Zufallserregtes lineares Schwingungssystem mit veränderlichen Parametern oder nichtstationärer Erregung

Bei den bisherigen Betrachtungen haben wir vom Schwingungssystem stets angenommen, daß das System stabil ist, seine Parameter und

damit auch die Koeffizienten der Schwingungsgleichung Konstante sind
und die Erregung eine stationäre Zufallsfunktion darstellt, weil dadurch
die statistische Analyse der Schwingungsvorgänge verhältnismäßig
einfach wurde.

Die Ermittlung der AKF oder Spektraldichte der Ausgangsgröße $Y(t)$
eines Schwingungssystems mit der Differentialgleichung

$$\frac{d^n Y(t)}{dt^n} + a_1 \frac{d^{n-1} Y(t)}{dt^{n-1}} + \ldots + a_n Y(t) = Z(t), \qquad (3.97)$$

wobei $Z(t)$ eine nichtstationäre Zufallsfunktion der Zeit ist, ist eine
schwierigere Aufgabe als die Lösung des linearen stationären Problems.
In einigen Fällen läßt sich jedoch auch diese Aufgabe mit einfachen
Methoden lösen. Diese Fälle sollen nachfolgend kurz beschrieben
werden.

In den meisten Fällen rührt die Nichtstationärität von $Z(t)$ daher, daß
sich das Systemverhalten unter dem Einfluß einer stationären Erregung
zeitlich ändert. Demzufolge haben wir die Eigenschaften einer Linear-
kombination $Z(t)$ stationärer Zufallsfunktionen $X_i(t)$ ($i = 1, 2, \ldots$)
mit veränderlichen Koeffizienten zu betrachten. Wir setzen

$$Z(t) = f(t) X(t),$$

wobei $X(t)$ eine stationäre Zufallsfunktion und $f(t)$ eine gegebene
(deterministische) Funktion der Zeit ist. Die allgemeine Lösung
von (3.97) besteht aus dem allgemeinen Integral der homogenen Differentialgleichung und der speziellen Lösung $Y_I(t)$ von (3.97) für verschwindende Anfangsbedingungen.

Weiterhin genügt es, die Eigenschaften des speziellen Integrals $Y_I(t)$
der Gleichung zu untersuchen, das verschwindenden Anfangsbedingungen
entspricht, da man, um die allgemeine Lösung zu erhalten, zu $Y_I(t)$
nur die allgemeine Lösung der homogenen Gleichung hinzuzufügen braucht.
Hierzu benötigen wir noch die Spektraldarstellung von Zufallsfunktionen,
da sich auf diese Weise die Lösung des genannten Problems übersichtlicher formulieren läßt.

Für jede stationäre Zufallsfunktion $X(t)$ gilt die Zerlegung [3.14]

$$X(t) - \bar{x} = \frac{1}{\sqrt{2\pi}} \int_{-\infty}^{\infty} e^{j\omega t} d\varphi(\omega) \, ,$$

wobei im Falle

$$\int_{-\infty}^{\infty} |K_x(\tau)| d\tau < \infty$$

der Zuwachs $d\varphi(\omega)$ folgende Beziehung erfüllt:

$$E[d\varphi(\omega)] = 0,$$

$$E[d\varphi^*(\omega) d\varphi(\omega_1)] = S_x(\omega)\delta(\omega - \omega_1)d\omega d\omega_1 \, . \tag{3.98}$$

Hierbei ist $S_x(\omega)$ die Spektraldichte der Zufallsfunktion $X(t)$ und $\delta(x)$ ist die Diracsche Deltafunktion.

Ersetzt man die Funktion $X(t)$ durch ihre Spektralzerlegung

$$X(t) = \frac{1}{\sqrt{2\pi}} \int_{-\infty}^{\infty} e^{j\omega t} d\varphi(\omega) + \bar{x}(t) \, , \tag{3.99}$$

so kann man die Funktion $Z(t)$ auch durch

$$Z(t) = \frac{1}{\sqrt{2\pi}} \int_{-\infty}^{\infty} f(t)e^{j\omega t} d\varphi(\omega) + f(t)\bar{x}(t) \tag{3.100}$$

darstellen.

Setzen wir diesen Ausdruck in die Ausgangsgleichung (3.97) ein, so sehen wir, daß ihre rechte Seite in eine Summe zerfällt, die aus der Funktion $f(t)\bar{x}(t)$ und dem Stieltjes-Integral über $f(t)\exp(j\omega t)$ besteht, bei dem das Differential $d\varphi(\omega)$ noch von der Zeit abhängt und bei der Lösung der Gleichung als Konstante zu behandeln ist. Damit kann das spezielle Integral der Gleichung, das der Funktion $Z(t)$ entspricht, dargestellt werden als Summe von $\bar{y}_1(t)$ und dem Integral der über die Exponentialfunktionen genommenen speziellen Integrale mit den Koeffizienten $d\varphi(\omega)$, d.h. es gilt

$$Y_I(t) = \frac{1}{\sqrt{2\pi}} \int_{-\infty}^{\infty} y(\omega,t)d\varphi(\omega) + \bar{y}_1(t)\,, \qquad (3.101)$$

wobei $y(\omega,t)$ ein spezielles Integral der Gleichung mit $Z(t) = f(x)\exp(j\omega t)$ ist. Die Funktion $y(\omega,t)$ wird durch die Gleichung

$$\frac{d^n}{dt^n} y(\omega,t) + a_1\frac{d^{n-1}}{dt^{n-1}} y(\omega,t) + \ldots + a_n y(\omega,t) = f(t)e^{j\omega t} \qquad (3.102)$$

bestimmt.

Die Gleichung (3.102) läßt sich einfach lösen, wenn

I. $f(t)$ eine ganzzahlige positive Potenz von t ist:

$$f(t) = t^m\,, \qquad (m = 0,1,2,\ldots)\,, \qquad (3.103)$$

II. $f(t)$ eine Exponentialfunktion der Zeit ist:

$$f(t) = e^{kt}\,, \qquad (3.104)$$

das System stabil und der Übergangsprozeß bereits abgeklungen ist. Betrachten wir diese beide Fälle.

Fall I.: Ein spezielles Integral von (3.102) läßt sich als ein mit $\exp(j\omega t)$ multipliziertes Polynom in t darstellen. Setzen wir nämlich

$$y(\omega,t) = \left(l_0 t^m + l_1 t^{m-1} + \ldots + l_m\right)e^{j\omega t}\,, \qquad (3.105)$$

so lassen sich die Koeffizienten $l_0, l_1, \ldots, l_m$ so wählen, daß (3.102) identisch erfüllt wird, da wir nach Kürzung von $\exp(j\omega t)$ auf beiden Seiten der Gleichung Polynome in t von gleichem Grad erhalten, deren Koeffizienten 1 sich durch Koeffizientenvergleich als Funktionen von ω ergeben. Folglich können wir (3.105) in der Form

$$y(\omega,t) = P_m(\omega,t)\,e^{j\omega t} \qquad (3.106)$$

darstellen, wobei $P_m(\omega,t)$ ein Polynom in t vom Grade m ist, dessen Koeffizienten durch die Koeffizienten der Gleichung ausgedrückt werden und Funktionen der Frequenz ω sind. Unter Berücksichtigung von (3.101) hat das spezielle Integral $Y_I(t)$ die Spektralzerlegung

$$Y_I(t) = \frac{1}{\sqrt{2\pi}} \int_{-\infty}^{\infty} P_m(\omega,t)\,e^{j\omega t}\,d\varphi(\omega) + \bar{y}_I(t), \qquad (3.107)$$

die erlaubt, die Korrelationsfunktion $K(t_1,t_2)$ einfach zu berechnen. Setzen wir nämlich das Integral (3.107) in die Definitionsgleichung der Korrelationsfunktion

$$K_{yI}(t_1,t_2) = E\left[Y_I^*(t_1) - \bar{y}_I^*(t_1)\right]\left[Y_I(t_2) - \bar{y}_I(t_2)\right] \qquad (3.108)$$

ein und machen von der Eigenschaft (3.98) der Differentiale $d\varphi(\omega)$ Gebrauch, so finden wir

$$K_{yI}(t_1,t_2) = \frac{1}{2\pi} \int_{-\infty}^{\infty} P_m^*(\omega,t_1)P_m(\omega,t_2)\exp\left[j\omega(t_2 - t_1)\right]S_x(\omega)\,d\omega, \qquad (3.109)$$

und für die Dispersion von $Y_I(t)$ erhalten wir

$$E\left[Y_I^2(t)\right] = K_{y1}(t,t) = \frac{1}{2\pi} \int_{-\infty}^{\infty} |P_m(\omega,t)|^2 S_x(\omega)\,d\omega. \qquad (3.110)$$

<u>Fall II.</u>: Analog ergibt sich die Korrelationsfunktion von $Y_I(t)$, wenn auf der rechten Seite der Gleichung ein Produkt der Exponentialfunktion $\exp(kt)$ mit einer stationären Zufallsfunktion der Zeit steht. Ein

158

spezielles Integral von (3.102) kann in diesem Fall als Produkt von $\exp[(k+j\omega)t]$ und einer gewissen Funktion $A(\omega)$ dargestellt werden:

$$y(\omega,t) = A(\omega)\, e^{(k+j\omega)t}, \qquad (3.111)$$

da Einsetzen von (3.111) in (3.102) zeigt, daß diese Gleichung bei

$$A(\omega) = \frac{1}{(k+j\omega)^n + a_1(k+j\omega)^{n-1} + \ldots + a_n} = \frac{1}{Q_n(k+j\omega)} \qquad (3.112)$$

identisch erfüllt wird.

Fassen wir das spezielle Integral $Y_I(t)$ als Superposition der Integrale (3.101) auf, so gewinnen wir die Spektralzerlegung von $Y_I(t)$ in der Form

$$Y_I(t) = \frac{1}{\sqrt{2\pi}} \int_{-\infty}^{\infty} e^{(k+j\omega)t} \frac{1}{Q_n(k+j\omega)}\, d\varphi(\omega) + \bar{y}_I(t), \qquad (3.113)$$

wobei mit $Q_n(p)$ ein Polynom bezeichnet ist, das sich aus der linken Seite von (3.97) durch formales Ersetzen des Differentiationsoperators durch p ergibt:

$$Q_n(p) = p^n + a_1 p^{n-1} + \ldots + a_n. \qquad (3.114)$$

Damit bekommen wir als Korrelationsfunktion

$$K_{yI}(t_1,t_2) = \frac{1}{2\pi}\exp(kt_2 + k^* t_1) \int_{-\infty}^{\infty} \exp[j\omega(t_2 - t_1)] \frac{S_x(\omega)}{|Q_n(k+j\omega)|^2}\, d\omega. \qquad (3.115)$$

Als Beispiel ist ein zufällig erregtes Schwingungssystem mit der Differentialgleichung

$$\frac{d^2 Y(t)}{dt^2} + 2h\frac{dY(t)}{dt} + k^2 Y(t) = e^{-kt} X(t) \qquad (3.116)$$

für verschwindende Anfangsbedingungen gewählt, dessen stationäre Erregung $X(t)$ den Mittelwert $\bar{x} = 0$ und die Spektraldichte

$$S_x(\omega) = \frac{2\alpha\sigma_x^2}{\alpha^2 + \omega^2} \qquad (3.117)$$

hat und bei dem k reell ist.

Wendet man die allgemeine Formel (3.115) an, so ergibt sich

$$K_{yI}(t_1,t_2) =$$

$$= \frac{1}{2\pi} \exp[k(t_2,t_1)] \int_{-\infty}^{\infty} \exp[j\omega(t_2 - t_1)] \frac{2\sigma_x^2\alpha}{(\omega^2 + \alpha^2)[(\omega^2 - k^2)^2 + 4h^2\omega^2]} \, d\omega. \qquad (3.118)$$

Unter Berücksichtigung des Residuensatzes erhalten wir

$$K_{yI}(t_1,t_2) = \sigma_x^2 \exp[k(t_1 + t_2)]\left\{ \frac{e^{-\alpha|\tau|}}{(\beta^2 + h^2 + \alpha^2)^2 - 4h^2\alpha^2} + \right.$$

$$\left. + \frac{\sigma}{2\beta h} e^{-h|\tau|} \frac{\beta(\beta^2 + \alpha^2 - 3h^2)\cos\beta\tau + h(-\beta^2 + \alpha^2 + h^2)\sin\beta|\tau|}{[(\beta^2 + \alpha^2 - h^2)^2 + 4h^2\beta^2](\beta^2 + h^2)} \right\} . \qquad (3.119)$$

Die eben betrachtete Methode läßt eine Verallgemeinerung auf den Fall zu, daß die Koeffizienten der linearen Differentialgleichung gegebene Funktionen der Zeit sind und auf der rechten Seite ein Ausdruck steht, der sich durch Anwendung eines linearen Operators auf eine stationäre Zufallsfunktion ergibt, deren statistische Charakteristiken bekannt sind.

Ist die Differentialgleichung des Schwingungssystems in der Form

$$\frac{d^n Y}{dt^n} + a_1(t)\frac{d^{n-1}Y}{dt^{n-1}} + \ldots + a_n(t)Y = LX(t) \qquad (3.120)$$

vorgegeben, wobei $X(t)$ eine stationäre Zufallsfunktion darstellt, deren mathematische Erwartung ohne Beschränkung der Allgemeinheit als Null angenommen werden kann und bei der L ein homogener linearer Operator ist. Ersetzen wir $X(t)$ durch seine Spektralzerlegung

$$X(t) = \frac{1}{\sqrt{2\pi}} \int_{-\infty}^{\infty} e^{j\omega t} d\varphi(\omega) \qquad (3.121)$$

und nehmen an, daß die Reihenfolge der Anwendung des Operators L und der Integration nach ω vertauscht werden darf, so läßt sich die rechte Seite von (3.120) in der Form

$$\frac{1}{\sqrt{2\pi}} \int_{-\infty}^{\infty} L\, e^{j\omega t} d\varphi(\omega) \qquad (3.122)$$

darstellen. Bezeichnen wir mit $y(\omega,t)$ das partikuläre Integral von (3.130) für verschwindende Anfangsbedingungen und eine Erregung der Form

$$L\, e^{j\omega t}, \qquad (3.123)$$

so können wir ein spezielles Integral von (3.120) durch

$$Y_I(t) = \frac{1}{\sqrt{2\pi}} \int_{-\infty}^{\infty} y(\omega,t) d\varphi(\omega) \qquad (3.124)$$

darstellen, d.h. wir erhalten die Spektralzerlegung von $Y_I(t)$. Analog wie früher bekommen wir für die Korrelationsfunktion $K_{yI}(t_1,t_2)$:

$$K_{yI}(t_1,t_2) = \frac{1}{2\pi} \int_{-\infty}^{\infty} y^*(\omega,t_1) y(\omega,t_2) S_x(\omega) d\omega. \qquad (3.125)$$

Damit genügt es, zur Bestimmung von $K_{yI}(t_1,t_2)$ das spezielle Integral $y(\omega,t)$ zu finden, da die Spektraldichte als gegeben vorausgesetzt wird. Die Funktion $y(\omega,t)$ kann in der Regel nicht als endlicher analytischer Ausdruck gewonnen werden, da eine lineare Gleichung mit veränderlichen Koeffizienten im allgemeinen nicht geschlossen integrierbar ist. Sind jedoch Rechenmaschinen vorhanden, so bereitet die Bestimmung von $y(\omega,t)$ keine großen Schwierigkeiten. $y(\omega,t)$ ist eine Lösung der Gleichung, wenn die Zufallsfunktion $X(t)$ auf der rechten

Seite von (3.120) durch die Exponentialfunktion exp(jωt) ersetzt wird.
Es ist hier günstiger mit reellen Größen zu arbeiten. Man kann statt der
komplexen Funktion exp(jωt) die trigonometrischen Funktionen cos ωt
und sin ωt verwenden.

Bezeichnen wir die speziellen Integrale, die der Ersetzung von $X(t)$
durch cos ωt und sin ωt entsprechen, mit $y_c(\omega,t)$ bzw. $y_s(\omega,t)$, so
bekommen wir wegen der Beziehung

$$e^{j\omega t} = \cos \omega t + j \sin \omega t \qquad (3.126)$$

und wegen der Linearität der Gleichung und des Operators L nun

$$y(\omega,t) = y_c(\omega,t) + jy_s(\omega,t) \qquad (3.127)$$

was nach Einsetzen in (3.125)

$$K_{yI}(t_1,t_2) = \frac{1}{2\pi} \int_{-\infty}^{\infty} [y_c(\omega,t_1) - jy_s(\omega,t_1)][y_c(\omega,t_2) + jy_s(\omega,t_2)]S_x(\omega)d\omega$$

$$(3.128)$$

ergibt.

Bei vielen Aufgaben genügt es, die Dispersion der Zufallsfunktion $Y_I(t)$
zu einem bestimmten Zeitpunkt zu kennen. Setzen wir in diesem
Fall $t_1 = t_2 = t$, so bekommen wir

$$E[Y_I^2(t)] = \frac{1}{2\pi} \int_{-\infty}^{\infty} [y_c^2(\omega,t) + y_s^2(\omega,t)]S_x(\omega)d\omega. \qquad (3.129)$$

Diese Formel zeigt, daß es zur Gewinnung der Dispersion einer
speziellen Lösung von (3.120) genügt, die Funktionswerte von $y_c(\omega,t)$
und $y_s(\omega,t)$ nur an den Zeitpunkten zu kennen, für welche die Dispersion zu ermitteln ist. Dies vereinfacht die Lösung der Aufgabe beträchtlich und macht die gegebene Methode für die Praxis sehr geeignet.

Zum Schluß bemerken wir noch, daß die Formeln (3.109) und (3.128),
die für eine Schwingungsdifferentialgleichung mit veränderlichen

162

Koeffizienten erhalten wurden, auch für Gleichungen mit konstanten
Koeffizienten gelten. Ihre Vereinfachung besteht darin, daß das spezielle
Integral $y(\omega,t)$, zu dessen Gewinnung im Falle einer Gleichung mit
veränderlichen Koeffizienten in der Regel numerische Berechnungen oder
die Anwendung von Rechenmaschinen erforderlich sind, für Gleichungen
mit konstanten Koeffizienten eine einfache analytische Form hat.

Für den Differentialoperator L mit konstanten Koeffizienten erhalten
wir:

$$L = P_m(p) \, . \tag{3.130}$$

$P_m(p)$ ist ein Polynom von Grade m und $p = d/dt$. Es gilt

$$y(\omega,t) = \frac{P_m(j\omega)}{Q_n(j\omega)} \exp(j\omega t) + \sum_{i=1}^{n} C_i(\omega)\exp(\lambda_i t) \, , \tag{3.131}$$

wobei $Q_n(j\omega)$ ein Polynom ist, das aus der linken Seite der Differentialgleichung hervorgeht, wenn man darin den Differentiationsoperator p
durch $j\omega$ ersetzt, λ_i die Wurzeln der charakteristischen Gleichung
(zur Vereinfachung nehmen wir die Wurzeln als verschieden an)

$$Q_n(\lambda) = 0 \tag{3.132}$$

sind und die Koeffizienten $C_i(\omega)$ so ausgewählt werden, daß $y(\omega,t)$ und
ihre ersten n-1 Ableitungen nach der Zeit bei $t = 0$ verschwinden.

Wenn t genügend groß und der Übergangsprozeß abgeklungen ist, können
wir in (3.131) die Summe vernachlässigen und erhalten

$$y(\omega,t) = \frac{1}{\sqrt{2\pi}} \int_{-\infty}^{\infty} \frac{P_m(j\omega)}{Q_n(j\omega)} \, e^{j\omega t} d\varphi(\omega) \, , \tag{3.133}$$

was für die Spektraldichte $S_y(\omega)$ denselben Ausdruck (2.171) liefert,
den wir in Abschnitt 2.6 für diesen Fall mit einer anderen Methode bekommen haben.

3.6 Verfahren zur Berechnung der Ausgangsverteilungsdichte eines Schwingungssystems bei zufälliger Erregung

Zum Abschluß dieses Kapitels gehen wir noch kurz auf die Möglichkeiten der Ermittlung der Wahrscheinlichkeitsverteilungsfunktion der Ausgangsgrößen eines linearen stabilen Schwingungssystems mit Gaußscher und nichtnormaler Zufallserregung ein.

In vielen Fällen reicht es nicht aus, nur die Autokorrelationsfunktion oder das Leistungsspektrum der Ausgangsgrößen eines zufällig erregten, stabilen Schwingungssystems zu kennen. In solchen Fällen kann es erforderlich sein, auch andere statistische Merkmale, z.B. Mittelwert, Streuung, Momente höherer Ordnung oder das erste Verteilungsgesetz $f(y;t)$ der Ausgangsgrößen des Schwingungssystems, zu bestimmen. Es ist für viele Aufgaben wichtig zu wissen, wie z.B. die Wahrscheinlichkeitsverteilungsdichte der Erregerfunktion durch das Schwingungssystem transformiert ("verzerrt" oder "deformiert") wird.

Im folgenden betrachten wir zunächst die exakte Lösung der Aufgabe, die in den einfachsten Fällen noch zu ermitteln geht. Danach wird ein vom Verfasser zusammengestelltes numerisches Verfahren beschrieben, das mit Hilfe eines Rechenprogramms die Simulation und Analyse auch komplizierter Schwingungssysteme durchzuführen gestattet.

Betrachten wir die Lösung der Aufgabe für den Fall, daß sich das Schwingungssystem auf eine linearere Differentialgleichung reduzieren läßt. Am einfachsten ist das Problem dann zu lösen, wenn die rechte Seite der Differentialgleichung eine normale Zufallsfunktion ist. Die Lösung der inhomogenen Differentialgleichung

$$\frac{d^n Y}{dt^n} + a_1(t)\frac{d^{n-1}Y}{dt^{n-1}} + \cdots + a_n(t)Y = X(t) \qquad (3.134)$$

kann allgemein in der Gestalt

$$Y(t) = \sum_{j=1}^{n} c_j y_j(t) + Y_1(t) \qquad (3.135)$$

angegeben werden, wobei $y_j(t)$ ein System unabhängig partikulärer Integrale der homogenen Gleichung ist. C_j sind Konstante, die durch die Anfangsbedingungen bestimmt werden und im allgemeinen Zufallsgrößen sind. $Y_I(t)$ ist eine partikuläre Lösung der inhomogenen Gleichung, die homogene Anfangsbedingungen erfüllt und definiert wird durch

$$Y_I(t) = \int_0^t p(t,t_1)X(t_1)dt_1 , \qquad (3.136)$$

wobei $p(t,t_1)$ die Gewichtsfunktion des Schwingungssystems darstellt, die sich nach folgender Formel aus den partikulären Integralen $y_j(t)$ bestimmt:

$$p(t,t_1) = \begin{vmatrix} y_1(t_1) & \cdots y_n(t_1) \\ y_1'(t_1) & \cdots y_n'(t_1) \\ \cdots\cdots\cdots\cdots\cdots \\ y_1^{(n-2)}(t_1)\cdots y_n^{(n-2)}(t_1) \\ y_1(t) & \cdots y_n(t) \end{vmatrix} : \begin{vmatrix} y_1(t_1) & \cdots y_n(t_1) \\ y_1'(t_1) & \cdots y_n'(t_1) \\ \cdots\cdots\cdots\cdots\cdots \\ y_1^{(n-2)}(t_1)\cdots y_n^{(n-2)}(t_1) \\ y_1^{(n-1)}(t_1)\cdots y_n^{(n-1)}(t_1) \end{vmatrix} .$$

$$(3.137)$$

Wenn die Koeffizienten der Gleichung Konstante sind, hängt die Gewichtsfunktion nur von der Differenz der Argumente ab:

$$p(t,t_1) = p(t_1 - t) . \qquad (3.138)$$

Ist das System stabil, $a_j(t) =$ sonst und $X(t)$ stationär, dann kann man bei genügend großen t (im Vergleich zur Einschwingzeit) die Funktion $y(t)$ auch als stationär ansehen. In diesem Falle gilt

$$\bar{y} = \frac{1}{a_n}\,\bar{x} ,$$

$$S_y(\omega) = \frac{S_x(\omega)}{\left| (j\omega)^n + a_1(j\omega)^{n-1} + \ldots + a_n \right|^2} .$$

Ist die Arbeitszeit des t-Systems nicht groß, die Funktion $X(t)$ nicht-stationär oder hängen die Koeffizienten der Gleichung von der Zeit ab, dann muß man für die Bestimmung der statistischen Kenngrößen der Ausgangsgröße des Schwingungssystems allgemeine Formeln für lineare Operatoren heranziehen. Diese liefern uns, wenn der Einfachheit halber angenommen wird, daß die Konstanten C_j nicht mit $X(t)$ zusammenhängen

$$\bar{y}(t) = \sum_{j=1}^{n} y_j(t)\bar{c}_j + \int_0^t p(t,t_1)\bar{x}(t_1)dt_1 \, , \qquad (3.139)$$

$$K_y(t_1,t_2) = \sum_{j=1}^{n} \sum_{l=1}^{n} y_j^*(t_1)y_l(t_2)k_{jl} +$$

$$\qquad (3.140)$$

$$+ \int_0^{t_1} \int_0^{t_2} p^*(t_1,\xi)p(t_2,\eta)K_x(\xi,\eta)d\eta\,d\xi \, ,$$

wobei k_{jl} die Korrelationsmatrix des Systems der Zufallsgrößen C_j darstellt. Bei Gleichungen mit konstanten Koeffizienten muß man in den letzten Formeln $p(t_1,t_2)$ durch $p(t_2 - t_1)$ ersetzen.

Ist $X(t)$ eine stationäre Funktion, dann gilt

$$Y_1(t) = \int_0^t p(t,t_1)\bar{x}\,dt_1 + \frac{1}{\sqrt{2\pi}} \int_{-\infty}^{\infty} y(\omega,t)d\varphi(\omega) \, , \qquad (3.141)$$

wobei $y(\omega,t)$ eine partikuläre Lösung der Ausgangsgleichung, in der $X(t)$ durch $\exp(j\omega t)$ ersetzt wurde, bei homogenen Anfangsbedingungen dargestellt [3.14].

Setzen wir nun voraus, daß die Anfangswerte der Funktion $Y(t)$ in (3.135) und ihrer ersten n-1 Ableitungen normale Zufallsgrößen sind. Dann werden auch die C_j normal, und $Y(t)$ wird eine normale Zufallsfunktion, zu deren Charakterisierung es genügt, $\bar{y}(t)$ und $K_y(t_1,t_2)$ zu bestimmen.

166

Wenn die C_j keine normalen Größen sind, aber $X(t)$ normal ist, kann
das Verteilungsgesetz von $Y(t)$ nach den Formeln für die Zusammen-
setzung von Verteilungsgesetzen (mittels Faltungsintegrale) gefunden
werden, doch nehmen die Endformeln eine kompliziertere Form an als
bei normalen Anfangsbedingungen.

Falls $X(t)$ keine normale Zufallsfunktion ist, so ist die Aufgabe, das
Verteilungsgesetz des speziellen Integrals $Y_I(t)$ von (3.144) in allge-
meiner Form zu finden, äußerst schwierig. Eine Näherung für dieses
Verteilungsgesetz läßt sich jedoch über verhältnismäßig einfache
Rechnungen erhalten. Betrachten wir als Beispiel die Bestimmung der
Verteilungsdichte 1. Ordnung $f(y_I, t)$ der Zufallsfunktion $Y_I(t)$. Diese
Dichtefunktion läßt sich mit beliebiger Genauigkeit ermitteln, wenn die
Näherungsformel (1.79) benutzt und die entsprechende Anzahl von
Momenten der Zufallsgröße $Y_I(t)$ berechnet werden. Die Momente
sind:

$$\mu_j(t) = E\left\{[Y_I(t) - \bar{y}_I(t)]^j\right\}. \qquad (3.142)$$

Setzen wir in (3.142) statt $Y_I(t)$ den Ausdruck (3.126) ein und vertauschen die Reihenfolge von Bildung der mathematischen Erwartung
und Integration, so bekommen wir die Momente zu

$$\mu_2(t) = \int\limits_0^t \int\limits_0^t p(t,t_1)p(t,t_2)K_x(t_1,t_2)dt_1 dt_2, \qquad (3.143)$$

$$\mu_3(t) = \int\limits_0^t \int\limits_0^t \int\limits_0^t p(t,t_1)p(t,t_2)p(t,t_3)K_x(t_1,t_2,t_3)dt_1 dt_2 dt_3 \qquad (3.144)$$

$$\mu_4(t) = \int\limits_0^t \int\limits_0^t \int\limits_0^t \int\limits_0^t p(t,t_1)p(t,t2)p(t,t_3)p(t,t_4)K_x(t_1,t_2,t_3,t_4)dt_1 dt_2 dt_3 dt_4$$
$$\qquad (3.145)$$

usw. wobei die Ausdrücke

$$K_x(t_1,t_2,\ldots,t_n) = M\left\{[X(t_1) - \bar{x}(t_1)]\ldots[X(t_n) - \bar{x}(t_n)]\right\} \qquad (3.146)$$

Korrelationsfunktionen höherer Ordnung darstellen. Setzt man diese Momente in (1.89) ein, so erhält man die genäherte, zeitabhängige Verteilungsdichte 1. Ordnung der Ausgangsgröße.

Zur Veranschaulichung der Methode betrachten wir das Verteilungsgesetz für einen Zeitpunkt $t \gg 1/k$ der Ausgangsgröße $Y(t)$ des Schwingungssystems mit der Differentialgleichung [3.15]

$$\frac{dY(t)}{dt} + kY(t) = X^2(t) \qquad (3.147)$$

bei verschwindenden Anfangsbedingungen, falls $X(t)$ eine normalverteilte stationäre Zufallsfunktion ist, für die $\bar{x} = 0$

$$K_x(\tau) = \sigma_x^2 e^{-\alpha|\tau|} = A e^{-\alpha|\tau|} \qquad (3.148)$$

gilt. Hierfür ergibt sich die Ausgangsgröße zu

$$Y(t) = \int_0^t \exp[-k(t - t_1)X^2(t_I)dt_1 .$$

Da $X^2(t)$ nicht normal ist, ist $y(t)$ gleichfalls nicht normal. Weil $X(t)$ normal ist, haben wir

$$K_{x^2}(\tau) = 2K_x^2(\tau) = K_{x^2}(t_1, t_2) ,$$

$$K_{x^2}(t_1, t_2, t_3) = 8K_x(t_2 - t_1)K_x(t_3 - t_1)K_x(t_3 - t_2) ,$$

$$K_{x^2}(t_1, t_2, t_3, t_4) = 16K_x(t_2 - t_1)K_x(t_3 - t_2)K_x(t_4 - t_3)K_x(t_4 - t_1) .$$

Indem wir diese Ausdrücke in (3.142) bis (3.146) einsetzen, bekommen wir für die zentralen Momente der Verteilungsdichte $f(y;t)$

$$\bar{y}(t) = \int_0^t \exp[k(t_1 - t)]K_x(0)dt_1 = \frac{A}{k}(1 - e^{-kt}) \approx \frac{A}{k} , \qquad (3.149)$$

$$E[Y^2(t)] = \mu_2 = \sigma^2 = \int_0^t \int_0^t \exp[k(t_1 + t_2 - 2t)] K_x 2(t_2 - t_1) dt_1 dt_2$$

$$\tag{3.150}$$

$$= 2 \int_0^t \int_0^t \exp[k(t_1 + t_2 - 2t)] K_x 2(t_2 - t_1) dt_1 dt_2$$

$$= \frac{4A^2}{k^2 - 4^2} [1 - e^{-(k+2\alpha)t}] + \frac{2A^2}{k(k-2\alpha)} (e^{-2kt} - 1) \approx \frac{2A^2}{k(k+2\alpha)} \quad ,$$

$$\mu_3 \approx \frac{8A^3}{k(k+\alpha)(k+2\alpha)} \quad ,$$

$$\mu_4 \approx \frac{12A^4(15k^2 + 25k\alpha + 2\alpha^2)}{(k+\alpha)k^2(k+2\alpha)^3(3k+2\alpha)} \quad .$$

Aus den gefundenen zentralen Momenten ergeben sich Schiefe a und
Exzeß ε nach den Gleichungen

$$a = \frac{\mu_3}{\mu_2^{3/2}} = 2\sqrt{2}\sqrt{\frac{k(k+2\alpha)}{(k+\alpha)^2}}$$

$$\varepsilon = \frac{\mu_4}{\mu_2^2} - 3 = 3\left[-\frac{(15k^2 + 25\alpha k + 2\alpha^2)}{(k+\alpha)^2(3k+2\alpha)} - 1 \right] ,$$

mit deren Hilfe man einen Näherungsausdruck für das Verteilungsgesetz von Y(t) gewinnt:

$$f(y,t) \approx \Phi\left(\frac{y-\bar{y}}{\sigma}\right) - \frac{a}{3!} \Phi^{(III)}\left(\frac{y-\bar{y}}{\sigma}\right) + \frac{\varepsilon}{4!} \Phi^{(IV)}\left(\frac{y-\bar{y}}{\sigma}\right) , \tag{3.151}$$

wobei wie üblich

$$\Phi(x) = \frac{1}{\sqrt{2\pi}} e^{-x/2}$$

ist und sich die Ableitungen von $\Phi(x)$ auf das Argument dieser Funktion
beziehen. Da a und ε von Null verschieden sind, wird die erhaltene

Zerlegung ein Verteilungsgesetz ergeben, das von einer Normalverteilung beträchtlich abweicht. Dies ist nicht verwunderlich, da die rechte Seite der Ausgangsgleichung $Z = X^2(t)$ die Dichtefunktion

$$f(z) = \frac{1}{\sqrt{2\pi A}}\, e^{-z/2A}\, \frac{1}{z} \qquad (3.152)$$

hat, d.h. eine Verteilung aufweist, die sich noch stärker von der Normalverteilung unterscheidet.

Wie man sieht, ist die exakte oder die genäherte analytische Berechnung der Ausgangsverteilungsdichte eines durch stationäre Zufallsfunktion erregten Schwingungssystems auch in den genannten einfacheren Fällen recht kompliziert. Wenn man jedoch auch größere lineare oder nichtlineare stabile Schwingungssysteme auf die statistischen Gesetzmäßigkeiten ihrer Ausgangsgrößen hin eingehender untersuchen will, so muß man sich irgendeiner geeigneten Simulationsmethode bedienen [3.15] bis [3.20]. Alle diese Methoden basieren auf der analogen, digitalen oder hybriden Modellierung des Schwingungssystems. Je nach Verwendungszweck haben die einzelnen Verfahren hinsichtlich Schnelligkeit, Variabilität und Genauigkeit gegenüber den anderen bestimmte Vorteile.

Den Anforderungen der hier behandelten statistischen Analyse von zufallserregten Schwingungssystemen entspricht am besten ein numerisches Verfahren, das die digitale Simulation beliebig komplizierter, linearer oder nichtlinearer Schwingungssysteme mit der gewünschten Genauigkeit ermöglicht und auch die genäherte Ermittlung der statistischen Charakteristiken (Mittelwert, Streuung, Verteilungsdichtefunktion, AKF, KKF der Ein- und Ausgangssignale usw.) einschließt.

Der Verfasser hat für diesen Zweck ein Simulationsalgorithmus zusammengestellt, dessen ALGOL-Programm in Anhang D angegeben ist. Der Algorithmus, SIMULATOR genannt, erfüllt folgende Funktionen:

I. Erzeugung von Pseudo-Zufallszahlen mit Gleich-, Normal- oder beliebiger Verteilung oder gegebenenfalls Einlesen von Abtastwerten gemessener Realisationen von Zufallsfunktionen [3.21] [3.22];

II. Numerische Berechnung der Ableitung(en) der erzeugten oder eingelesenen Zufallsfunktionen [3.23];

III. Numerische Integration der Differentialgleichungen des stabilen Schwingungssystems nach der Methode von Runge-Kutta mit veränderlicher Schrittweite und vorgeschriebenem Relativfehler [3.24], [3.25];

IV. Ermittlung von Mittelwerten und Streuungen sowie der gewünschten Anzahl von Punkten der Wahrscheinlichkeitsverteilungsdichten für die interessierenden Zeitfunktionen sowie ihre graphische Gegenüberstellung der vergleichbaren Normalverteilungsdichte;

V. Möglichkeit der Berechnung von AKF und KKF und der zugehörigen spektralen Leistungsdichten.

Nachstehend wird mit Hilfe des SIMULATORS die Verzerrung der Verteilungsdichte einer nicht Gaußschen Zufallsfunktion beim Durchgang durch ein lineares Schwingungssystem ermittelt.

Aus den programmäßig erzeugten normalverteilten Pseudo-Zufallszahlen z_{1i} und z_{2i} $(i = 1, \ldots, N)$ mit dem Mittelwert Null der Streuung 1 werden N Punkte einer Zufallsfunktion $X(t_i)$ $(i = 1, \ldots, N)$ wie folgt abgeleitet: Mit

$$\Delta t = t_{i+1} - t_i = 0,1$$

wird

$$X(t_i) = 500 \sin(0,10\, i\, dt) \sin(z_{1i} + z_{2i}) \,[kp]. \qquad (3.153)$$

Mit der so erhaltenen zufälligen Zeitfunktion $X(t)$ wird ein mechnisches Schwingungssystem mit der Differentialgleichung

$$m\ddot{Y}(t) + k\dot{Y}(t) + cY(t) = X(t) \qquad (3.154)$$

beaufschlagt. Die Konstanten seien $m = 35,677 \; kp\,s^2/m$, $k = 90$ kps/m, $c = 17,000$ kp/m.

(3.154) formen wir in ein System simultaner Differentialgleichungen
1. Ordnung um. Mit

$$y_1(t) = Y(t), \quad y_2(t) = \dot{Y}(t)$$

geht (3.144) in das Gleichungssystem

$$\frac{dy_1(t)}{dt} = y_2(t) \, ,$$

$$\frac{dy_2(t)}{dt} = \frac{1}{m}[X(t) - ky_2(t) - cy_1(t)]$$

(3.155)

über, dessen Lösung $Y(t_i)$ numerisch für die äquidistanten Zeitpunkte t_i
($i = 1,\ldots,N$) nach dem Runge-Kuttaschen Verfahren ermittelt werden
kann. Die Lösung erfolgte in $N = 1000$ Punkten.

Wie die Maschinenprotokolle in Bild 3.20 zeigen, wird die dreihügelige
Eingangsverteilungsdichte vom linearen Schwingungssystem stark deformiert. Bei Hervorhebung der mittleren "Kuppel" werden die beiden nahezu

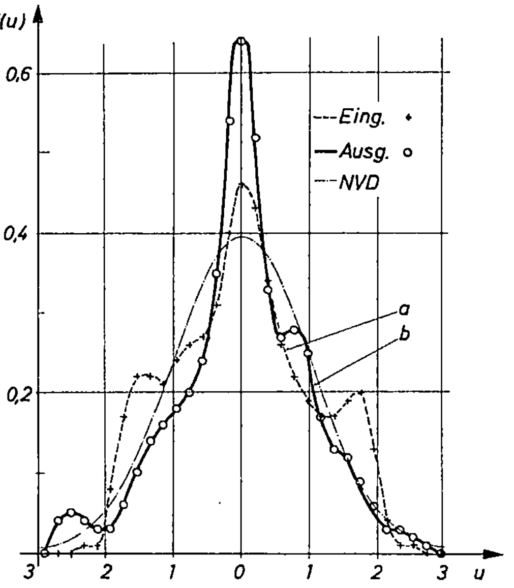

Abb.3.20. Beispiele für die Verzerrung nicht-Gaußscher Verteilungsdichten beim Durchgang durch ein lineares Schwingungssystem mit
konstanten Parametern

symmetrischen Seitenhügel von $f(x)$ in $f(y)$ stark unterdrückt. Von einer "Normalisierung" kann also hier nicht die Rede sein. In solchen Fällen ist es zweckmäßig, die Ausgangsverteilungsdichte nach dem in Kapitel 1 beschriebenen Verfahren durch eine Näherungsformel zu approximieren.

4. Zufallsschwingungen in nichtlinearen Systemen

4.1 Einige Eigenschaften nichtlinearer Schwingungssysteme

Bei der Lösung schwingungstechnischer Aufgaben - gleich auf welchem
Gebiet von Technik oder Wissenschaft - versucht man zuerst, das
Problem mit relativ leicht beherrschbaren linearen Modellen zu beschreiben. Im Laufe der Entwicklung führte das dazu, daß die Fach-
literatur über lineare Systeme mit konstanten Parametern heute wesentlich umfangreicher ist als die über nichtlineare Systeme. Dies kann den
falschen Anschein erwecken, daß die allgemeine Theorie durch die lineare
und nicht durch die nichtlineare Theorie der Schwingungssysteme besser
angenähert wird und die nichtlinearen Systeme nur einen Spezialfall neben
den allgemeinen linearen Systemen darstellen.

Die physikalische Wirklichkeit zeigt jedoch gerade das Gegenteil: Jedes
physikalische System ist im Grunde genommen nichtlinear, seine Parameter verändern sich mit der Zeit mehr oder weniger. Dies bedeutet
allerdings nicht, daß man bei der Anwendung der linearen Modelle immer
Gefahr läuft, falsche Ergebnisse zu erhalten. Aber in den meisten Fällen
gelangt man bei der Behandlung nichtlinearer Schwingungssysteme erst
durch Anwendung nichtlinearer Methoden zum richtigen Resultat.

Während lineare Systeme dem Prinzip der Proportionalität und Über-
lagerung gehorchen und sich gewissermaßen uniformisieren lassen,
weisen die nichtlinearen Systeme und ihre Behandlungsweisen ein weit-
gehend individuelles Verhalten auf. Es existiert also keine einheitliche
Theorie der nichtlinearen Systeme. Wir werden daher im folgenden

174

unter der Bezeichnung "nichtlineare Methoden" vereinbarungsgemäß
die Gesamtheit der bisher bekannten vielfältigen (darunter auch wahrscheinlichkeitstheoretischen) Verfahren verstehen.

Mit den in Schwingungssystemen vorhandenen nichtlinearen Gliedern oder
Teilsystemen können je nach Bedarf besonders vorteilhafte Eigenschaften
erzielt werden. Man denke z.B. an den minimalen Energieverbrauch, Un-
empfindlichkeiten (tote Zonen), Sättigungserscheinungen, Begrenzungen
usw.

Wir nennen ein Schwingungssystem nichtlinear, wenn sein statisches
oder dynamisches Verhalten durch eine nichtlineare Gleichung (oder ein
solches Gleichungssystem) oder eine nichtlineare Differentialgleichung
(ein System von Differentialgleichungen) beschrieben wird.

Man kann das Zeitverhalten eines nichtlinearen Schwingungssystems, d.h.
die Zusammenhänge zwischen Erreger- und Antwortfunktionen neben der
Differentialgleichung des Gliedes oder des Systems auch mit den Zu-
standsvariablen beschreiben. Im letzteren Fall besteht kein prinzipieller
Unterschied zwischen den Betrachtungsweisen von Systemen mit einem
oder mehreren Freiheitsgraden.

Die Zustandsgleichungen ([4.1] bis [4.5]) eines nichtlinearen Gliedes
oder Schwingungssystems lauten

$$\underline{\dot{u}} = \underline{f}(\underline{u}, \underline{x}, t),$$

$$\underline{y} = \underline{g}(\underline{u}, \underline{x}, t),$$

(4.1)

worin

$$\underline{x} = \begin{bmatrix} X_1(t) \\ X_2(t) \\ \cdot \\ \cdot \\ \cdot \\ X_r(t) \end{bmatrix}, \quad \underline{u} = \begin{bmatrix} U_1(t) \\ U_2(t) \\ \cdot \\ \cdot \\ \cdot \\ U_n(t) \end{bmatrix}, \quad \underline{y} = \begin{bmatrix} Y_1(t) \\ Y_2(t) \\ \cdot \\ \cdot \\ \cdot \\ Y_q(t) \end{bmatrix} \qquad (4.2)$$

die Spaltenvektoren der r Erregungsfunktionen $\underline{x}$, der n Zustandsvari-
ablen $\underline{u}$ und der q Ausgangszeitfunktionen $\underline{y}$ sind.

Die erste Gleichung in (4.1) ist eine Vektor-Differentialgleichung,
während die zweite eine gewöhnliche Vektorgleichung darstellt. Die
Symbole $\underline{f}$ und $\underline{g}$ bedeuten je einen Spaltenvektor von Typ n x 1 und
q x 1. Beide Spaltenvektoren drücken im allgemeinen nichtlineare Zusammenhänge aus.

Ein nichtlineares Schwingungssystem habe z.B. die Differentialgleichung

$$\frac{dY(t)}{dt} + \sin Y(t) = CX(t) \,. \tag{4.3}$$

Dazu lautet das entsprechende Gleichungspaar mit der Zustandsvari-
ablen $U(t)$:

$$\dot{U}(t) = - \sin U(t) + CX(t) \,,$$

$$Y(t) = U(t) \,, \tag{4.4}$$

wobei die Funktion $f(u,x)$ als Summe eines nichtlinearen $(-\sin U)$
und eines linearen Ausdruckes (CX) gebildet wird, während die
Funktion $g(u,x)$ in $g(u) = u$ übergeht.

Die Eigenschaften nichtlinearer Schwingungssysteme ([4.6] bis [4.11])
weichen in vielen Punkten von denen der linearen wesentlich ab. Einige
dieser Abweichungen seien hier kurz angeführt.

- Die Form des Ausgangssignals eines nichtlinearen Systems hängt
auch im eingeschwungenen Zustand von der Amplitude der Erregerfunktion ab.

- Die Stabilität eines nichtlinearen Systems kann von der Eingangs-
amplitude oder von den Anfangsbedingungen abhängen. Ein für kleine
Erregeramplituden stabiles nichtlineares Schwingungssystem kann z.B.
bei großen Erregersignalen instabil werden.

- In nichtlinearen Systemen können im eingeschwungenen Zustand Ober-
wellen entstehen, deren Frequenzen ganzzahlige Vielfache der im Er-
regersignal vorhandenen Komponenten sind. Darüber hinaus können -
überraschenderweise - Unterwellen mit Bruchfrequenzen des Erreger-
signals auftreten.

- Im Bereich der veränderlichen (erregungsabhängigen) Resonanzfre-
quenzen tritt bei einigen nichtlinearen Systemen eine sprunghafte
Änderung des dynamischen Verhaltens ein.

Diese kurzen und bei weitem unvollständigen Gegenüberstellungen
linearer und nichtlinearer Schwingungssysteme sollten nur dazu dienen,
auf den höheren Schwierigkeitsgrad der Behandlung zufallserregter
nichtlinearer Schwingungssysteme hinzuweisen. Bevor wir nun zur
Betrachtung der Zufallserregung übergehen, sollen die grundlegenden
Typen und Arten der Nichtlinearitäten vorgestellt werden.

Die Nichtlinearitäten gehören entweder zu den statischen oder zu den
dynamischen Nichtlinearitäten. Beide Typen können als wesentliche,
bewußt verwendete oder unerwünschte Nichtlinearitäten vorkommen.
Die statischen Nichtlinearitäten lassen sich je nach der Form ihrer
Kennlinie in stetige und unstetige sowie eindeutige und mehrdeutige
Typen unterteilen. Die Coulombsche Reibung ist z.B. eine unstetige
Nichtlinearität [4.12].

Die dynamischen Nichtlinearitäten bilden nur zwei große Gruppen. In
die erste Gruppe gehören die langsam veränderlichen Nichtlinearitäten,
deren Änderungsgeschwindigkeit um Größenordnungen langsamer ist
als die Änderung der Schwingungsamplituden. Eine solche Nichtlinearität ist z.B. die Ermüdung von Federn. Die zweite Gruppe bilden schnell
veränderliche dynamische Nichtlinearitäten, deren Änderungsgeschwindigkeit in der Größenordnung der Signale liegt. Ein Beispiel ist hierfür
die Hysterese in elektrischen oder mechanischen Schwingungssystemen.

Nach diesem kurzen Überblick über die für die statistische Schwingungsanalyse wichtigen Eigenheiten nichtlinearer Systeme wird in

diesem Kapitel ein statistisches Linearisierungsverfahren beschrieben, nach dem man das nichtlineare Glied oder Teilsystem unter Zugrundelegung normalverteilter Zufallsfunktionen durch ein äquivalentes lineares Modell ersetzt. Die Anwendung des Verfahrens wird an einem ausführlichen Zahlenbeispiel dargestellt. Das Kapitel endet mit der Beschreibung eines numerischen Verfahrens für die Analyse nichtlinearer Schwingungssysteme mit mehreren Freiheitsgraden und trägheitsbehafteten Nichtlinearitäten und nicht-Gaußscher Zufallserregung.

4.2 Statistische Linearisierung von Nichtlinearitäten mit statischer Kennlinie

Die anschließenden Überlegungen sollen auf folgende Voraussetzungen aufgebaut werden:

I. Die zufälligen Erregerfunktionen der untersuchten Nichtlinearitäten seien stationär und ergodisch.

II. Die Nichtlinearitäten sollen isoliert betrachtet und ihre Eigenschaften durch eine Funktion

$$Y(t) = h[X(t)]$$

beschrieben werden; ferner mögen sie keine Energiespeicher besitzen.

Das Zeil besteht darin, für die Nichtlinearität Kenngrößen zu finden, die das Verhalten der Nichtlinearität hinsichtlich der wichtigsten statistischen Charakteristiken einer Zufallsschwingung wahrheitsgetreu (äquivalent) beschreiben und sich besser behandeln lassen.

Den nichtlinearen Zusammenhang zwischen den Zufallsfunktionen $X(t)$ und $Y(t)$ wollen wir nach bestimmten Gütekriterien linearisieren. Zu diesem Zweck werden beide stationär und ergodisch vorausgesetzten Zufallsfunktionen in zwei Teile aufgespalten:

$$X(t) = m_x(t) + X^0(t) , \qquad (4.5)$$

$$Y(t) = m_y(t) + Y^0(t) . \qquad (4.6)$$

Dabei bedeuten $m_x(t)$ und $m_y(t)$ die langsam veränderlichen (zeitabhängigen) linearen Mittelwerte der Zufallsfunktionen $X(t)$ und $Y(t)$, während $X^0(t)$ und $Y^0(t)$ deren stationäre und ergodische "Zufallsanteile" mit verschwindendem Mittelwert darstellen. $X^0(t)$ und $Y^0(t)$ werden auch zentrierte Zufallsfunktionen genannt.

Diese Aufspaltung dient dazu, geordnete Gütekriterien sowohl für die Approximation des Mittelwertes $m_y(t)$ als auch für die Annäherung der Streuung σ_y der Zufallskomponente zu formulieren. Die am Ausgang der Nichtlinearität erscheinende tatsächliche Zufallsfunktion $Y(t)$ soll nun durch eine Funktion

$$U(t) = h_0 + k_1 X^0(t) \qquad (4.7)$$

approximiert werden, worin h_0 eine statistische Charakteristik der energiespeicherfreien Nichtlinearität bedeutet, während k_1 die "äquivalente Verstärkung" für zufällige Erregerfunktionen darstellt.

Bei der Bestimmung von h_0 und k_1 kann man für die Approximation je nach der Natur der zu lösenden Aufgabe verschiedene Gütekriterien vorschreiben. In der einschlägigen Literatur gibt es mehrere Vorschläge zur linearen Approximation der Eigenschaften nichtlinearer Systeme. Mit den hier benutzten Beziehungen $Y(t)$ und $U(t)$ lauten diese Kriterien:

I. Gleichheit der quadratischen Mittelwerte [4.13]:

$$E[Y^2(t)] = E[U^2(t)] , \qquad (4.8)$$

II. Gleichheit der Autokorrelationsfunktionen [4.14]:

$$K_y(\tau) = K_u(\tau) , \qquad (4.9)$$

III. Approximation nach dem Minimum des Fehlerquadrats [4.15]:

$$E\{[Y(t) - U(t)]^2\} = \min ! \qquad (4.10)$$

Im folgenden sollen die zwei verbreitetesten Kriterien näher besprochen werden [4.16].

Das Kriterium I schreibt die Gleichheit von linearen und quadratischen Mittelwerten vor:

$$E[Y(t)] = E[U(t)] , \qquad (4.11)$$

$$E\{[Y(t) - m_y(t)]^2\} = E\{[U(t) - m_u(t)]^2\} . \qquad (4.12)$$

Nach Einsetzen von (4.7) in (4.11) erhalten wir

$$h_0 = m_y . \qquad (4.13)$$

Für ungerade zentralsymmetrische, eindeutige Nichtlinearitäten ist h_0 proportional m_x:

$$h_0 = k_0 m_x , \qquad (4.14)$$

und in diesem Falle folgt aus (4.13) und (4.14) die Bestimmungsgleichung für den "Verstärkungsfaktor" k_0:

$$k_0 = \frac{m_y(t)}{m_x(t)} . \qquad (4.15)$$

Setzt man die Ausdrücke (4.6) und (4.7) für $Y(t)$ und $U(t)$ in (4.12) ein, so ergibt sich

$$k_1 = \pm \sqrt{\frac{D_y(t)}{D_x(t)}} = \pm \frac{\sigma_y(t)}{\sigma_x(t)} , \qquad (4.16)$$

wobei $D_x(t)$ bzw. $D_y(t)$ die Dispersionen (Streuungsquadrate von $X(t)$ und $Y(t)$ bedeuten. Das Vorzeichen in (4.16) folgt aus

$$\operatorname{sgn} k_1 = \operatorname{sgn} \left. \frac{dh(X)}{dX} \right|_{X = m_x} . \qquad (4.17)$$

Es sei daran erinnert, daß die Beziehungen (4.15) bis (4.17) nur für zentralsymmetrische Nichtlinearitäten gelten. Anhand der vorstehenden Formeln lassen sich die Einflüsse der Nichtlinearität auf Mittelwert und Streuung einer Zufallsfunktion beim Durchgang durch eine statische Nichtlinearität genau berechnen.

Wenn in einem nichtlinearen Schwingungssystem, in dem der Nichtlinearität mehrere lineare Teilsysteme oder Glieder nachgeschaltet sind, deren Einfluß an der Autokorrelationsfunktion der Schwingungsamplitude viel besser als an deren Streuung ermessen werden kann, so ist es zweckmäßig, auf Kosten der Genauigkeit der Streuung die Korrelationsfunktion $K_y(\tau)$ durch $K_u(\tau)$ besser anzunähern.

Der erwähnte Kompromiß wird durch das Kriterium II verwirklicht. Es wird von der Approximationsfunktion $U(t)$ verlangt, daß die mathematische Erwartung des Quadrats ihrer Abweichung von dem exakten Ausgangssignal $Y(t)$ ein Minimum wird, d.h.

$$f_2 = E\left\{[Y(t) - U(t)]^2\right\} = \min! \qquad (4.10)$$

Nach Einsetzen der entsprechenden Ausdrücke für $Y(t)$ und $U(t)$ sowie nach Ausführung der vorgeschriebenen Operationen lautet die mittlere quadratische Abweichung:

$$f_2 = m_y^2(t) + D_y(t) + h_0^2 + k_1^2 D_x(t) -$$
$$- 2h_0 m_y(t) - 2k_1 R_{yx}(t,t) = \min! \qquad (4.18)$$

Bei gegebenen Zufallsfunktionen mit bekannten $m_y(t)$, $D_x(t)$, $D_y(t)$ und $R_{yx}(t,t)$ ist f_2 eine Funktion der Parameter h_0 und k_1. Aus den beiden (notwendigen und hinreichenden) Bedingungen des Minimums von f_2,

$$\frac{\partial f_2}{\partial h_0} = 0 \, , \qquad \frac{\partial f_2}{\partial k_1} = 0 \, , \qquad (4.19)$$

erhalten wir ein Gleichungssystem für h_0 und k_1:

$$h_0 - m_y(t) = 0 \, , \qquad (4.20)$$

$$k_1 D_x(t) - R_{yx}(t,t) = 0 \, . \qquad (4.21)$$

Die Auflösung von (4.20) führt auf das gleiche Ergebnis wie das Kriterium (4.11) bzw. (4.13). Aus (4.21) erhalten wir dagegen eine von (4.16) abweichende Beziehung für k_1 in der Form

$$k_1 = R_{yx}(t,t)/D_x(t) \, . \qquad (4.22)$$

Zur Unterscheidung der beiden Ausdrücke von k_1 führen wir in Klammern hochgesetzte Indizes ein. Damit lauten die erhaltenen Endformeln wie folgt:

$$h_0 = \int_{-\infty}^{\infty} h(x)\, f_1(x)\, dx \, , \qquad (4.23)$$

$$k_0 = \frac{1}{m_x} \int_{-\infty}^{\infty} h(x)\, f_1(x)\, dx \, , \qquad (4.24)$$

$$k_1^{(1)} = \pm \sqrt{\frac{1}{\sigma_x^2} \int_{-\infty}^{\infty} h^2(x)\, f_1(x)\, dx - h_0^2} \, , \qquad (4.25)$$

$$k_1^{(2)} = \frac{1}{\sigma_x^2} \int_{-\infty}^{\infty} h(x)\, [x - m_x]\, f_1(x)\, dx \, . \qquad (4.26)$$

In Bild 4.1. sind die Gültigkeitsbereiche der einzelnen Linearisierungsformeln eingetragen. Multipliziert man die betreffende Eingangsgröße

(m_x, σ_x oder σ_x^2) mit dem zuständigen Linearisierungsfaktor, so wird die zugehörige Ausgangsgröße der Nichtlinearität erhalten.

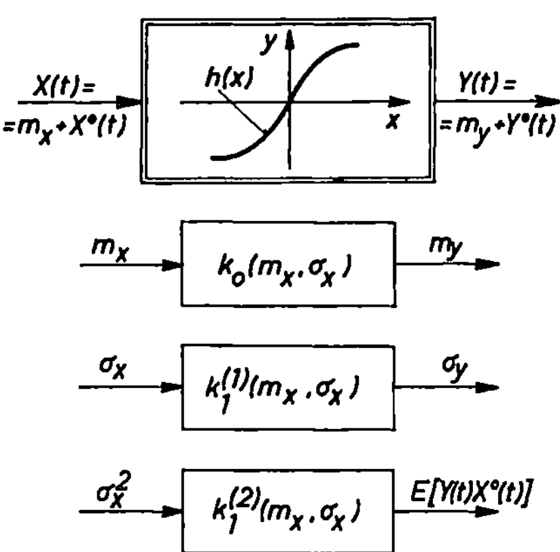

Abb. 4.1. Gültigkeitsbereich einzelner Linearisierungsformeln

Für normalverteilte Eingangssignale mit verschwindendem Mittelwert $m_x = 0$ kann $k_1^{(2)}$ auch einfacher berechnet werden. Ist die Nichtlinearität $h(x)$ eine differenzierbare Funktion, so ist wegen $m_x = 0$

$$k_1^{(2)} = \frac{\int\limits_{-\infty}^{\infty}(x-m_x)h(x)f_1(x)dx}{\int\limits_{-\infty}^{\infty}(x-m_x)^2 f_1(x)dx} = \frac{\int\limits_{-\infty}^{\infty}xh(x)f_1(x)dx}{\int\limits_{-\infty}^{\infty}x^2 f_1(x)dx} . \qquad (4.26a)$$

Wird hier

$$f_1(x) = \frac{1}{\sigma_x\sqrt{2\pi}}\exp\left[-\frac{x^2}{2\sigma_x^2}\right]$$

substituiert, so folgt aus (4.26a), wie man leicht einsieht, die praktische Formel

$$k_1^{(2)}(\sigma_z) = \frac{1}{\sigma_x\sqrt{2\pi}}\int\limits_{-\infty}^{\infty}\frac{dh(x)}{dx}\exp\left[-\frac{x^2}{2\sigma_x^2}\right]dx . \qquad (4.26b)$$

In den Beziehungen (4.23) bis (4.26) ist $f_1(x)$ die erste Wahrscheinlich-keits-Verteilungsdichtefunktion der Zufallsfunktion $X(t)$ am Eingang der Nichtlinearität. Diese Verteilungsdichtefunktion kann nur selten durch eine Gaußsche Normalverteilungsfunktion beschrieben werden, sie läßt sich jedoch stets durch wenige Glieder einer orthonormalen Gram-Charlier-Reihe approximieren (siehe Abschn. 1.6).

Wenn man die "Etalonfunktion" anstatt (1.82) in der Form

$$f_0(x) = \frac{1}{\sigma_x \sqrt{2\pi}} \exp\left[- \frac{(x - m_x)^2}{2\sigma_x^2} \right] \qquad (4.27)$$

und das Approximationspolynom zu

$$f_1(x) = a_0 f_0(x) + a_1 f_0'(x) + a_2 f_0''(x) + a_3 f'''(x) + \dots \qquad (4.28)$$

wählt, so hat man anstelle von (1.86) die entsprechenden neuen Koeffizienten

$$a_0 = 1, \quad a_1 = 0, \quad a_2 = \frac{1}{2!}\left[\mu_2 - \sigma_x^2\right], \quad a_3 = - \frac{1}{3!}\mu_3 ,$$

$$a_4 = \frac{1}{4!}\left[\mu_4 - 6\mu_2\sigma_x^2 + 3\mu_x^4\right] ,$$

$$a_5 = - \frac{1}{5!}\left[\mu_5 - 10\mu_3\sigma_x^2\right] , \qquad (4.29)$$

$$a_6 = \frac{1}{6!}\left[\mu_6 - 15\mu_4\sigma_x^2 + 30\sigma_x^6\right] ,$$

wobei μ_k das k-te Zentralmoment

$$\mu_k = \int\limits_{-\infty}^{\infty} (x - m_x)^k f_1(x)dx \qquad (4.30)$$

und die Striche die Ableitungen nach der Veränderlichen x bedeuten. Die Ableitungen von $f_0(x)$ werden auch hier durch die Tschebischew-Hermiteschen Polynome ausgedrückt. Es gilt bekanntlich

184

$$f_0^{(k)}(x) = \frac{(-1)^k}{\sigma_x^k} H_k(x) f_0(x) \qquad (4.31)$$

sowie

$$H_k(x) = \frac{x - m_x}{\sigma_x} H_{k-1}(x) - (k-1)H_{k-2}(x) \, ,$$

$$H_0(x) = 1 \qquad (k = 1,2,3,\dots) \, ,$$

und man erhält für die Koeffizienten allgemein

$$a_k = (-1)^k \frac{\sigma_x^k}{k!} \int_{-\infty}^{\infty} H_k(x) f_0(x) dx \, . \qquad (4.32)$$

Damit haben wir die Möglichkeit, (4.28) als eine unendliche Summe zu schreiben:

$$f_1(x) = f_0(x) + \sum_{k=3}^{\infty} a_k H_k(x) f_0(x) \frac{(-1)^k}{\sigma_x^k} \, , \qquad (4.33)$$

von der man allerdings je nach den Genauigkeitsanforderungen die ersten drei bis sechs Glieder berechnet. Wir können jetzt die in (4.33) gegebene Approximationsformel in unsere Endformeln (4.23) bis (4.26) einsetzen und gelangen damit zu einem universellen und mit beliebiger Genauigkeit numerisch, also auf Digitalrechner auswertbaren Formelsatz:

$$h_0 = h_{00}(m_x, \sigma_x) + \sum_{k=3}^{n} a_k h_{0k}(m_x, \sigma_x) \qquad (4.34)$$

mit

$$h_{00}(m_x, \sigma_x) = \int_{-\infty}^{\infty} h(x) f_0(x) dx \, , \qquad (4.35)$$

$$h_{0k}(m_x, \sigma_x) = \int_{-\infty}^{\infty} h(x) H_k(x) f_0(x) \frac{(-1)^k}{\sigma_x^k} dx \qquad (k = 3,4,5,\dots) \, . \qquad (4.36)$$

Für den Koeffizienten k_0 erhalten wir entsprechend

$$k_0 = k_{00}(m_x, \sigma_x) + \sum_{k=3}^{n} a_k k_{0k}(m_x, \sigma_x) \; , \qquad (4.37)$$

worin

$$k_{00}(m_x, \sigma_x) = \frac{1}{m_x} h_{00}(m_x, \sigma_x) \qquad (4.38)$$

und

$$k_{0k}(m_x, \sigma_x) = \frac{1}{m_x} h_{0k}(m_x, \sigma_x) \qquad (4.39)$$

sind. In analoger Weise lassen sich auch die beiden Arten von k_1 mit den Näherungsformeln ausdrücken:

$$k_1^{(1)} = k_{10}^{(1)}(m_x, \sigma_x) + \sum_{k=3}^{n} a_k k_{1k}^{(1)}(m_x, \sigma_x) \; , \qquad (4.40)$$

$$k_1^{(2)} = k_{10}^{(2)}(m_x, \sigma_x) + \sum_{k=3}^{n} a_k k_{1k}^{(2)}(m_x, \sigma_x) \; . \qquad (4.41)$$

Dier hier eingehenden Ausdrücke $k_{1k}^{(1)}$ und $k_{1k}^{(2)}$ entstehen aus den Beziehungen (4.25) und (4.26), wenn man die Verteilungsdichtefunktionen durch ihre Näherungsgleichungen ersetzt:

$$k_{10}^{(1)}(m_x, \sigma_x) = \pm \sqrt{\frac{\int_{-\infty}^{\infty} h^2(x) f_0(x)\,dx - h_{00}^2}{\int_{-\infty}^{\infty} (x - m_x)^2 f_0(x)\,dx}} \; , \qquad (4.42)$$

$$k_{1k}^{(1)}(m_x, \sigma_x) = \frac{1}{2} k_{10}^{(1)} \left\{ \frac{\int\limits_{-\infty}^{\infty} h^2(x) H_k(x) f_0(x) \frac{(-1)^k}{\sigma_x^k} \, dx - 2h_{00}h_{0k}}{\int\limits_{-\infty}^{\infty} h^2(x) f_0(x) dx - h_{00}^2} \right.$$

$$\left. - \frac{\int\limits_{-\infty}^{\infty} (x - m_x)^2 H_k(x) f_0(x) \frac{(-1)^k}{\sigma_x^k} \, dx}{\int\limits_{-\infty}^{\infty} (x - m_x)^2 f_0(x) dx} \right\} \tag{4.43}$$

bzw.

$$k_{10}^{(2)}(m_x, \sigma_x) = \frac{\int\limits_{-\infty}^{\infty} h(x) [x - m_x] f_0(x) dx}{\int\limits_{-\infty}^{\infty} (x - m_x)^2 f_0(x) dx} \quad , \tag{4.44}$$

$$k_{1k}^{(2)}(m_x, \sigma_x) = \frac{\int\limits_{-\infty}^{\infty} h(x)(x - m_x) H_k(x) \frac{(-1)^k}{\sigma_x^k} f_0(x) dx}{\int\limits_{-\infty}^{\infty} (x - m_x) f_0(x) dx} -$$

$$\tag{4.45}$$

$$- k_{10}^{(2)} = \frac{\int\limits_{-\infty}^{\infty} (x - m_x)^2 H_k(x) \frac{(-1)^k}{\sigma_x^k} f_0(x) dx}{\int\limits_{-\infty}^{\infty} (x - m_x)^2 f_0(x) dx} \quad (k = 3, 4 \dots).$$

Die beschriebenen Näherungsformeln wurden erstmalig von Kazakow und Dostupow [4.16] angegeben. Für die Anwendungen wurden die allgemeinen Formeln für eine große Anzahl typischer Nichtlinearitäten unter Zugrundelegung Gaußscher Eingangsverteilungsdichten ausgewertet. Die so entstendenen Endformeln sind in zahlreichen Arbeiten ([4.17] bis [4.21]) tabellarisch zusammengestellt. Aus Platzgründen soll hier nur ein Beispiel besprochen werden. Dem interessierten Leser werden besonders die Arbeiten [4.17] und [4.19] empfohlen.

Im Zahlenbeispiel des Abschnitts 3.3 wurde das Abheben des Reifens eines einfachen Fahrzeugmodells (Bild 3.1) als eine "Nichtlinearität" erwähnt.Das Wesentliche an dieser Erscheinung "Abheben" besteht darin, daß der Reifen die Fahrbahnunebenheiten (im Beispiel also die Erreger-funktion) nur in den Zeitabschnitten abtasten und übertragen kann, in denen er Bodenkontakt hat. Diese Situation kann, anders formuliert, als eine einseitige Begrenzung des Federweges des Luftreifens betrachtet werden. Die Verzerrung der Erregerfunktion $Z(t)$ durch den Knick in der Kennlinie $h(Z)$ ist in Bild 4.2. eingetragen.

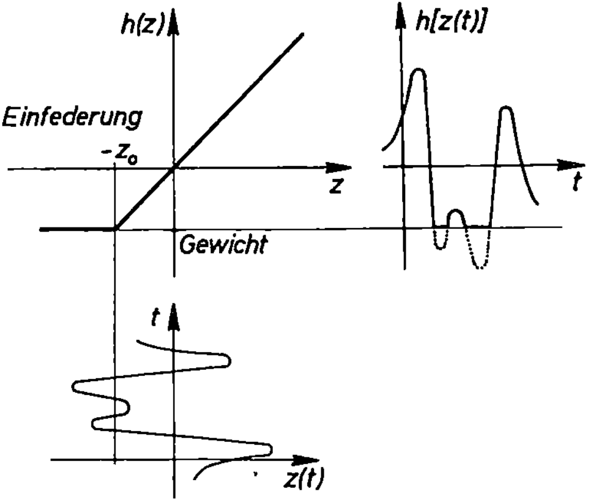

Abb.4.2. Einseitige Begrenzung als Kennlinie des Reifen-Boden-Kontakts

Für diese einseitige Begrenzung als statische Nichtlinearität bestimmen wir die äquivalente Verstärkerung $k_1^{(2)}$, um das Ergebnis auch für die Berechnung der Spektraldichten der nichtlinearen Version des einfachen

188

Fahrzeugmodells heranziehen zu können. Dazu wird angenommen, daß
die Erregerfunktion $Z(t)$ normalverteilt ist und die bekannte Streuung σ_z
sowie den Mittelwert $m_z = 0$ besitzt. Ihre Verteilungsdichte lautet

$$f(z) = \frac{1}{\sigma_z \sqrt{2\pi}} \exp\left[-\frac{z^2}{2\sigma_z^2} \right] . \qquad (4.46)$$

Die Gleichung der einseitigen Begrenzung ist

$$h(z) = \begin{cases} -z_0 & \text{für } z \leqslant -z_0 , \\[2ex] z & \text{für } z > -z_0 . \end{cases} \qquad (4.47)$$

Die Funktion $h(z)$ ist stückweise differenzierbar, ihre Ableitung besteht aus zwei Teilen:

$$\frac{dh(z)}{dz} = \begin{cases} 1 & \text{für } z \geqslant -z_0 , \\[2ex] 0 & \text{für } z < -z_0 . \end{cases} \qquad (4.48)$$

Die gesuchte äquivalente Verstärkung $k_1^{(2)}(\sigma_z)$ erhält man mit (4.48)
aus (4.26b) in der Form

$$k_1^{(2)}(\sigma_z) = \frac{1}{\sigma_z \sqrt{2\pi}} \int\limits_{-z_0}^{\infty} 1 \exp\left[-\frac{z^2}{2\sigma_z^2} \right] dz . \qquad (4.49)$$

Führt man in (4.49) die naheliegende Substitution

$$u = z/\sigma_z , \qquad dz = \sigma_z\, du \qquad (4.50)$$

ein und verwendet das mit (1.65) definierte Fehlerintegral

$$\Phi(u) = \frac{1}{\sqrt{2\pi}} \int\limits_{0}^{u} e^{-t^2/2} dt , \qquad (4.51)$$

so kann man (4.49) wie folgt auswerten:

$$k_1^{(2)}(\sigma_z) = \frac{1}{\sqrt{2\pi}} \int\limits_{-z_0/\sigma_z}^{\infty} e^{-u^2/2}\,du$$

$$= \Phi(\infty) - \Phi\left(-\frac{z_0}{\sigma_z}\right) = \frac{1}{2} + \Phi\left(\frac{z_0}{\sigma_z}\right) \; . \tag{4.52}$$

Der erhaltene Verstärkungsfaktor ist in Bild 4.3 als Funktion des Verhältnisses z_0/σ_z dargestellt.

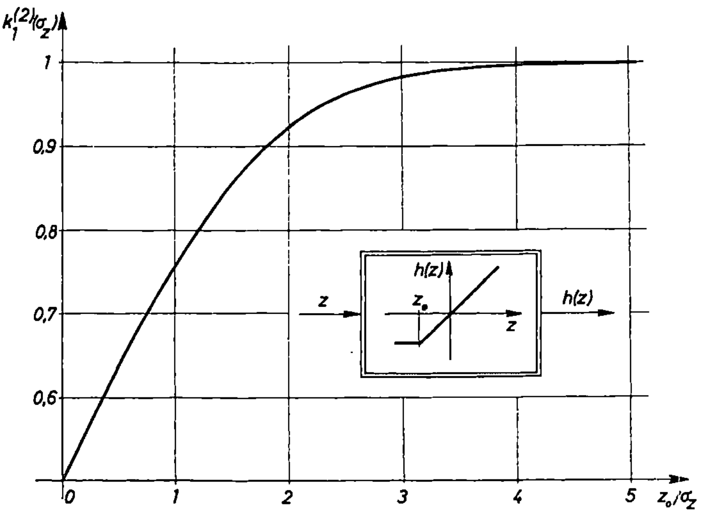

Abb.4.3. Äquivalente Verstärkung des "Abhebens" als Nichtlinearität

Nach dieser kurzen Beschreibung der allgemeinen und speziellen Linearisierungsverfahren für statische Nichtlinearitäten können wir zur Berechnung der Autokorrelationsfunktion und Spektraldichte der am Ausgang der Nichtlinearität austretenden Zufallsfunktion aus der AKF oder Spektraldichte des Eingangssignals übergehen.

4.3 Korrelationsfunktion und Spektraldichte am Ausgang nichtlinearer Schwingungssysteme

In diesem Abschnitt werden drei Fragen behandelt. Zuerst wird die Autokorrelationsfunktion am Ausgang der Nichtlinearität in Abhängigkeit der statischen Kennfunktion

$$Y(t) = h[X(t)] \qquad (4.53)$$

für energiespeicherfreie Nichtlinearitäten berechnet und die äquivalente Übertragungsfunktion der Nichtlinearität bestimmt. Zweitens erweitern wir die Betrachtungen auf ein offenes (rückwirkungsfreies oder rückkopplungsfreies) Schwingungssystem, das aus der Reihenschaltung einer statischen Nichtlinearität mit einem linearen Schwingungssystem mit r Freiheitsgraden besteht. Schließlich wird ein nichtlineares Schwingungssystem mit Rückkopplung besprochen.

Im folgenden beschränken wir uns auf stationäre und ergodische Gaußsche Zufallsfunktionen.

Nach den Ausführungen in Abschnitt 2.3 können wir die AKF $K_y(\tau)$ des Ausgangssignals der durch (4.53) gekennzeichneten Nichtlinearität aus einer Ensemblemittelwertbildung laut (2.14) berechnen, wenn die zweite Verteilungsdichtefunktion $f_2(x_1, x_2; t_1 - t_2) = f_2(x_1, x_2; \tau)$ bekannt ist. Bei den betrachteten Gaußschen Zufallsfunktionen ist es möglich, diese Funktion $f_2(x_1, x_2; \tau)$ explizit anzugeben, wenn man den Mittelwert m_x und die AKF $K_x(\tau)$ der Erregerfunktion als bekannt voraussetzt. Es gilt nämlich mit der normierten AKF

$$\rho(\tau) = \frac{1}{K_x(0)} K_x(\tau) = \frac{K_x(\tau)}{\sigma_x^2} \qquad (4.54)$$

die zweidimensionale Normalverteilungsdichte:

$$f_2(x_1,x_2;\tau) = \frac{1}{2\pi\sigma_x^2\sqrt{1 - \rho^2(\tau)}} \times$$
$$\times \exp\left\{ - \frac{(x_1-m_x)^2 + (x_2-m_x)^2 - 2\rho(\tau)(x_1-m_1)(x_2-m_2)}{2\sigma_x^2[1 - \rho^2(\tau)]} \right\}, \qquad (4.55)$$

wobei die abgekürzte Schreibweise mit

$$\tau = t_2 - t_1 , \qquad t_1 = t$$

die Funktionswerte

$$x_1 = x(t_1) = x(t), \qquad x_2 = x(t_2) = x(t + \tau)$$

bedeutet.

Mit dieser zweiten von τ abhängigen Verteilungsdichte (4.55) und der Kennfunktion $y = h(x)$ lautet die nach (2.14) definierte AKF

$$K_y(\tau) = \int\limits_{-\infty}^{\infty} \int\limits_{-\infty}^{\infty} h(x_1)h(x_2)f_2(x_1,x_2;\tau)dx_1 dx_2 - m_y^2 . \qquad (4.56)$$

Für die weiteren Berechnungen setzen wir $m_x = 0$ voraus, da der Mittelwert der Ein- und Ausgangsgrößen wegen der vorausgesetzten Ergodizität stets Konstante sind und deshalb auf die Verformung der AKF oder Spektraldichte keinen Einfluß haben. Wir können also (4.55) mit der Substitution

$$u = x(t), \qquad v = x(t + \tau)$$

die Formeln (4.55) und (4.56) in der Form schreiben:

$$f_2(u,v,\tau) = \frac{1}{2\pi\sigma_x^2\sqrt{1 - \rho^2(\tau)}} \exp\left[- \frac{u^2 + v^2 - 2\rho uv}{2\sigma_x^2(1 - \rho^2(\tau))} \right] \qquad (4.57)$$

bzw.

$$K_y(\tau) = \int\limits_{-\infty}^{\infty} \int\limits_{-\infty}^{\infty} h(u)h(v)f_2(u,v,\tau)du\,dv . \qquad (4.58)$$

Wenn man die über $\rho(\tau)$ zeitabhängige zweite Verteilungsdichtefunktion in (4.58) einsetzt, so entsteht ein Ausdruck im Doppelintegral, den man durch Reihenentwicklung in eine leichter auswertbare Form bringen kann. Für die gewählten Gaußschen Verteilungsdichtefunktionen bieten

192

sich als Entwicklungsfunktionen die Hermiteschen Polynome in der Form
[4.22]

$$H_n'(x) = (-1)^n e^{x^2} \frac{d^n}{dx^n} \left\{ e^{-x^2} \right\} \qquad (n = 0, 1, 2 \ldots), \qquad (4.59)$$

an, die im Intervall $(-\infty, +\infty)$ für die Gewichtsfunktion e^{-x^2} ein orthogonales Funktionensystem darstellen. Eine gegebene Funktion $g(x)$ kann als die unendliche Summe von Hermiteschen Polynomen

$$g(x) = \sum_{n=0}^{\infty} a_n' \, H_n'(x) \qquad (4.60)$$

mit den Entwicklungskoeffizienten

$$a_n' = \frac{1}{2^n n! \sqrt{\pi}} \int_{-\infty}^{\infty} g(x) \, e^{-x^2} H_n'(x) dx \qquad (4.61)$$

dargestellt werden. Für die Anwendung dieses Entwicklungssystems auf das Doppelintegral (4.58) gehen wir von der leicht abgewandelten Form

$$H_n(z) = \frac{(-1)^n}{n!} e^{z^2/2} \frac{d^n}{dz^n} \left\{ e^{-z^2/2} \right\} \qquad (n = 0, 1, 2 \ldots) \quad (4.62)$$

aus. Die ersten fünf Polynome (4.62) lauten

$$H_0(z) = 1, \quad H_1(z) = z, \quad H_2(z) = \frac{1}{\sqrt{2}} (z^2 - 1),$$

$$H_3(z) = \frac{1}{\sqrt{6}} (z^3 - 3z), \quad H_4(z) = \frac{1}{\sqrt{24}} (z^4 - 6z^2 + 3) \, .$$

Mit diesem orthonormalen Funktionensystem erhält man über die Substitutionen

$$u = \sigma_x z_1, \qquad v = \sigma_x z_2$$

für die zweite Verteilungsfunktion die Summendarstellung

$$f_2(z_1,z_2;\tau) = \frac{1}{2\pi\sigma_x^2} \exp\left[-\frac{z_1^2+z_2^2}{2}\right] \sum_{n=1}^{\infty} \rho^n H_n(z_1)H_n(z_2). \qquad (4.63)$$

Damit folgt aus (4.58) die Summendarstellung der Autokorrelations-funktion $K_y(\tau)$

$$K_y(\tau) = \frac{1}{2\pi} \int_{-\infty}^{\infty} \int_{-\infty}^{\infty} h(\sigma_x,z_1)h(\sigma_x,z_2)\exp\left[-\frac{z_1^2+z_2^2}{2}\right] \times$$

$$\times \sum_{n=1}^{\infty} \rho^n H_n(z_1)H_n(z_2)dz_1 dz_2$$

$$= \sum_{n=1}^{\infty} \rho^n(\tau)\left\{\frac{1}{\sqrt{2\pi}} \int_{-\infty}^{\infty} h(\sigma_x,z_1)\exp[-z_1^2/2]H_n(z_1)dz_1\right\} \times$$

$$\times \left\{\frac{1}{\sqrt{2\pi}} \int_{-\infty}^{\infty} h(\sigma_x,z_2)\exp[-z_2^2/2]H_n(z_2)dz_2\right\} \quad (n = 1,2,3,\ldots). \qquad (4.63)$$

Mit den Entwicklungskoeffizienten

$$a_n = \frac{1}{\sqrt{2\pi}} \int_{-\infty}^{\infty} h(\sigma_x,z)H_n(z)\exp[-z_2^2/2]dz \quad (n = 1,2,3,\ldots), \qquad (4.64)$$

ergibt sich die übersichtliche Darstellung

$$K_y(\tau) = \sum_{n=1}^{\infty} a_n^2 \rho^n(\tau). \qquad (4.65)$$

Führt man in (4.64) mit der Substitution $z = x/\sigma_x$ die erste Gaußsche Verteilungsdichtefunktion $f_1(x)$ ein, so erhält man für die Entwicklungs-koeffizienten

$$a_n = \int_{-\infty}^{\infty} h(x)H_n(\tfrac{x}{\sigma_x})f_1(x)dx. \qquad (4.66)$$

194

Für ungerade Funktionen $h(x) = -h(-x)$ verschwinden alle Koeffizienten mit geradzahligen Indizes. In der Reihenentwicklung

$$K_y(\tau) = a_1^2 \rho(\tau) + a_2^2 \rho^2(\tau) + a_3^2 \rho^3(\tau) + \ldots \qquad (4.67)$$

kommen Potenzen der normierten AKF vor, und diese führen zu einer "Stauchung" der potenzierten Anteile gegenüber dem Grundanteil $\rho(\tau)$. Diesem Sachverhalt entspricht im Spektralbereich eine "Verbreitung" der potenzierten Spektraldichteanteile gegenüber der Grundspektraldichte. Darin äußert sich das Auftreten der eingangs dieses Kapitels erwähnten höher- und niedrigerfrequenten Komponenten, die durch die Verzerrungswirkung der Nichtlinearität entstehen.

Ein Vergleich zwischen (4.66) und (4.26) für die äquivalente Verstärkung $k_1^{(2)}$ zeigt, daß bei $n = 1$ und

$$H_1\left(\frac{x}{\sigma_x}\right) = \frac{x}{\sigma_x} ,$$

$$a_1 = \sigma_x k_1^{(2)} \qquad (4.68)$$

ist. Brechen wir nun die Reihenentwicklung für $K_y(\tau)$ schon nach dem ersten Glied ab, so ergibt sich unter Beachtung von (4.68) und (4.54) die einfache Näherungsformel

$$K_y(\tau) \approx a_1^2 \rho(\tau)$$

$$\approx [k_1^{(2)} \sigma_x]^2 \rho(\tau) \qquad (4.69)$$

$$\approx [k_1^{(2)}]^2 K_x(\tau) .$$

Wir erhalten damit eine Bestätigung dafür, daß die im Abschnitt 4.2 nach dem Approximationskriterium II abgeleitete äquivalente Verstärkung zwar eine gute, aber nicht die beste Approximation der äquivalenten Verstärkung darstellt. Wir sehen jedoch, daß das Quadrat dieser äquivalenten Verstärkung in Analogie zu $|W(j\omega)|^2$ bei linearen

Schwingungssystemen auftritt. Aus (4.69) folgt, daß bei dieser Näherung im Spektralbereich

$$S_y(\omega) \approx [k_1^{(2)}]^2 S_x(\omega) \qquad (4.70)$$

offensichtlich gerade die Spektraldichte des Verzerrungsanteils gegen den Grundanteil vernachlässigt wird. Wenn wir eine genauere Approximation der äquivalenten Übertragungsfunktion $W_n(j\omega)$ der Nichtlinearität benötigen, so bietet sich die aus der linearen Theorie bekannte Beziehung

$$W_n(-j\omega)W_n(j\omega) = S_y(\omega)/S_x(\omega) \qquad (4.71)$$

als Ausgangsformel an. Wenn man die Fouriertransformierte von $K_y(\tau)$, ausgehend von (4.65), ebenfalls in Form einer unendlichen Reihe darstellt und diese in (4.71) als eine beliebig genaue Approximation für $S_y(\omega)$ einsetzt, so gelangt man zu einer genäherten Darstellung des Quadrats der äquivalenten Übertragungsfunktion. Zu diesem Zweck bilden wir nach (2.100) die normierten Spektraldichten

$$S_n(\omega) = \int_{-\infty}^{\infty} \rho^n(\tau)e^{-j\omega\tau}d\tau \qquad (n = 1,2,3,\ldots), \qquad (4.72)$$

und führen die durch

$$B_n(\omega) = S_n(\omega)/S_x(\omega) \qquad (4.73)$$

definierten Polynome ein. Somit können wir zunächst die Ausgangsspektraldichte $S_y(\omega)$ als die Fouriertransformierte von (4.65) schreiben

$$S_y(\omega) = \sum_{n=1}^{\infty} a_n^2 S_n(\omega) \, . \qquad (4.74)$$

Mit dem eben erhaltenen Ergebnis und den Polynomen (4.73) läßt sich das Quadrat der äquivalenten Übertragungsfunktion aus der schnell konvergierenden Reihe

$$|W_n(j\omega)|^2 = \frac{S_y(\omega)}{S_x(\omega)} = \frac{\sum_{n=1}^{\infty} a_n^2 S_x(\omega) B_n(\omega)}{S_x(\omega)}$$

$$= \sum_{n=1}^{\infty} a_n^2 B_n(\omega) \tag{4.75}$$

mit der erforderlichen Genauigkeit bestimmen. Die erste, eingangs
dieses Abschnittes gestellte Frage nach der AKF am Ausgang der
statischen Nichtlinearität und nach der äquivalenten Übertragungsfunktion ist damit kurz beantwortet.

Wir können jetzt der zweiten Frage des rückkopplungsfreien nichtlinearen
Schwingungssystems mit r Freiheitsgraden nachgehen. Ein solches nichtlineares Schwingungssystem besteht im allgemeinen aus der Reihenschaltung einer statischen Nichtlinearität und r linearen, schwingungsfähigen
Gliedern. Bezeichnet man mit

$$W_{L1}(p), \ W_{L2}(p), \ \dots, \ W_{Lr}(p) \quad (p = j\omega)$$

die Übertragungsfunktionen der linearen Glieder und mit $W_n(p)$ die
äquivalente Übertragungsfunktion der statischen Nichtlinearität des
Schwingungssystems, so erhält man für die Berechnung der Ausgangsspektraldichte $S_y(\omega)$ bei bekannter Erregerspektraldichte $S_x(\omega)$ folgenden Zusammenhang:

$$S_y(\omega) = \prod_{i_1=1}^{r} |W_{Li1}(j\omega)|^2 |W_n(j\omega)|^2 S_x(\omega) \, . \tag{4.76}$$

(4.76) kann leicht eingesehen werden, indem man bedenkt, daß durch
Einführung der äquivalenten Übertragungsfunktionen für die statische
Nichtlinearität das dynamische Verhalten des ursprünglichen zufallserregten nichtlinearen Schwingungssystems durch ein äquivalentes
lineares System mit r + 1 linearen Gliedern ersetzt. Rückkopplungs-
freie nichtlineare Schwingungssysteme können also nach der Berechnung

der äquivalenten Übertragungsfunktion sofort als lineare Systeme betrachtet und mit den in Kapitel 3 beschriebenen Verfahren behandelt werden.

Wir gehen jetzt dazu über, nichtlineare Schwingungssysteme mit Rückkopplung und einem Freiheitsgrad zu linearisieren. Wenn man sich das nichtlineare Schwingungssystem aus einer statischen Nichtlinearität und einem oder mehreren linearen Teilsystemen aufgebaut vorstellt, so kann das System mit einem der beiden in Bild 4.4 dargestellten Grundformen beschrieben werden.

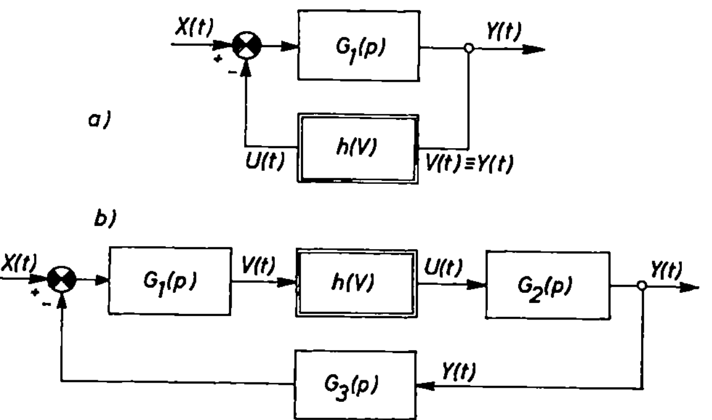

Bild 4.4. Grundtypen rückgekoppelter nichtlinearer Schwingungssysteme mit einem Freiheitsgrad

Die im Schwingungssystem enthaltenen linearen Teile sollen durch ihre Übertragungsfunktionen $G_1(p)$ und $G_3(p)$ mit $p = d/dt$ in Operatorform angegeben und die Nichtlinearität durch ihre Kennfunktion

$$U(t) = h[V(t)]$$

gekennzeichnet werden; wir benutzen auch hier die durch (4.7) und (4.14) festgelegte Approximationsfunktion U(t), um die echten statistischen Eigenschaften der tatsächlichen Zufallsfunktion am Ausgang der Nichtlinearität anzunähern. Unser Ansatz lautet also

198

$$U(t) = k_0 m_v + k_1^{(2)} v^0 , \qquad (4.76)$$

da wir die AKF oder die Spektraldichte und nicht allein die Streuung von $Y(t)$ ermitteln wollen. Der in Klammern hochgesetzte Index von $k_1^{(2)}$ weist wie auch weiter oben auf das zugrundegelegte Gütekriterium II hin.

Aus (4.76) können wir sofort die mathematische Erwartung des Anfangssignals der Nichtlinearität mit

$$m_u = k_0 m_v \qquad (4.77)$$

schreiben. Damit erhalten wir aus (4.76) den "Zufallsanteil", also die zentrierte Approximationsfunktion

$$U^0(t) = k_1^{(2)} v^0(t). \qquad (4.78)$$

Diese beiden Ausdrücke (4.77) und (4.78) zeigen erneut, daß bei der statistischen Linearisierung der Nichtlinearität unterschiedliche systematische Fehler entstehen, wenn man eine Linearisierung für die mathematischen Erwartungen durchführt oder eine Linearisierung bezüglich der AKF vornimmt. Um bei der Linearisierung der in Bild 4.4 gezeigten rückgekoppelten nichtlinearen Schwingungssysteme diesem Umstand Rechnung zu tragen, gibt man eine "nullte" äquivalente Übertragungsfunktion $W^{(0)}(p)$ des Schwingungssystems für die Berechnung der mathematischen Erwartung m_y des Ausgangssignals und eine "erste" äquivalente Übertragungsfunktion $W^{(1)}(p)$ für die Zufallsanteile $Y^0(t)$ an.

Für das System a in Bild 4.4 lauten diese Gleichungen

$$W_a^{(0)}(p) = \frac{G_1(p)}{1 + k_0 G_1(p)} \qquad (4.79)$$

bzw.

$$W_a^{(1)}(p) = \frac{G_1(p)}{1 + k_1^{(2)} G_1(p)} . \qquad (4.80)$$

Ähnliche Formeln erhalten wir auch für die Variante b in Bild 4.4. Wie man leicht nachweisen kann, lauten diese beiden Formeln

$$W_b^{(0)}(p) = \frac{k_0 G_1(p)G_2(p)}{1+k_0 G_1(p)G_2(p)G_3(p)} \qquad (4.81)$$

bzw.

$$W_b^{(1)}(p) = \frac{k_1^{(2)} G_1(p)G_2(p)}{1 - k_1^{(2)} G_1(p)G_2(p)G_3(p)} \; . \qquad (4.82)$$

Die Gleichungspaare (4.79), (4.80) sowie (4.81), (4.82) sind wegen der Definitionen (4.24) bzw. (4.26) der Linearisierungsfaktoren k_0 und $k_1^{(2)}$ von der ersten Verteilungsdichte des Eingangssignals $V(t)$ der Nichtlinearität abhängig. Ist diese Eingangsverteilungsdichte in guter Näherung oder gar exakt eine Gaußsche Verteilungsdichte, so sind die beiden Linearisierungsfaktoren k_0 und $k_1^{(2)}$ lediglich Funktionen der mathematischen Erwartung m_v und Streuung σ_v der Zufallsfunktion $V(t)$.

Im Fall a des Bildes 4.4 sind die Zufallsfunktionen $Y(t)$ und $Y(t)$, d.h. das Ausgangssignal des Schwingungssystems und die zufällige Erregung $V(t)$ der Nichtlinearität identisch. Dies vereinfacht die Sache, während im Fall b der Rechenaufwand etwas größer wird. Wir betrachten zunächst den Fall a, bei dem die Linearisierungsfaktoren wegen der angenommenen Gaußschen Verteilung lediglich Funktionen von Mittelwert m_y und Streuung σ_y des Eingangssignals der Nichtlinearität, d.h. des Ausgangssignals des gesamten Systems sind:

$$k_0 = k_0(m_y, \sigma_y)$$

bzw.

$$k_1^{(2)} = k_1^{(2)}(m_y, \sigma_y) \; .$$

Die Größen m_y und σ_y tragen die "Spuren" der Verzerrungswirkung der Nichtlinearität an sich. Wenn sie über die Rückkopplung wieder die Nichtlinearität passieren, erfahren sie eine weitere Verzerrung. Wegen der Stabilität des Systems spielt sich also stets ein konstantes Wertepaar m_y, σ_y ein. Bei der Linearisierung nichtlinearer Schwingungssysteme muß man also zuerst immer die äquivalenten Verstärkungsfaktoren k_0 und $k_1^{(2)}$ berechnen und ihre aktuellen Parameter m_{y0} und σ_{y0} ermitteln. Letzteres soll hier für die in Bild 4.4 dargestellten Grundtypen gezeigt werden.

Erinnert man sich der Eigenschaften der linearen Operatoren und ihrer Wirkung auf Zufallsfunktionen, wie sie im Kapitel 2 näher erläutert wurden, so kann man aus (4.79) eine Rechenformel für die mathematische Erwartung des Ausgangssignals für das System a in Bild 4.4 ableiten. Nach abgeklungenem Übergangsprozeß gilt mit $p = 0$ die mathematische Erwartung:

$$m_y = W^{(0)}(0)\, m_x$$

$$= \frac{G_1(0)\, m_x}{1 + k_0(m_y, \sigma_y) G_1(0)} \, .$$

(4.83)

In (4.83) gehen über $k_0(m_y, \sigma_y)$ zwei Variablen m_y und σ_y ein, so daß wir eine eindeutige Lösung des Problems nur durch Heranziehung einer weiteren Beziehung zwischen m_y und σ_y erzielen können. Zu diesem Zweck bestimmen wir das Streuungsquadrat σ_y^2 nach (2.176) in der Form

$$\sigma_y^2 = \frac{1}{2\pi} \int\limits_{-\infty}^{\infty} |W^{(1)}(j\omega)|^2 S_x(\omega)\, d\omega$$

$$= \frac{1}{2\pi} \int\limits_{-\infty}^{\infty} S_x(\omega) \left| \frac{G_1(j\omega)}{1 + k_0(m_y, \sigma_y) G_1(j\omega)} \right|^2 d\omega \, .$$

(4.83)

Die Aufgabe besteht nunmehr darin, ein Wertepaar (m_{y0}, σ_{y0}) aufzusuchen, das (4.83) und (4.84) gleichzeitig befriedigt. Es ist also ein nichtlineares Gleichungssystem zu lösen. Das kann entweder auf dem Digitalrechner durch mehrere Iterationen oder mit hinreichender

Genauigkeit graphisch erfolgen. Diesen letzteren Lösungsweg wollen wir hier beschreiben.

Wir gehen von (4.83) aus und betrachten zunächst σ_y als einen konstanten Parameter, der nacheinander die fest vorgegebenen Werte σ_{yi} ($i = 1, 2, \ldots, n$) annehmen soll. Für jedes σ_{yi} berechnen wir in Abhängigkeit von m_y mehrere Punkte der Funktion

$$\eta = \frac{G_1(0)m_x}{1 + k_0(m_y, \sigma_{yi})G_1(0)} \qquad (i = 1, 2, \ldots, n) , \qquad (4.85)$$

und stellen diese Kurvenschar mit n gleichartigen Kurven im (η, m_y)-Koordinatensystem (Bild 4.5a) dar. Wenn wir jetzt noch die Gerade

$$\eta = m_y \qquad (4.86)$$

in Bild 4.5 eintragen, so ergeben sich n Schnittpunkte mit n Abszissenwerten m_{yi}, die (4.83) bei den gegebenen σ_{yi} befriedigen. Damit verfügen wir bereits über n Wertepaare (m_{yi}, σ_{yi}), die es gestatten

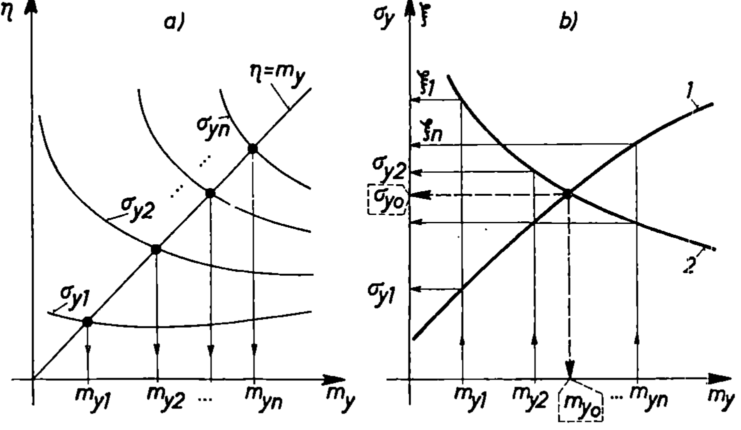

Bild 4.5. Graphische Lösung eines Gleichungssystems

im (m_y, σ_y)-Koordinatensystem (Bild 4.5b) eine stetige Kurve 1 aufzutragen. Aufgabe ist es jetzt, den Punkt dieser Kurve 1 zu bestimmen, dessen Koordinaten (m_{y0}, σ_{y0}) auch (4.84) befriedigen. Zu diesem Zweck berechnen wir mit den eben erhaltenen Wertepaaren (m_{yi}, σ_{yi}) weitere n Werte ξ_i der rechten Seite von (4.84).

$$\xi_i^2 = \frac{1}{2\pi} \int_{-\infty}^{\infty} S_x(\omega) \left| \frac{G_1(j\omega)}{1 + k_1^{(2)}(m_{yi}, \sigma_{yi})G_1(j\omega)} \right|^2 d\omega \quad (i = 1, 2, \ldots, n). \quad (4.87)$$

Wenn die errechneten ξ_i über den entsprechenden m_{yi} in Bild 4.5b eingetragen und die Punkte durch eine Kurve 2 verbunden werden, so schneiden sich die Kurven 1 und 2 gerade im gesuchten Punkt (m_{y0}, σ_{y0}), der (4.83) und (4.84) gleichzeitig erfüllt.

Die erhaltenen Werte m_{y0}, σ_{y0} gelten für den eingangs konstant angenommen Mittelwert m_x und die vorgegebene Spektraldichte $S_x(\omega)$. Da sich der Mittelwert m_x der Erregerfunktion des Schwingungssystems im Laufe der Zeit ändern kann, ist es angebracht, die vorstehend beschriebene Näherungsrechnung für mehrere Werte von m_x zu wiederholen und eine Kurvenschar für m_{y0} und σ_{y0} in Anhängigkeit von m_x zu erstellen.

Damit können wir für das nichtlineare rückgekoppelte Schwingungssystem nach Bild 4.4a die folgenden beiden linearisierten Übertragungsfunktionen für den Zusammenhang der Ein- und Ausgangssignale angeben: für den Mittelwert oder den langsam veränderlichen Anteil der Erregung

$$W_{an}^{(0)}(p) = \frac{G_1(p)}{1 + k_0(m_{y0}, \sigma_{y0})G_1(p)} \quad (4.88)$$

für die AKF oder Spektraldichte der Erregung

$$W_{an}^{(1)}(p) = \frac{G_1(p)}{1 + k_1^{(2)}(m_{y0}, \sigma_{y0})G_1(p)} . \quad (4.89)$$

Ihre Anwendung stimmt mit den in Kapitel 3 beschriebenen linearen Übertragungsfunktionen überein. Wir können also den Mittelwert m_y des

Ausgangssignals des nichtlinearen Systems aus dem Mittelwert m_x der Zufallserregung $X(t)$ durch

$$m_y = W_{an}^{(0)}(p = 0)m_x \, , \tag{4.90}$$

und die Ausgangsspektraldichte $S_y(\omega)$ aus der Erregerspektraldichte $S_x(\omega)$ durch

$$S_y(\omega) = \left| W_{an}^{(1)}(j\omega) \right|^2 S_x(\omega) \tag{4.91}$$

berechnen. Ist die AKF $K_y(\tau)$ gefragt, dann gilt nach (2.101)

$$K_y(\tau) = \frac{1}{2\pi} \int_{-\infty}^{\infty} e^{j\omega\tau} \left| W_{an}^{(1)}(j\omega) \right|^2 S_x(\omega)d\omega \, .$$

Die Linearisierung des in Bild 4.4b dargestellten nichtlinearen Schwingungssystems beginnt mit der Ermittlung der Formeln für $k_0(m_v, \sigma_v)$ und $k_1^{(2)}(m_v, \sigma_v)$ anhand von $h(V)$ und der Definitionsgleichungen (4.24) und (4.26), wobei man annimmt, daß die Zufallsfunktion $V(t)$ zumindest in guter Näherung Gaußverteilt ist. Das Zutreffen dieser Hypothese ist von Fall zu Fall zu prüfen, da die Übereinstimmung mit dem wirklichen Systemverhalten umso besser ist, je weniger die tatsächliche Verteilungsdichte am Eingang der Nichtlinearität von einer Gaußschen-Verteilung abweicht.

Der nächste Schritt ist die Formulierung der Übertragungsfunktion zwischen der Erregung $X(t)$ und dem Eingangssignal $V(t)$ der Nichtlinearität, um damit das sich einspielende Wertepaar (m_{v0}, σ_{v0}) für die gegebenen Verhältnisse $[m_x, S_x(\omega)]$ aufzufinden.

Für die Übertragungsfunktionen des Systems in Bild 4.4b zwischen $X(t)$ und $V(t)$ findet man

$$W_{xv}^{(0)}(p) = \frac{G_1(p)}{1 + k_0(m_v, \sigma_v)G_1(p)G_2(p)G_3(p)} \tag{4.92}$$

für die mathematischen Erwartungen m_x und m_v sowie

204

$$W_{xv}^{(1)}(p) = \frac{G_1(p)}{1 + k_1^{(2)}(m_v, \sigma_v)G_1(p)G_2(p)G_3(p)} \qquad (4.93)$$

für die AKF und Spektraldichte. Damit können wir die mathematische Erwartung m_v und das Streuungsquadrat σ_v^2 der Zufallsfunktion $V(t)$ durch die entsprechenden Charakteristiken der Erregerfunktion $X(t)$ ausdrücken. Es gilt

$$m_v = W_{xv}^{(0)}(p = 0)m_x$$

$$= \frac{G_1(0)m_x}{1 + k_0(m_v, \sigma_v)G_1(0)G_2(0)G_3(0)} \qquad (4.94)$$

für die mathematische Erwartung m_v bzw.

$$\sigma_v^2 = \frac{1}{2\pi} \int_{-\infty}^{\infty} S_x(\omega)\left|W_{xv}^{(1)}(j\omega)\right|^2 d\omega$$

$$\qquad (4.95)$$

$$= \frac{1}{2\pi} \int_{-\infty}^{\infty} S_x(\omega)\left|\frac{G_1(j\omega)}{1 + k_1^{(2)}(m_v, \sigma_v)G_1(p)G_2(p)G_3(p)}\right|^2 d\omega$$

für das Streuungsquadrat σ_v^2.

Unsere Aufgabe ist jetzt, ein Wertepaar (m_{v0}, σ_{v0}) zu finden das (4.94) und (4.95) gleichzeitig befriedigt. Der Lösungsweg ist identisch mit dem Verfahren, das anhand von (4.83) und (4.84) bereits beschrieben wurde. In Kenntnis von m_{v0} und σ_{v0} lauten die Übertragungsfunktionen des Systems vom Typ b

$$W_{bn}^{(0)}(p) = \frac{k_0(m_{v0}, \sigma_{v0})G_1(p)G_2(p)}{1 + k_0(m_{v0}, \sigma_{v0})G_1(p)G_2(p)G_3(p)} \qquad (4.96)$$

und

$$W_{bn}^{(1)}(p) = \frac{k_1^{(2)}(m_{v0}, \sigma_{v0})G_1(p)G_2(p)}{1 + k_1^{(2)}(m_{v0}, \sigma_{v0})G_1(p)G_2(p)G_3(p)} \, . \qquad (4.97)$$

Mit (4.97) ergibt sich z.B. die Ausgangsspektraldichte des Systems b bei bekanntem $S_x(\omega)$ aus

$$S_y(\omega) = \left| W_{bn}^{(1)}(j\omega) \right|^2 S_x(\omega) . \qquad (4.98)$$

In ähnlicher Weise erhält man mit (4.96) die mathematische Erwartung der Ausgangsgröße aus

$$m_y = W_{bn}^{(0)}(p = 0)m_x . \qquad (4.99)$$

Die praktische Handhabung der beschriebenen Linearisierungsmethoden wird am Beispiel des in Kapitel 3 als lineares Schwingungssystem durchgerechneten einfachen Fahrzeugmodells gezeigt.

Durch Einführung des in Abschnitt 4.2 bereits linearisierten "Abhebens" als Nichtlinearität in das lineare Modell (Bild 3.1c) entsteht das nichtlineare Modell des einfachen Fahrzeugs, wie es in Bild 4.6 dargestellt ist.

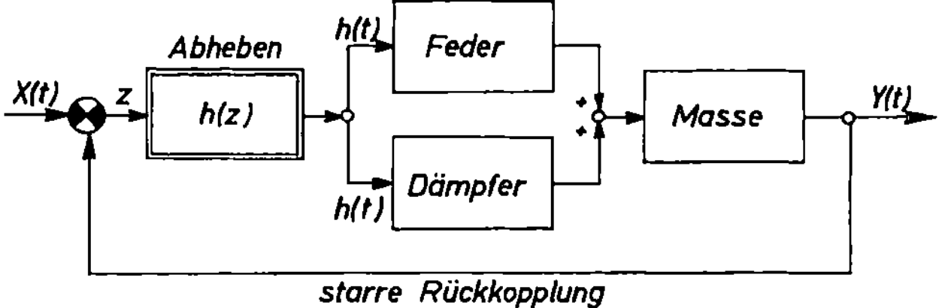

Abb.4.6. Das einfache Fahrzeug als nichtlineares Schwingungssystem

Es soll nun das Verhalten des nichtlinearen Fahrzeugmodells für verschiedene Fahrgeschwindigkeiten untersucht werden, wenn man eine Fahrbahn mit bekannter Spektraldichte $S_x(\omega)$ und verschwindendem Mittelwert $(m_x = 0)$ annimmt. Wegen $m_x = 0$ wird sich auch m_y nicht von Null unterscheiden, so daß wir uns auf die Berechnung der Spektraldichten und $k_1^{(2)}(\sigma_z)$ beschränken können.

206

Nach (4.52) hat das Abheben für Gaußverteilte Eingangssignale die
äquivalente Verstärkung

$$k_1^{(2)}(\sigma_z) = \frac{1}{2} + \Phi(\frac{z_0}{\sigma_z}) \; . \qquad (4.100)$$

Mit den in Abschnitt 3.3 benutzten Bezeichnungen und Zahlenwerten
können wir die zu (4.93) ähnliche Übertragungsfunktion zwischen $X(t)$
und $Z(t)$ wie folgt schreiben:

$$W_{xz}^{(1)}(p) = \frac{p^2}{p^2 + k_1^{(2)}(\sigma_z)(2D\omega_0 p + \omega_0^2)} \; . \qquad (4.101)$$

Wie sich bereits bei der Untersuchung des linearen Fahrzeugmodells
herausstellte, ist die Streuung σ_y der vertikalen Auslenkung $Y(t)$ der
Aufbaumasse eine Funktion der bezogenen Fahrgeschwindigkeit λ. Eine
ähnliche Abhängigkeit ist wegen

$$Z(t) = X(t) - Y(t) \, ,$$

$$\sigma_x = const \, , \qquad \sigma_y = \sigma_y(\lambda)$$

auch für σ_z zu erwarten, so daß auch $k_1^{(2)}$ geschwindigkeitsabhängig
wird:

$$k_1^{(2)} = k_1^{(2)}[\sigma_z, \lambda] \; . \qquad (4.102)$$

Mit den im Zahlenbeispiel bereits benutzten Werten ergibt sich eine
statische Einfederung

$$z_0 = \frac{Fahrzeuggewicht}{Federsteifigkeit} = \frac{350 \; kp}{17\,000 \; kp/m} = 0,02058 \; m \; .$$

Mit diesem Wert von z_0 als Parameter läßt sich aus der Funktion
in Bild 4.3 im $[\sigma_z^2, k_1^{(2)}(\sigma_z)]$-Koordinatensystem die in Bild 4.7
voll ausgezogene Kurve konstruieren. Diese Kurve beschreibt das

Verhalten der Nichtlinearität in Abhängigkeit von σ_z^2. Diesem Zusammenhang stellen wir das Verhalten des gesamten nichtlinearen Schwingungssystems zwischen $X(t)$ und $Z(t)$ für eine Reihe angenommener λ und

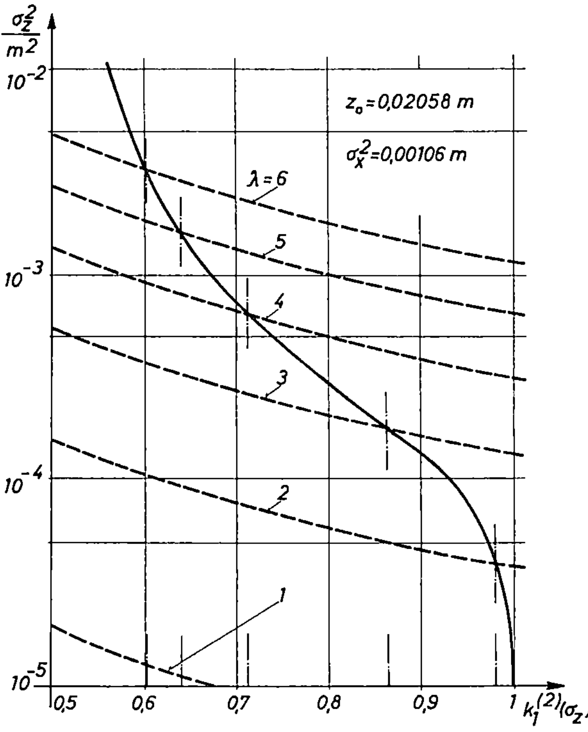

Abb.4.7. Graphische Bestimmung der äquivalenten Verstärkung in Abhängigkeit der Dispersion σ_z^2

$k_1^{(2)}(\sigma_z)$-Werte gegenüber. Es werden für $\lambda = 1, 2, \ldots, 6$ als Parameter und für

$$k_1^{(2)}(\sigma_z) = 0,50;\ 0,55;\ \ldots;\ 1,00$$

die Streuungsquadrate

$$\sigma_z^2[\lambda, k_1^{(2)}] = \frac{1}{2\pi} \int_{-\infty}^{\infty} S_{xx}(\omega, \lambda) \left| W_{xz}^{(1)}(j\omega, k_1^{(2)}) \right|^2 d\omega \qquad (4.103)$$

berechnet und in Abhängigkeit von $k_1^{(2)}(\sigma_z)$ in Bild 4.7 gestrichelt
eingezeichnet. Für die Auswertung des Integrals gebrauchen wir wieder
die Integraltafel in Anhang C sowie die Spektraldichte (3.28) und die
Abkürzungen

$$A = \omega_0^2, \quad B = 2D\omega_0, \quad C = \lambda^2(\alpha^2 + \beta^2),$$

$$E = 2\lambda\alpha, \quad S_0 = 4\lambda^3\alpha(\alpha^2 + \beta^2).$$

Die Lösung des Integrals (4.103) lautet

$$\sigma_z^2[\lambda, k_1^{(2)}] = \varkappa^2\sigma_x^2 S_0 I_{4,n}(\lambda) \qquad (4.104)$$

mit

$$a_{0n} = 1, \quad a_{1n} = Bk_1^{(2)} + E, \quad a_{2n} = (A + BE)k_1^{(2)} + C,$$

$$a_{3n} = (AE + BC)k_1^{(2)}, \quad a_{4n} = ACk_1^{(2)},$$

$$b_{0n} = 0, \quad b_{1n} = 1, \quad b_{2n} = 0, \quad b_{3n} = 0$$

und

$$I_{4,n}(\lambda) = \frac{-a_{0n}a_{3n}b_{1n}}{2a_{0n}(a_{0n}a_{3n}^2 + a_{1n}^2 a_{4n} - a_{1n}a_{2n}a_{3n})}.$$

Die Schnittpunkte der Kurvenschar mit der durchgezogenen Kurve
ergeben für die gewählte Fahrbahn die Abhängigkeit der äquivalenten
Verstärkung des Abhebens von der Fahrgeschwindigkeit (Bild 4.8).
Der Vergleich dieser Geschwindigkeitsabhängigkeit mit der beim
linearen Fahrzeugmodell ermittelten Fehlerkurve (Bild 3.13) zeigt
eindeutig, daß sich der Einfluß des Abhebens als Nichtlinearität genau
bei der Fahrgeschwindigkeit bemerkbar macht, bei der der systematische

Fehler des linearen Modells in Erscheinung tritt. Die Einflußnahme des Abhebens auf das nichtlineare Systemverhalten und die Vergrößerung des systematischen Fehlers des linearen Modells sind - wie es auch einleuchtet - zwei gleichartige Phänomene.

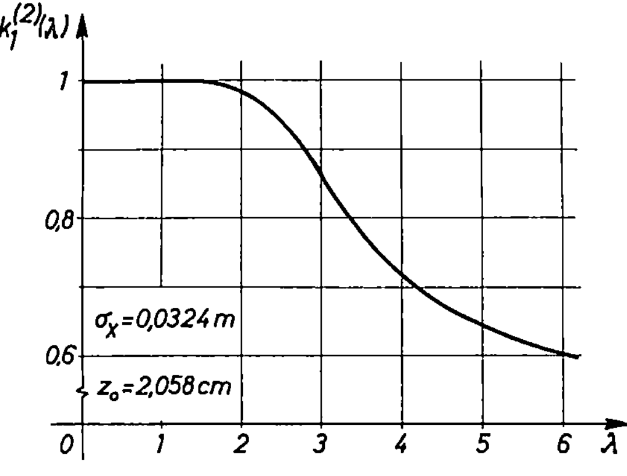

Abb.4.8. Äquivalente Verstärkung als Funktion der Fahrgeschwindigkeit

Um die durch die Einführung des Abhebens als Nichtlinearität erreichte Verbesserung des Fahrzeugmodells feststellen und es den experimentell ermittelten wirklichen Verhältnissen gegenüberstellen zu können, wird die Streuung σ_y der Vertikalbeschleunigung der Aufbaumasse in Abhängigkeit der Fahrgeschwindigkeit (λ) berechnet.

Dazu wird die Übertragungsfunktion zwischen X(t) und Y(t) benötigt, die mit der in Bild 4.8 dargestellten geschwindigkeitsabhängigen äquivalenten Verstärkung $k_1^{(2)}(\lambda)$ in der Form

$$W_{xy}^{(1)}(p,\lambda) = \frac{k_1^{(2)}(\lambda)[2D\omega_0 p + \omega_0^2]}{p^2 + k_1^{(2)}(\lambda)[2D\omega_0 p + \omega_0^2]} \qquad (4.105)$$

geschrieben werden kann. Wir können jetzt wegen der bekannten

210

Beziehung (2.158) und (3.21) sowie ausgehend von der geschwindigkeitsabhängigen Spektraldichte der Vertikalbeschleunigung $\ddot{Y}(t)$

$$S_{\ddot{y}}(\omega, \lambda) = \left| W_{xy}^{(1)}(j\omega, \lambda) \right|^2 (j\omega)^4 \cdot S_x(j\omega, \lambda)$$

(Bild 4.9) die Streuung $\sigma_{\ddot{y}}(\lambda)$ berechnen.

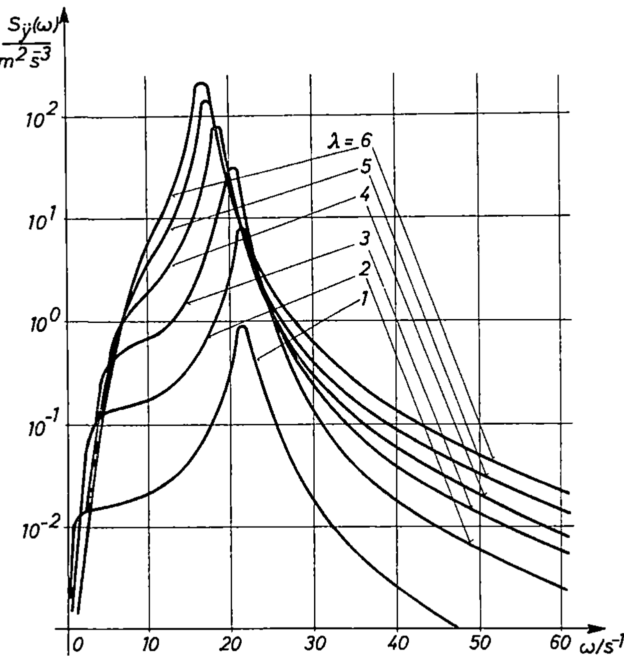

Abb.4.9. Spektraldichte der Vertikalbeschleunigung in Abhängigkeit
der Fahrgeschwindigkeit

Es ergeben sich für $\lambda = 1, 2, \ldots, 6$ aus (4.105) und (3.28) sowie

$$\sigma_{\ddot{y}}^2(\lambda) = \frac{1}{2\pi} \int_{-\infty}^{\infty} S_x(\omega, \lambda) \left| W_{xy}^{(1)}(j\omega, \lambda) \right|^2 (j\omega)^4 d\omega \qquad (4.106)$$

die Lösungen

$$\sigma_{\ddot{y}}^2(\lambda) = \varkappa^2 \sigma_x^2 S_0 I_{4,b}(\lambda) , \qquad (4.107)$$

wobei

$$I_{4,b}(\lambda) = \frac{b_{0b}(-a_{1b}a_{4b} + a_{2b}a_{3b}) - a_{0b}a_{3b}b_{1b}}{2a_{0b}(a_{0b}a_{3b}^2 + a_{1b}^2 a_{4b} - a_{1b}a_{2b}a_{3b})}$$

sowie

$$a_{0b} = 1, \quad a_{1b} = B k_1^{(2)}(\lambda) + E, \quad a_{2b} = k_1^{(2)}(\lambda)(A + BE) + C,$$

$$a_{3b} = k_1^{(2)}(\lambda)(AE + BC), \quad a_{4b} = k_1^{(2)}(\lambda)AC,$$

$$b_{0b} = -[B k_1^{(2)}(\lambda)]^2, \quad b_{1b} = [A k_1^{(2)}(\lambda)]^2, \quad b_{2b} = 0, \ b_{3b} = 0,$$

gesetzt wurden. Die Ergebnisse der Auswertung von (4.107) sind in Bild 4.10 den Resultaten des linearen Fahrzeugmodells gegenübergestellt.

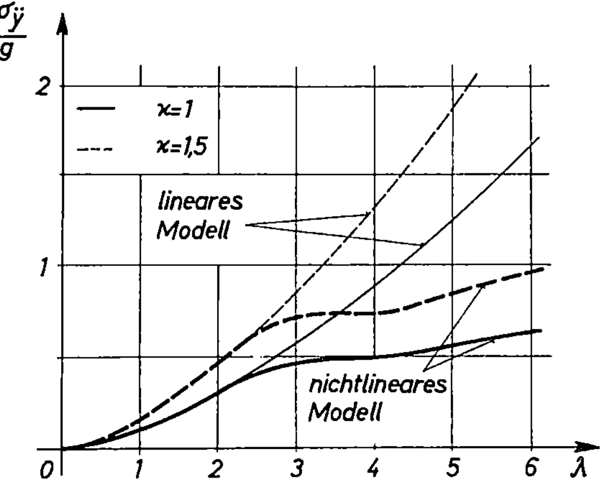

Abb.4.10. Vergleich der Ergebnisse des linearen und des nichtlinearen Fahrzeugmodells

Daß das eben behandelte nichtlineare Modell die wirklichen Verhältnisse
wesentlich besser als das lineare annähert, wird besonders deutlich,
wenn man diese theoretischen Kurvenverläufe den experimentell ermittelten Kurvenzügen [4.23] eines vergleichbaren gummibereiften Fahrzeugs
gegenüberstellt (Bild 4.11).

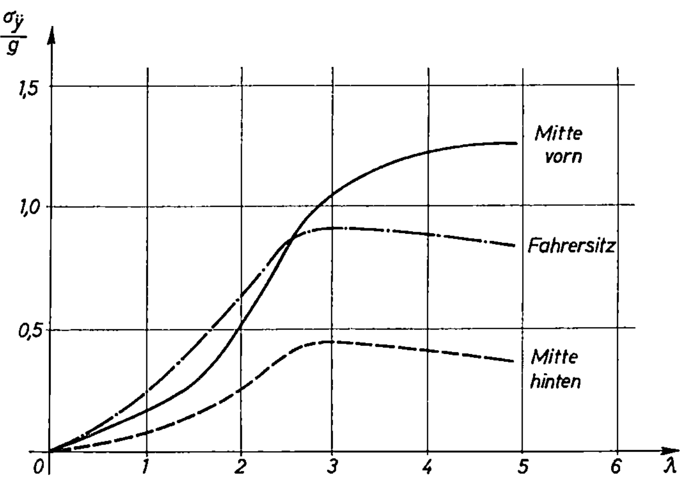

Abb.4.11. Gemessene Geschwindigkeitsabhängigkeit der Streuung der
Vertikalbeschleunigungen an verschiedenen Punkten eines ungefeder-
ten Radschleppers nach [4.23]

Der im Vergleich zum linearen Modell erhöhte Rechenaufwand des nichtlinearen Schwingungssystems bringt in den meisten Fällen eine wesentlich
bessere Annäherung der wirklichen Schwingungsvorgänge als das lineare
Modell, so daß sich die sinnvolle Anwendung nichtlinearer Modelle auf
praktische Probleme stets bezahlt macht.

4.4 Numerische Behandlung nichtlinearer Schwingungssysteme bei nicht Gaußscher Zufallserregung

Die in Abschnitt 4.3 beschriebenen Linearisierungsverfahren und die
möglichen Erweiterungen haben zwar wegen ihrer Einschränkung auf

Gaußverteilte Eingangssignale an der Nichtlinearität sowie auf statische
Nichtlinearitäten einen weiten, aber doch begrenzten Anwendungsbereich.
Will man jedoch komplizierte nichtlineare Schwingungssysteme mit
mehreren trägheitsbehafteten Nichtlinearitäten auf ihr Verhalten hin
und bei nicht-Gaußscher Erregung untersuchen, so kommt man durch
eine analoge oder digitale Simulation des Systems wesentlich schneller
als durch Linearisierungen zum Ziel.

Je nach dem Arbeitsaufwand können die nichtlinearen Schwingungsdiffe-
rentialgleichungen mittels numerischer Verfahren mit der erforderlichen
Genauigkeit gelöst werden.

Obwohl numerische Verfahren keine allgemeinen Lösungen liefern, sind
sie durch die weite Verbreitung von digitalen Rechenanlagen auch für
die statistische Schwingungsanalyse nichtlinearer Systeme zu sehr
brauchbaren Hilfsmitteln geworden. Bei den derzeitigen hohen Rechen-
geschwindigkeiten und Speicherkapazitäten ist es ohne weiteres möglich,
kleine Schrittweiten und genauere Algorithmen zu verwenden, ohne dabei
die Rechenzeiten unnötig zu verlängern.

Unter den zahlreichen numerischen Verfahren ([4.24] bis [4.28])
kommt für unsere Zwecke in erster Linie das Verfahren von Runge-
Kutta [4.29] in Frage. Die Gründe dafür sind vor allem

- die hohe numerische Stabilität, da das Verfahren auch für eine große
Anzahl von Einzelschritten konvergiert;

- die veränderliche Schrittweite, wodurch eine leichte Erfüllung von
Genauigkeitsanforderungen gewährleistet werden kann;

- die Eignung für die näherungsweise Lösung von gewöhnlichen Diffe-
rentialgleichungssystemen, wie sie bei nichtlinearen Schwingungs-
problemen häufig vorkommen;

- der geringe Verfahrensfehler.

Die Rechenformeln [4.30] des Verfahrens von Runge-Kutta für die
näherungsweisen Lösungen $y_1(t_1)$, $y_2(t_1)$, ..., $y_n(t_1)$ eines Systems

214

gewöhnlicher Differentialgleichungen 1. Ordnung

$$\frac{dy_i(t)}{dt} = f_i[t, y_1(t), y_2(t), \ldots, y_n(t)], \quad (i = 1, 2, \ldots, n), \qquad (4.108)$$

mit dem Anfangsbedingungen

$$y_i(t_0) = y_{i0}, \qquad (i = 1, 2, \ldots, n),$$

und der Schrittweite Δt lauten

$$y_i(t + \Delta t) = y_i(t) + \frac{\Delta t}{6}(k_{1i} + 2k_{2i} + 2k_{3i} + k_{4i}), \quad (i = 1, 2, \ldots, n). \quad (4.109)$$

Hierin bedeuten

$$k_{1i} = f_i[t, y_1(t), y_2(t), \ldots, y_n(t)],$$

$$k_{2i} = f_i[t + \frac{\Delta t}{2}, y_1(t) + \frac{\Delta t}{2}k_{11}, y_2(t) + \frac{\Delta t}{2}k_{12}, \ldots, y_n(t) + \frac{\Delta t}{2}k_{1n}]$$

$$\qquad (4.110)$$

$$k_{3i} = f_i[t + \frac{\Delta t}{2}, y_1(t) + \frac{\Delta t}{2}k_{21}, y_2(t) + \frac{\Delta t}{2}k_{22}, \ldots, y_n(t) + \frac{\Delta t}{2}k_{2n}],$$

$$k_{4i} = f_i[t + \Delta t, y_1(t) + \Delta t\, k_{31}, y_2(t) + \Delta t\, k_{32}, \ldots, y_n(t) + k_{3n}].$$

Die Kontrolle der Genauigkeit geschieht durch die Berechnung der
selben Näherungslösungen mit der halben und mit der vollen Schrittweite [$y_i^*(t)$ mit Δt und $y_i^{**}(t)$ mit $\frac{\Delta t}{2}$].

Damit können wir den Gesamtfehler der Näherung und eine genauere
Schätzung der genäherten Lösung angeben. Die genauere Schätzung ist

$$y_i(t + \Delta t) = y_i^{**} + \frac{1}{15}[y_i^{**}(t + \Delta t) - y_i^*(t + \Delta t)], \qquad (4.111)$$

und der relative Fehler ε der Näherung kann mit

$$\varepsilon \geqslant \frac{|y_i^{**}(t) - y_i^*(t)|}{\max\{|y_i^*(t)|, |y_i^{**}(t)|, \eta\}} \quad (i = 1, 2, \ldots, n), \qquad (4.112)$$

angegeben werden, wobei η eine kleine positive Zahl ($\eta \leqslant 10^{-3}$) bedeutet [4.30].

Wenn man dieses numerische Verfahren zur genäherten Lösung der mit (4.1) beschriebenen nichtlinearen Schwingungsprobleme benutzt, so fallen die Zufallsfunktionen $Y_1(t)$, $Y_2(t)$, ..., $Y_q(t)$ als je eine diskrete Zahlenfolge an, wobei ihnen die diskreten Zahlenfolgen der digitalisierten Abtastwerte der Zufallserregung $X_1(t)$, $X_2(t)$, ..., $X_r(t)$ gegenüberstehen. Es entsteht also eine genäherte Lösung, deren Form für statistische Untersuchungen besonders geeignet ist.

Für die äquidistanten Zeitpunkte (Schrittweite Δt) $t_0, t_1, t_2, \ldots, t_N$ ruft die zufällige Erregung mit den Abtastwerten

$$X_1(t_0), X_1(t_1), \ldots, X_2(t_i), \ldots, X_1(t_N) ,$$
$$X_2(t_0), X_2(t_1), \ldots, X_2(t_i), \ldots, X_2(t_N) ,$$
$$\cdots\cdots\cdots\cdots\cdots\cdots\cdots\cdots\cdots$$
$$X_r(t_0), X_r(t_1), \ldots, X_r(t_i), \ldots, X_r(t_N)$$

$$(4.113)$$

die Abtastwerte

$$Y_1(t_0), Y_1(t_1), \ldots, Y_1(t_i), \ldots, Y_1(t_N) ,$$
$$Y_2(t_0), Y_2(t_1), \ldots, Y_2(t_i), \ldots, Y_2(t_N) ,$$
$$\cdots\cdots\cdots\cdots\cdots\cdots\cdots\cdots\cdots$$
$$Y_q(t_0), Y_q(t_1), \ldots, Y_q(t_i), \ldots, Y_q(t_N)$$

$$(4.114)$$

der Ausgangssignale hervor.

Wählt man $\Delta t = t_{i+1} - t_i$ genügend klein und die Anzahl N der berechneten Abtastpunkte hinreichend groß, so können die Zahlenfolgen (4.113) und (4.114) als Stichproben betrachtet und statistisch verarbeitet werden.

216

Um das Näherungsverfahren anwenden zu können, ist es erforderlich,
das ursprüngliche System von nichtlinearen Differentialgleichungen
höherer Ordnung nach den jeweils vorkommenden höchsten Ableitungen
der gesuchten Funktionen aufzulösen. Nach Einführung neuer abhängiger
Veränderlicher können die expliziten Diffenrentialgleichungen auf die
Form (4.1) gebracht werden.

Insbesondere erhalten wir für die Schwingungsdifferentialgleichung n-ter
Ordnung

$$Y^{(n)}(t) = f[t, Y, Y', Y'', \ldots, Y^{(n-1)}; X(t)] \qquad (4.115)$$

durch Einführung der Veränderlichen

$$U_1(t) = Y(t), \; U_2(t) = Y'(t), \; U_3(t) = Y''(t), \ldots,$$

$$(4.116)$$

$$U_{n-1}(t) = Y^{(n-2)}(t), \; U_n(t) = Y^{(n-1)}(t)$$

das äquivalente Normalsystem

$$\frac{dU_1(t)}{dt} = U_2(t) \, ,$$

$$\frac{dU_2(t)}{dt} = U_3(t) \, ,$$

$$\cdots \cdots \cdots \cdots \qquad (4.117)$$

$$\frac{d^n U_n(t)}{dt^n} = f[t, U_1(t), U_2(t), \ldots, U_n(t) X(t)]$$

sowie die lineare Gleichung

$$Y(t) = U_1(t) \, . \qquad (4.118)$$

Die Gleichungen (4.117) entsprechen dem System (4.108) und lassen
sich mit dem eben beschriebenen Runge-Kutta-Verfahren numerisch
lösen. Wegen der linearen Beziehung (4.118) erhält man aus den
Näherungswerten

$$U_1(t_0), U_1(t_1), \ldots, U_1(t_N)$$

die genäherten Abtastwerte des Ausgangssignals

$$Y(t_0), Y(t_1), \ldots, Y(t_N) .$$

Das Verfahren liefert sofort auch die Abtastwerte der höheren Ableitungen, wie dies aus (4.116) und (4.117) hervorgeht. Dies kann für manche Aufgaben äußerst vorteilhaft sein.

Abschließend soll die Anwendung des obigen numerischen Verfahrens am Beispiel der nichtlinearen Differentialgleichung

$$\ddot{Y}(t) + [\dot{Y}(t)]^2 \sin \dot{Y}(t) + \cos Y(t) = X(t) \qquad (4.119)$$

eines Schwingungssystems mit trägheitsbehafteten Nichtlinearitäten gezeigt werden. Mit den Substitutionen

$$Y(t) = U_1(t), \quad \dot{Y}(t) = U_2(t) \qquad (4.120)$$

überführen wir (4.119) in ein System gewöhnlicher Differentialgleichungen erster Ordnung:

$$\frac{dU_1(t)}{dt} = U_2(t) ,$$

$$\frac{dU_2(t)}{dt} = X(t) - \cos U_1(t) - [U_2(t)]^2 \sin U_2(t) , \qquad (4.121)$$

das sich numerisch nach dem Runge-Kutta-Verfahren lösen läßt. Die Abtastwerte $X(t_i)$ der Erregerfunktion sollen für $N = 1000$ Punkte und den programmäßig erzeugten Pseudo-Zufallszahlen z_{1i} und z_{2i} durch

$$X(t_i) = 500 \sin \left(\Delta t \frac{i}{10} \right) \sin (z_{1i} + z_{2i}) \qquad (4.122)$$

für $\Delta t = 0,01$ s berechnet werden. Die numerische Lösung geschieht

mit Hilfe des SIMULATORS, wobei das Differentialgleichungssystem
(4.121) durch die folgende Algol-Prozedur beschrieben wird:

```
procedure f(x,n,y,d);
  value x,n;
  real x;
  integer n;
  array y,d;
  begin
   real U1,U2;
   U1 := y[1];
   U2 := y[2]
   d[1] := U2;
   d[2] := X[i] - U2 * U2 * sin(U2) - cos(U1)
  end f;
```

Die Verteilungsdichte der Erregerfunktion $X(t)$ ist zwar noch nahezu
symmetrisch auf die mathematische Erwartung ($t = 0$ in Bild 4.12a),

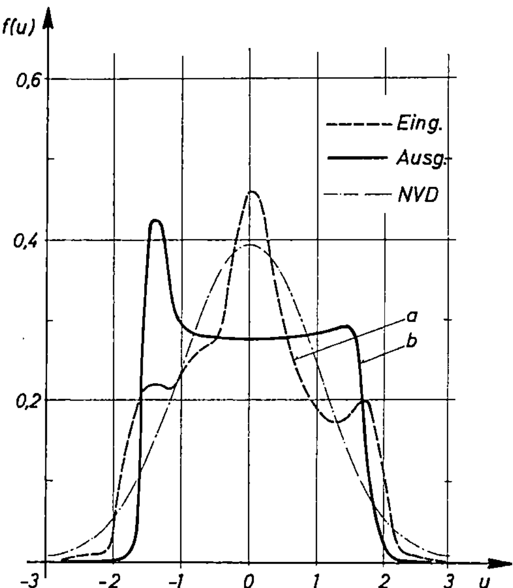

Abb.4.12. Deformation einer symmetrischen Verteilungsdichtefunktion beim Durchgang des Signals durch ein nichtlineares Schwingungssystem

während die Ausgangsverteilungsdichte (Bild 4.12b) völlig asymmetrisch ausfällt. Die bei der numerischen Näherungslösung erhaltenen Abtastwerte eignen sich auch für die Berechnung der AKF und daraus der Spektraldichten. Wie dies im einzelnen vor sich geht, wird im folgenden Kapitel behandelt.

5. Auswertung gemessener Zufallsschwingungen

Die Anwendung der in den vorangehenden Kapitel beschriebenen Verfahren und Überlegungen setzt die Kenntnis der statistischen Charakteristiken (mathematische Erwartung, Streuung, Verteilungsgesetz, Korrelationsfunktionen usw.) der auf den Eingang eines Schwingungssystems gegebenen zufälligen Erregerfunktionen voraus. Diese Charakteristiken können in den meisten Aufgaben der Praxis nicht aufgrund theoretischer Überlegungen bestimmt werden, sondern man muß sie durch Auswertung von Versuchsergebnissen ermitteln.

Zu einer Auswertung sind Beobachtungen (Meßwerte) und Auswertungsmethoden erforderlich, die auf einander abzustimmen sind. Aus Platzgründen begnügen wir uns hier mit einer kurzen Schilderung der wichtigsten Gesichtspunkte für die Kombination einzelner Meß- und Ausweteverfahren und behandeln nur die für die Auswertepraxis notwendigen statistischen Methoden ausführlicher.

Das Messen bzw. Berechnen kann sowohl unter Verwendung spezieller Analogrechengeräte wie auch unter Benutzung von Digitalrechnern geschehen. Die Verwendung von Digitalrechnern erfordert Zusatzeinrichtungen zur schnellen Analog-Digital-Wandlung der Meßsignale. Gegenüber der hohen Genauigkeit digitaler Auswertungen weisen die analogen Berechnungen einen niedrigen Genauigkeitsgrad auf. In Anbetracht der endlichen Beobachtungszeit ist der statistische Meßfehler aber meist wesentlich größer als der apparative Fehler eines Analoggerätes, so daß die höhere Genauigkeit der Digitalrechner nur bei langen Beobachtungszeiten Vorteile bringt. Diese langen Beobachtungszeiten sind jedoch nur bei stationären Zufallsfunktionen sinnvoll.

Die zweckmäßige Art der Registrierung der zu analysierenden Signale hängt von den zur Verfügung stehenden oder ausgewählten Berechnungshilfsmitteln ab.

Eine Registrierung des zeitlichen Verlaufs einer zufälligen Schwingungsamplitude kann mit Schreiben auf Registrierstreifen ([5.1] bis [5.4]), mit analogen oder digitalen Magnetbandgeräten auf Magnetband ([5.5] bis [5.10]) oder mit Schnellstanzern auf Lochstreifen vorgenommen werden.

Soll die Berechnung unter Verwendung spezieller Analogrechengeräte erfolgen, so wird der kontinuierliche zeitliche Verlauf des zu analysierenden Signals benötigt. In diesem Fall ist eine fortlaufende analoge Aufzeichnung auf Magnetband sinnvoll, besonders wenn eine Möglichkeit zur Frequenztransformation bei der Wiedergabe besteht.

Soll die Berechnung auf einem Digitalrechner durchgeführt werden, so kann man ebenfalls von kontinuierlichen Signalaufzeichnungen ausgehen und anschließend eine Analog-Digital-Umsetzung vornehmen. Zweckmäßiger ist es jedoch, diese Umsetzung schon bei der Aufzeichnung vorzunehmen und das Signal in zeitlich diskontinuierlicher und amplitudenquantisierter Form auf Lochstreifen oder (noch besser) auf Magnetband zu speichern. Da Digitalrechner sowohl zur Prozeßsteuerung als auch für Datenverarbeitung im verstärkten Maß eingesetzt werden, gewinnt die digitale Berechnung der statistischen Charakteristiken von Zufallschwingungen immer mehr an Bedeutung.

Ein weiterer Gesichtspunkt, der für die Verwendung von Digitalrechnern spricht, besteht darin, daß mit Digitalrechnern auch komplizierte und weitverzweigte Auswertungen einschließlich der Erstellung von Meß- und Auswerteprotokollen im gewünschten Format in einem Rechengang mit großer Geschwindigkeit und Genauigkeit vorgenommen werden können. Aus diesem Grunde sind die folgenden Abschnitte so aufgebaut, daß die grundsätzlichen Überlegungen für analoge wie auch für digitale Auswertungen gelten, während die Auswertemethodik (einschließlich Algol-Programme) in jedem Falle für die digitale Berechnung

statistischer Charakteristiken angegeben wird. Benutzt werden dabei
Auswertungsmethoden der mathematischen Statistik sowie Verfahren
für die Approximation empirischer Funktionen.

5.1 Bestimmung von Mittelwert, Streuung und Verteilungsdichtefunktion

Die Ermittlung der Kenngrößen Mittelwert und Streuung einer Zufallsfunktion durch Messung ist ein Teil der allgemeineren statistischen
Stichprobentheorie, deren Grundbegriffe als bekannt vorausgesetzt
werden. Statistische Kenngrößen stellen immer Mittelwerte dar, deren
exakte Werte im Falle einer Zufallsfunktion über einen unendlich
langen Zeitraum gebildet werden müssen. In der Praxis kann man eine
Zufallsschwingung natürlich nicht über einen unendlich langen Zeitraum
beobachten. Mittelwerte, die man durch Mittelung über ein endliches
Zeitintervall erhält oder (statistisch betrachtet) Mittelwerte aus einem
endlichen Stichprobenumfang ergeben nur Schätzwerte für den wahren
(exakten) Mittelwert. Diese Schätzwerte stellen Realisierungen einer
Zufallsgröße dar, deren mathematische Erwartung gleich dem gefragten
wahren Mittelwert ist, und deren Streuung ein Maß dafür ist, wieweit
sich bei einer bestimmten statistischen Sicherheit ein einzelner Meß-
wert von dem wahren Mittelwert entfernen kann.

Bei der Messung einer statistischen Kenngröße muß man sich daher
stets Klarheit über den Zusammenhang zwischen der Meßdauer und der
zu erwartenden Streuung der Meßwerte verschaffen, um

- bei vorgegebener oder geforderter Genauigkeit der Kenngrößen die
notwendige Meßdauer abzuschätzen,

- bei gegebener endlicher Meßdauer die zu erwartende statistische
Sicherheit abzuschätzen,

- das instationäre Verhalten der Zufallsfunktion an der Änderung ihrer
Kenngrößen zu erkennen.

Wir betrachten nun eine im Zeitintervall $(-T, T)$ gemessene Realisierung $x(t)$ der stationär und ergodisch angenommenen Zufallsfunktion $X(t)$ und wollen Schätzwerte $\tilde{m}_x$, $\tilde{s}_x$ für ihre mathematische Erwartung m_x und Streuung σ_x berechnen. Die mit aufgesetzter Wellenlinie bezeichneten Größen oder Funktionen stellen eine Schätzung (empirische Näherung) der theoretischen (exakten) Größen dar.

Aus der Definition der mathematischen Erwartung einer ergodischen Zufallsfunktion

$$m_x = E[X(t)] = \lim_{T \to \infty} \frac{1}{2T} \int_{-T}^{T} X(t)dt \qquad (5.1)$$

leiten wir unter Fortlassung des Grenzüberganges eine Schätzung für m_x ab:

$$\tilde{m}_x = \frac{1}{2T} \int_{-T}^{T} x(t)dt \,. \qquad (5.2)$$

Zur Beurteilung der "Genauigkeit" der Schätzung wird bestimmt, wieweit sich der empirische Schätzwert bei gegebener statistischer Sicherheit von dem wahren Kennwert entfernen kann, wie breit also sein "Vertrauensintervall" ist. Entscheidend hierfür ist die Streuung von $\tilde{m}_x$ um den exakten Wert m_x. Die Berechnung der Dispersion deuten wir im folgenden mit dem Symbol $D[\ldots]$ an. Die Dispersion von $\tilde{m}_x$ lautet [5.11]

$$\tilde{\sigma}_m^2 = D[\tilde{m}_x] = E\left\{[\tilde{m}_x - m_x]^2\right\}. \qquad (5.3)$$

Nach Einsetzen der rechten Seite von (5.2) in (5.3) erhalten wir

$$D[\tilde{m}_x] = \frac{1}{4T^2} \int_{-T}^{T} \int_{-T}^{T} E\left\{[x(t_1) - m_x][x(t_2) - m_x]\right\}dt_1 dt_2$$

$$\qquad (5.4)$$

$$= \frac{1}{4T^2} \int_{-T}^{T} \int_{-T}^{T} K_x(t_1 - t_2)dt_1 dt_2 \,.$$

Das letzte Integral läßt sich vereinfachen, wenn man berücksichtigt, daß $K_x(\tau)$ mit $\tau = t_1 - t_2$ im schraffierten Gebiet (Bild 5.1) konstant

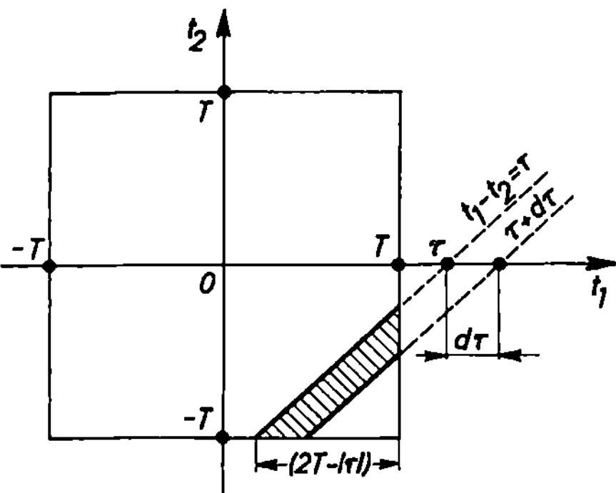

Abb.5.1. Graphische Darstellung der Integrationsgrenzen

ist. Die schraffierte Fläche beträgt $(2T - |\tau|)d\tau$, so daß (5.4) in

$$D[\tilde{m}_x] = \frac{1}{2T} \int_{2T}^{2T} \left(1 - \frac{|\tau|}{2T}\right) K_x(\tau)d\tau \qquad (5.5)$$

übergeht. Da $K_x(\tau)$ eine gerade Funktion von τ ist, wird aus (5.5)

$$\tilde{\sigma}_m^2 = D[\tilde{m}_x] = \frac{2}{T} \int_0^T \left(1 - \frac{\tau}{T}\right) K_x(\tau)d\tau . \qquad (5.6)$$

Bei bekannter AKF $K_x(\tau)$ haben wir damit ein Maß für die Abschätzung der Genauigkeit des Mittelwertes $\tilde{m}_x$ in Abhängigkeit der Beobachtungszeit 2T.

In den meisten praktischen Fällen ist die AKF der gemessenen Zufallsfunktion zu Beginn der Auswertung nicht bekannt. In solchen Fällen bedient man sich der Methoden der Stichprobenstatistik und entnimmt der während der Meßzeit T registrierten Realisierung $x(t)$ der

Zufallsfunktion $X(t)$ zu äquidistanten Zeitpunkten $t_i = i \Delta t$ ($i = 1, 2, \ldots, N$) ein Ensemble von Zufallsgrößen $x_i = x(i\Delta t)$: Mit $\Delta t = T/N$ folgt eine Schätzung für den Mittelwert

$$\tilde{m}_x = \frac{1}{N} \sum_{i=1}^{N} x_i = C + \frac{1}{N} \sum_{i=1}^{N} (x_i - C), \qquad (5.7)$$

wobei C eine beliebige Zahl ("künstliche Null") ist, die zur Erleichterung der Rechnungen eingeführt wurde.

Die Gesamtheit der Werte $x_1, x_2, \ldots, x_N$ nennt man eine Stichprobe der Zufallsgröße X. Es wird vorausgesetzt, daß die Abtastwerte x_i alle unter den gleichen Bedingungen entnommen werden, und daß die benachbarten Werte so weit voneinander liegen, daß sie untereinander praktisch unkorreliert sind. Beim unbegrenzten Anwachsen des Umfanges N der Stichprobe muß die Schätzung in Wahrscheinlichkeit gegen den zu schätzenden Parameter konvergieren. Die Schätzung ist erwartungstreu, wenn bei beliebigem Umfange der Stichprobe ihre mathematische Erwartung mit dem gesuchten Parameter zusammenfällt.

Eine solche erwartungstreue Schätzung $\tilde{m}_x$ für die mathematische Erwartung m_x stellt (5.7) dar.

Die Genauigkeit der Schätzung von $\tilde{m}_x$ kann analog zu (5.6) aus den amplitudenquantisierten Werten der Korrelationsfunktion $\tilde{K}(\tau)$ der Zufallsfunktion nach der Formel

$$D[\tilde{m}_x] = \frac{1}{N}\left[K(0) + 2 \sum_{n-1}^{N-1} \left(1 - \frac{n}{N}\right) K(n\Delta t) \right] \qquad (5.6a)$$

berechnet werden, deren Parameter im nächsten Abschnitt erläutert werden.

Bei unbekannter mathematischer Erwartung m_x ist eine erwartungstreue Schätzung für die Dispersion $\tilde{\sigma}_x^2$ der Ausdruck

$$\tilde{D}[X] = \tilde{\sigma}^2_x = \frac{1}{N-1} \sum_{i=1}^{N} (x_i - C)^2 - \frac{N}{N-1} (\tilde{m}_x - C)^2 . \qquad (5.8)$$

In Kenntnis der Schätzwerte $\tilde{m}_x$ und $\tilde{\sigma}_x$ kann man dazu übergehen, die empirische Wahrscheinlichkeits-Verteilungsdichtefunktion der Stichprobe zu ermitteln, um entscheiden zu können ob die Zufallsgröße X gaußverteilt ist oder ob sie einem anderen unbekannten Verteilungsgesetz unterliegt.

Zu diesem Zweck werden die Elemente x_i in k Gruppen (Klassen) zusammengefaßt, indem man die Versuchsergebnisse zunächst durch die Normierung

$$u_i = \frac{x_i - \tilde{m}_x}{\tilde{\sigma}_x} \qquad (5.9)$$

in eine Zufallsgröße U mit der mathematischen Erwartung Null und der Streuung Eins überführt. Dann stellt man die Werte u_i in Gestalt einer geordneten Variationsreihe (Tabelle 5.1) dar.

Wegen der Normierung ist die Wahrscheinlichkeit dafür, daß der Wert von u_i zwischen $-3 \leqslant u_i \leqslant 3$ liegt, nach der Standard-Normalverteilung gleich $2\Phi(3) \approx 0,9973$, d.h. praktisch liegen von je 1000 Werten u_i nur 3 Werte außerhalb des genannten Intervalls. Man kann also die Klassenbreite

$$h = \frac{\left| -3 \right| + 3}{k} = \frac{6}{k}$$

setzen.

Tablelle 5.1

Nr. der Klasse	1	2	...	k
Klassengrenzen $u_{j-1} \div u_j$	$u_0 \div u_1$	$u_1 \div u_2$	...	$u_{k-1} \div u_k$
mittlerer Wert der Klasse u_j	u_1	u_2	...	u_k
absolute Häufigkeit m_j	m_1	m_2	...	m_k
relative Häufigkeit $m_j/N = p_j$	p_1	p_2	p_3	

Anhand der Tabelle kann man durch einen geeigneten Anpassungstest [5.12] entscheiden, ob die Stichprobe und damit die gemessene Zufallsfunktion bei vorgegebener statistischer Sicherheit S_q einem vorausgesetzten Verteilungsgesetz gehorcht. Anders ausgedrückt unterliegt die Stichprobe mit der nahe bei 1 liegenden Wahrscheinlichkeit dem von uns angenommenen Verteilungsgesetz.

Im Anpassungstest (χ^2-Test) von Pearson [5.13] nimmt man als Anpassungsmaß die Größe χ^2, deren Stichprobenwert χ_q^2 sich nach

$$\chi_q^2 = \sum_{j=1}^{k} \frac{(m_j - Np_j)^2}{Np_j} \qquad (5.10)$$

bestimmt, wobei k die Anzahl von Klassen ist, auf die alle Realisierungen der Zufallsgröße U verteilt werden, N den Umfang der Stichprobe bedeutet, m_j die Anzahl der Elemente der j-ten Klasse, p_j die nach der zugrundegelegten theoretischen Verteilung berechnete Wahrscheinlichkeit für das Eintreten der Zufallsgröße U in die j-te Klasse.

Für die Normalverteilung gilt

$$p_j = \int_{u_j - h/2}^{u_j + h/2} \frac{1}{\sqrt{2\pi}}\, e^{-u^2/2} du = \Phi\left(u_j + \frac{h}{2}\right) - \Phi\left(u_j - \frac{h}{2}\right). \qquad (5.11)$$

Für $N \to \infty$ strebt die Verteilung von χ_q^2 unabhängig von der Gestalt der Verteilung der Zufallsgröße U gegen die χ^2 Verteilung mit $k - r - 1$ Freiheitsgraden, wobei r die Anzahl der Parameter der theoretischen Verteilung ist, die aus der gegebenen Stichprobe berechnet werden.

Für eine theoretische Normalverteilung ist $r = 2$, wenn $\tilde{m}_x$ und $\tilde{\sigma}_x$ aus der Stichprobe berechnet werden.

Erweist sich z.B., daß die Stichprobe mit der Wahrscheinlichkeit $S_q = 95\ \%$ normalverteilt ist, dann können wir eine erwartungstreue Schätzung für die Streuung der Zufallsgröße X aus der Formel [5.12]

$$\tilde{\sigma}_x = k_N \sqrt{\frac{1}{N-1} \sum_{i=1}^{N} (x_i - m_x)^2} \qquad (5.12)$$

mit

$$k_N = \sqrt{\frac{N-1}{2} \; \frac{\Gamma\left(\frac{N-1}{2}\right)}{\Gamma\left(\frac{N}{2}\right)}} \qquad (5.13)$$

berechnen. In diesem Fall läßt sich auch die Genauigkeit von $\tilde{\sigma}_x$ anhand ihrer Dispersion.........

$$D[\tilde{\sigma}_x] = E\{(\tilde{\sigma}_x)^2\} - \{E[\tilde{\sigma}_x]\}^2 = (k_N^2 - 1)\tilde{\sigma}_x^2 \qquad (5.14)$$

abschätzen.

Die bisher besprochenen Schätzwerte gestatten es, das Vertrauensintervall des empirischen Mittelwertes $\tilde{m}_x$ bezogen auf die mathematische Erwartung m_x anzugeben. Hat sich die Stichprobe beim χ_q^2-Test mit der statistischen Sicherheit S_q als normalverteilt erwiesen, dann gilt für die Abschätzung des wahren Wertes m_x

$$P\left\{\tilde{m}_x - \frac{\tilde{\sigma}_x}{\sqrt{N}} t_S \leqslant m_x \leqslant \tilde{m}_x + \frac{\tilde{\sigma}_x}{\sqrt{N}} t_S\right\} = S_q. \qquad (5.15)$$

Der wahre Wert m_x liegt mit der Sicherheit S_q zwischen den Vertrauensgrenzen [5.14]

$$\tilde{m}_x \pm \frac{\tilde{\sigma}_x}{\sqrt{N}} t_S. \qquad (5.16)$$

Für t_S gilt hier

$$\text{bei } S_q = \quad 90; \quad 95; \quad 99; \quad 99,9 \text{ \%}$$

$$t_S = 1,64; \quad 1,96; \quad 2,58; \quad 3,29.$$

Die Beziehung (5.16) kann in diesem Falle auch für die Bestimmung eines Mindestwertes des Stichprobenumfanges N verwendet werden.

Ist aber die Stichprobe nach dem χ_q^2-Test nicht normalverteilt, dann kann die Breite des Vertrauensintervalls einfach nach der fundamentalen Beziehung der Tschebyschewschen Ungleichung [5.14]

$$P\{|\tilde{m}_x - m_x| \geqslant \varepsilon\} = \frac{\tilde{\sigma}_m^2}{\varepsilon^2} \qquad (5.17)$$

abgeschätzt werden. Soll der Wert $P\{\ldots\}$ nicht größer als 5% sein (bzw. die Wahrscheinlichkeit, daß der Fehler kleiner als ε ist, mindestens 95%), so muß gelten

$$\tilde{\sigma}_m^2 \leqslant (1 - S_q)\varepsilon^2 = 0,05\,\varepsilon^2. \qquad (5.18)$$

Die Allgemeingültigkeit dieser Beziehung muß man allerdings damit bezahlen, daß sie ein wesentlich breiteres Vertrauensintervall liefert. Gegenüber der Normalverteilung wird die notwendige Meßdauer T bei gleicher Genauigkeit etwa fünfmal so lang.

Ist die gemessene Zufallsfunktion nach dem χ_q^2-Test nicht normalverteilt und benötigt man ihre empirische Verteilungsfunktion in analytischer Form, so ist es anhand von (1.86) und (1.89) sowie der p_j und u_j-Werte aus Tabelle 5.1 möglich, einen Näherungsausdruck für die normierte empirische Verteilungsdichtefunktion $f_{nx}(u)$ zu berechnen.

Für die Bestimmung der Koeffizienten C_j in (1.86) werden die gewöhnlichen Momente α_j der Zufallsgröße U aus den genauen Formeln (mit Berücksichtigung der Sheppardschen Korrekturen [5.15])

$$\alpha_1 = a_1 \, ,$$

$$\alpha_2 = a_2 - \frac{1}{12} h^2 \, ,$$

$$\alpha_3 = a_3 - \frac{1}{4} a_1 h^2 \, ,$$

$$\alpha_4 = a_4 - \frac{1}{2} a_2 h^2 + \frac{7}{240} h^4 \, ,$$

$$\alpha_5 = a_5 - \frac{5}{6} a_3 h^2 + \frac{7}{48} a_1 h^4 \, ,$$

$$\alpha_6 = a_6 - \frac{5}{4} a_4 h^2 + \frac{7}{16} a_2 h^4 - \frac{31}{1344} h^6$$

$$(5.19)$$

oder allgemein

$$\alpha_r = \sum_{j=0}^{r} \left\{ \binom{r}{j} \left(2^{1-j} - 1 \right) B_j h^j a_{r-j} \right\} \qquad (5.20)$$

ermittelt, worin B_j die Bernoulli-Zahlen sind, und die empirischen
Momente anhand der Tabelle 5.1 aus

$$a_r = \sum_{j=1}^{k} u_j^r p_j \qquad (5.21)$$

berechnet werden können.

Wenn die Momente (5.19) in (1.86) eingesetzt werden, erhält man die
Approximationsfunktion der normierten empirischen Verteilungsdichte

$$f_{nx}(u) \approx \Phi'(u) + \sum_{n=3}^{6} \frac{(-1)^n C_n}{\sqrt{n!}} \Phi^{(n+1)}(u) \, , \qquad (5.22)$$

worin nur die ersten Glieder von (1.89) enthalten sind. Zur Erleichterung der Anwendung von allen in diesem Abschnitt besprochenen
Rechnungen hat Verfasser unter dem Namen VERTEILUNGSDICHTE
eine Algol-Prozedur im SIMULATOR eingebaut, die sämtliche hier
erwähnten Rechnungen und Entscheidungen für $N > 200$ und $S_q \geqslant 95\,\%$

ausführt und die normierte empirische Verteilungsdichte graphisch
darstellt.

5.2 Berechnung der Korrelationsfunktion aus Meßergebnissen

Die Methoden zur Bestimmung der Korrelationsfunktionen aus gemessenen Realisierungen einer Zufallsfunktion unterscheiden sich nicht von
den Methoden, die zur Bestimmung der entsprechenden Kenngrößen
eines Systems von Zufallsgrößen benutzt werden. Bei der Auswertung
von Realisierungen stationärer und ergodischer Zufallsfunktionen ist gewöhnlich ausreichend, anstelle der Mitteilung bezüglich der Realisierungen die Zeitmittelung zu benutzen, d.h. die Korrelationsfunktionen
aus einer oder einigen genügend langen Realisierungen zu berechnen.
(Wenn diese Bedingung erfüllt ist, spricht man von Ergodizität.)

Wir gehen nun zur Berechnung der empirischen Korrelationsfunktion $\widetilde{K}(\tau)$
der Zufallsfunktion $X(t)$ über, wobei eine Realisierung $x(t)$ von der
Meßdauer T auszuwerten ist. Die Näherungsformel für $\widetilde{K}(\tau)$ lautet

$$\widetilde{K}(\tau) = \frac{1}{T-\tau} \int_{0}^{T-\tau} [x(t) - \widetilde{m}_x][x(t+\tau) - \widetilde{m}_x]dt , \qquad (5.23)$$

worin der Schätzwert $\widetilde{m}_x$ der mathematischen Erwartung aus

$$\widetilde{m}_x = \frac{1}{T} \int_{0}^{T} x(t)\, dt \qquad (5.24)$$

berechnet wird.

Liegt die Realisierung von $X(t)$ in amplitudenquantisierter Form vor,
indem die Realisierung $x(t)$ zu äquidistanten Zeitpunkten $t_i = i\Delta t$
($i = 1, 2, \ldots, N$ und $\Delta t = T/N$) abgetastet wurde, dann gelten die Näherungsformeln

232

$$\tilde{m}_x = \frac{\Delta t}{T} \sum_{i=1}^{N} x(t_i) = \frac{1}{N} \sum_{i=1}^{N} x_i \qquad (5.25)$$

und mit $\tau = n\Delta t$

$$K(n\Delta t) = \frac{t}{T - n\Delta t} \sum_{r=1}^{N-n} [x(r\Delta t) - \tilde{m}_x][x(r\Delta t + n\Delta t) - \tilde{m}_x]$$

$$\qquad (5.26)$$

$$= \frac{1}{N-n} \sum_{r=1}^{N-n} [x_r - \tilde{m}_x][x_{r+n} - \tilde{m}_x] .$$

Ähnliche Ausdrücke ergeben sich auch für die näherungsweise Berechnung von Kreuzkorrelationsfunktionen $\tilde{R}_{xy}(\tau)$ für die stationären und ergodischen Zufallsfunktionen $X(t)$ und $Y(t)$ aus ihren Realisierungen $x(t)$ und $y(t)$. Für positive Werte von τ gilt

$$R_{xy}(n\Delta t) = \frac{1}{N-n} \sum_{r=1}^{N-n} [x_r - \tilde{m}_x][y_{r+n} - \tilde{m}_y] , \qquad (5.27)$$

und für $\tau < 0$ lautet sie

$$R_{xy}(-n\Delta t) = \frac{1}{N-n} \sum_{r=1}^{N-n} [x_{r+n} - \tilde{m}_x][y_r - \tilde{m}_y] . \qquad (5.28)$$

Die Benutzung von (5.23) oder (5.26) erfordert die Wahl der Meßdauer T, die Festlegung der Abtastzeit Δt und die Angabe des größten zulässigen Wertes von τ bzw. n.

Wahl der Meßdauer T

Wegen der Endlichkeit von T ist die so bestimmte empirische Korrelationsfunktion $\tilde{K}(\tau)$ eine Schätzung für die wahre Funktion $K(\tau)$, d.h. $\tilde{K}(\tau)$ ist eine zufällige Funktion. Deshalb erweist sich die Dispersion der Funktion $\tilde{K}(\tau)$

$$D[\tilde{K}(\tau)] = E\{[\tilde{K}(\tau) - K(\tau)]^2\} \tag{5.29}$$

als ein natürliches Maß für die Genauigkeit der Bestimmung von $K(\tau)$.

Um die Berechnung der rechten Seite von (5.29) zu vereinfachen, berechnen wir die Schätzung von $\tilde{m}_x$ nur während der Meßzeit $(T - \tau)$ nach

$$\tilde{m}_x = \frac{1}{T - \tau} \int\limits_0^{T-\tau} x(t)dt. \tag{5.30}$$

Unter dieser Annahme kann man (5.23) in der Form

$$\tilde{K}(\tau) = \frac{1}{(T-\tau)^2} \int\limits_0^{T-\tau} \int\limits_0^{T-\tau} x(t_1)[x(t_1 + \tau) - x(t_2)]dt_1 dt_2 \tag{5.31}$$

darstellen.

Nach den allgemeinen Regeln erhalten wir für die Dispersion von $\tilde{K}(\tau)$

$$D[\tilde{K}(\tau)] = E\{[\tilde{K}(\tau)]^2\} - \{E[\tilde{K}(\tau)]\}^2. \tag{5.32}$$

Setzen wir hierin den Wert von $\tilde{K}(\tau)$ aus (5.23) und von $E[\tilde{K}(\tau)]$ aus

$$E[\tilde{K}(\tau)] = K(\tau) - D[\tilde{m}_x]$$

ein, so bekommen wir unter Berücksichtigung von (5.6)

$$D[\tilde{K}(\tau)] = \frac{1}{(T-\tau)^4} \int\limits_0^{T-\tau} \int\limits_0^{T-\tau} \int\limits_0^{T-\tau} \int\limits_0^{T-\tau} E\{X(t_1)X(t_3)[X(t_1 + \tau)$$

$$- X(t_2)][X(t_3 + \tau) - X(t_4)]\} \, dt_1 dt_2 dt_3 dt_4 \tag{5.33}$$

$$- \left\{K(\tau) - \frac{2}{T-\tau} \int\limits_0^{T-\tau} \left(1 - \frac{\tau_1}{T-\tau}\right) K(\tau_1)d\tau_1\right\}^2.$$

Diese Formel zeigt, daß zur Bestimmung der Dispersion der empirischen Korrelationsfunktion die Kenntnis der Korrelationsfunktion im allgemeinen nicht mehr ausreicht, und daß man auch Momente höherer Ordnung braucht. Bei normalen Prozessen lassen sich jedoch die Momente beliebiger Ordnungen durch die mathematische Erwartung und die Korrelationsfunktion ausdrücken.

Für vier beliebige normale Größen X_1, X_2, X_3, X_4 gilt [5.16]

$$E[X_1X_2X_3X_4] = k_{12}k_{34} + k_{13}k_{24} + k_{14}k_{23} + \bar{x}_1\bar{x}_2k_{34} + \bar{x}_2\bar{x}_3k_{41}$$
$$= \bar{x}_1\bar{x}_3k_{24} + \bar{x}_2\bar{x}_4k_{13} + \bar{x}_3\bar{x}_4k_{12} + \bar{x}_4\bar{x}_1k_{23} + \bar{x}_1\bar{x}_2\bar{x}_3\bar{x}_4 \tag{5.34}$$

wobei k_{ij} die Kovarianz der i-ten und j-ten Zufallsgröße ist. Verstehen wir in dieser Beziehung unter X_1, X_2, X_3 und X_4 gerade $X(t_1)$, $X(t_3)$, $X(t_1 + \tau) - X(t_2)$ bzw. $X(t_3 + \tau) - X(t_4)$, so erhalten wir statt (5.33)

$$D[\tilde{K}(\tau)] = \frac{2}{(T-\tau)^2} \int_0^{T-\tau} (T-\tau-\tau_1)[K(\tau_1+\tau)K(\tau_1-\tau) - K^2(\tau_1)]d\tau_1$$

$$- \frac{4}{(T-\tau)^3} \int_0^{T-\tau}\int_0^{T-\tau}\int_0^{T-\tau} K(t_2-t_1)K(t_3-t_1-\tau)dt_1dt_2dt_3$$

$$+ \frac{4m_x^2}{(T-\tau)^2} \int_0^{T-\tau} (T-\tau-\tau_1)[K(\tau_1) - K(\tau_1-\tau)]d\tau_1 . \tag{5.35}$$

Für normalverteilte Zufallsfunktionen mit verschwindender mathematischer Erwartung ($m_x = 0$) geht (5.35) in die wesentlich leichter auswertbare Formel

$$D[\tilde{K}(\tau)] = \frac{2}{(T-\tau)^2} \int_0^{T-\tau} (T-\tau-\tau_1)[K^2(\tau_1) + K(\tau_1+\tau)K(\tau_1-\tau)]d\tau_1$$
$$\tag{5.36}$$

über. Diese für stetige Realisierungen geeignete Formel geht bei der Berechnung der Korrelationsfunktion aus den amplitudenquantisierten Meßwerten $x(t_1), x(t_2), \ldots, x(t_N)$ gemäß (5.26) in die Formel

$$D[\tilde{K}(n\Delta t)] = \frac{1}{N-n}\left\{ K^2(0) + K^2(n\Delta t) + \right.$$

$$(5.37)$$

$$\left. + 2 \sum_{r=1}^{N-n-1} \left(1 - \frac{r}{N-n}\right)[K^2(r\Delta t) + K((r+n)\Delta t)K((r-n)\Delta t)]\right\}$$

über. Um (5.36) oder (5.37) für die Abschätzung der notwendigen Meßzeit verwenden zu können, ist nach den obigen Beziehungen auch die Kenntnis der genauen Korrelationsfunktion $K(\tau)$ der zu analysierenden Zufallsfunktion erforderlich, die man eben zu ermitteln sucht. Diese Schwierigkeit kann umgangen werden, wenn man

- für eine vorgegebene Korrelationsfunktion (erhalten aus statistischer Bearbeitung ähnlicher Zufallsfunktionen) bei Vorgabe der Größenordnung des Fehlerquadrats $D[\tilde{K}(\tau)]$ den Wert T festlegt oder

- eine grobe Näherung der empirischen Korrelationsfunktion $\tilde{K}(\tau)$ berechnet, diese in die obigen Formeln (5.36) oder (5.37) einsetzt und damit die genauere Abschätzung von T vornimmt.

Wir wollen nun den Fehler der empirischen Korrelationsfunktion an einer beliebigen Stelle τ für eine Gaußsche stationäre Zufallsfunktion abschätzen. Ungeachtet dieser Einschränkung hat dieses Abschätzverfahren einen großen Anwendungsbereich, da ein Großteil stationärer Zufallsschwingungen wenigstens angenähert normalverteilt ist. Zur Abschätzung von $D[\tilde{K}(\tau)]$ sei die Korrelationsfunktion in der Form

$$K(\tau) = c^2 e^{-\alpha|\tau|}\cos\beta\tau \qquad (5.38)$$

gegeben, die zu untersuchende Zufallsfunktion normalverteilt mit der mathematischen Erwartung $m_x = 0$, dann hat die Korrelationsfunktion von $\tilde{K}(\tau)$ mit

236

$$z(t) = x(t)\,x(t + \tau_1)$$

die Gestalt

$$K_{\widetilde{K}}(\tau) = E[z(t)\,z(t + \tau)]$$

$$= c^2(1 + e^{-2\alpha|\tau|} + e^{-2\alpha|\tau|}\cos^2\beta\tau) . \qquad (5.39)$$

Setzt man (5.39) in (5.36) ein und vernachlässigt Glieder mit $1/T^2$, so erhält man nach einigen Umformungen [5.17]

$$D[\widetilde{K}(\tau)]_T = \frac{c^2}{2T}\left\{\frac{1}{\alpha} + \frac{\alpha}{\alpha^2 + \beta^2} + e^{-2\alpha\tau}\left[\cos 2\beta\tau\left(2\tau + \frac{1}{\alpha} + \frac{\alpha}{\alpha^2 + \beta^2}\right)\right.\right.$$

$$\left.\left. + \sin 2\beta\tau\left(\frac{1}{\beta} - \frac{\beta}{\alpha^2 + \beta^2}\right)\right]\right\} . \qquad (5.40)$$

Wie man leicht sieht, besteht für wachsendes τ die Grenzbeziehung

$$\lim_{\tau \to \infty} D[\widetilde{K}(\tau)] = \frac{c^2}{2T}\left(\frac{1}{\alpha} + \frac{\alpha}{\alpha^2 + \beta^2}\right) , \qquad (5.41)$$

während das Maximum der Dispersion von $\widetilde{K}(\tau)$ bei $\tau = 0$ liegt und den doppelten Wert hat:

$$D[\widetilde{K}(0)] = \frac{c^2}{T}\left(\frac{1}{\alpha} + \frac{\alpha}{\alpha^2 + \beta^2}\right) . \qquad (5.42)$$

Verlangt man, daß die Dispersion der Korrelationsfunktion bei $\tau = 0$ nicht größer als $\delta\,\%$ ist, so ergibt sich die notwendige Meßzeit T mit $c^2 = K(0)$ aus (5.42) und

$$D[\widetilde{K}(0)] \leqslant \left(1 - \frac{\delta}{100}\right)K^2(0) \qquad (5.43)$$

in der Form

$$T \geqslant \frac{100}{\delta}\left(\frac{1}{\alpha} + \frac{\alpha}{\alpha^2 + \beta^2}\right) . \qquad (5.44)$$

Die beschriebene Methode gestattet die Festlegung der Meßzeit für beliebiges τ; man liegt aber auf der sicheren Seite, wenn nur $D[\tilde{K}(0)]$ berechnet und die Meßdauer T danach festgelegt wird.

Festlegung der Abtastzeit Δt

Bei der Bestimmung der empirischen Korrelationsfunktion aus den Ordinatenwerten der gemessenen Realisierung von Zufallsschwingungen zu diskreten Zeitpunkten taucht die Frage auf, wie man die Abatstzeit Δt zwischen den Ordinaten zu wählen hat, damit etwa dieselbe Genauigkeit erzielt wird wie bei der Auswertung stetiger Realisierungen. Eine zu große Abtastzeit bedingt einen großen Rechenaufwand, während eine große Abtastzeit die Genauigkeit verringert.

Im Falle normalverteilter Zufallsfunktionen mit verschwindendem Mittelwert kann man durch Vergleich der stetig und diskret berechneten Werte der Dispersion $D[\tilde{K}(\tau)]$ [siehe (5.36) und (5.37)] die Abtastzeit Δt bestimmen, bei der die Genauigkeit, mit der die Korrelationsfunktion aus einer diskreten Zahl von Abtastwerten der Realisierungen zu gewinnen ist, von der Genauigkeit, die man unter Benützung der gesamten stetigen Aufzeichnung der Realisierung erhält, praktisch nicht abweicht. Hat z.B. die Korrelationsfunktion einer Gaußschen Zufallsfunktion die Form

$$K(\tau) = c\, e^{-\alpha|\tau|}, \qquad (5.45)$$

dann ergibt sich bei $\tau = 0$ die Dispersion der aus einer stetigen Realisierung berechneten Korrelationsfunktion nach Elimination (5.16) der Glieder mit dem Faktor $e^{-\alpha T}$ wegen $T \gg 1/\alpha$ zu

$$D_s[\tilde{K}(0)] = \frac{c^2}{T^2\alpha^2}\,[2\alpha T - 1]. \qquad (5.46)$$

Bei diskreter Gewinnung der Ordinaten der Zufallsfunktion ergibt sich die Dispersion der Korrelationsfunktion mit (5.45) aus

$$D_d[\tilde{K}(0)] = \frac{4c^2}{N^2} \sum_{n=1}^{N} (N-n)\, e^{-2\alpha n\Delta t} - \frac{2c^2}{N}$$

$$= \frac{2c^2\Delta t}{T^2}\, \frac{T(1-e^{-4\alpha\Delta t}) - 2\Delta t\, e^{-2\alpha\Delta t}}{(1-e^{-2\alpha\Delta t})^2}. \qquad (5.47)$$

Den Grenzwert für Δt finden wir bei vorgegebenem Genauigkeitsgrad $\delta\%$
aus der Gleichung

$$\frac{D_d[\widetilde{K}(0)]}{D_s[\widetilde{K}(0)]} = 1 + 0,01\,\delta, \qquad (5.48)$$

die sich graphisch oder numerisch lösen läßt.

Eine einfache Methode für die Bestimmung der Abtastzeit Δt folgt aus
der Erwägung, daß die größte Harmonische ω_h der Zufallsfunktion $X(t)$,
die wir beachten, noch in mindestens 20 bis 30 Punkten abgetastet werden soll. Damit kann die Abtastzeit Δt aus

$$\Delta t = \frac{1}{20\,f_{max}} \cdots \frac{1}{30\,f_{max}} = \frac{\pi}{10\,\omega_h} \cdots \frac{\pi}{15\,\omega_h}$$

bestimmt werden. Damit ist auch erreicht, daß sich die abgetastete
Realisierung $x(t)$ im Intervall Δt nur wenig ändert.

Es empfiehlt sich oft, in der Umgebung von $\tau = 0$ die Schrittweite
$\Delta_1 = (1/2)\Delta t \ldots (1/3)\Delta t$ zu wählen und die Werte

$$K_x(0), \ K_x(\Delta_1), \ K_x(2\Delta_1), \ \ldots$$

zu berechnen, um bei der Auswahl der Approximationsfunktion zu
wissen, ob ihre Tangente im Punkt $\tau = 0$ parallel zur τ-Achse verläuft
oder diese schneidet (Bild 5.2). Im Fall b haben wir es nämlich mit
einer differenzierbaren Zufallsfunktion zu tun.

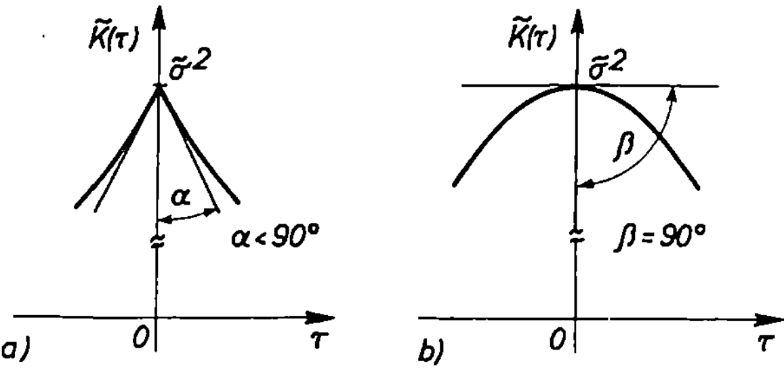

Abb.5.2. Verhalten der Autokorrelationsfunktion um $\tau = 0$

Angabe von τ_{max} bzw. n_{max}

Die aus einer Realisierung berechneten Werte von $\tilde{K}(\tau)$ lassen sich nur mit einer gewissen Streuung bezüglich der wirklichen Werte $K(\tau)$ bestimmen. Für normal verteilte Zufallsfunktionen ist die Dispersion der Schätzgröße $\tilde{K}(\tau)$ von $K(\tau)$ gleich

$$E\{[K(\tau) - \tilde{K}(\tau)]^2\} = \frac{1}{T-\tau} \int_{-\infty}^{\infty} K^2(\lambda)d\lambda \, . \qquad (5.49)$$

Aus (5.49) folgt, daß diese Dispersion mit wachsendem τ größer wird, für $\tau = T$ wird sie unendlich. Deshalb ist anzunehmen, daß man aus einer Realisierung $x(t)$ der Zufallsfunktion $X(t)$ hinreichend genaue Schätzungen für $K(\tau)$ nur für Werte von τ bekommt, die sich von der Meßdauer T um mindestens eine Dezimalordnung unterscheiden. Es muß also in jedem Fall

$$\tau_{max} \leqslant 0,1 \, T \qquad (5.50)$$

eingehalten werden. Geht man von dem für das untersuchte Schwingungssystem interessierenden Frequenzbereich aus, so ist für τ_{max} eine grobe Schätzung auch über die kleinste in Frage kommende Frequenz ω_k in der Form

$$\tau_{max} \geqslant 2\pi/\omega_k \qquad (5.51)$$

gegeben.

Um die Anwendung der in diesem Abschnitt besprochenen digitalen Auswerteformeln zu erleichtern, ist im SIMULATOR (Anhang.D) eine Algol-Prozedur KORRELFKT enthalten, die die empirische Korrelationsfunktion in $n_{max} = \tau_{max}/\Delta t$ Punkten berechnet und durch DISPKFKT für jeden dieser Punkte auch die empirische Dispersion, bezogen auf den betreffenden Schätzwert, ermittelt. Dazu wird allerdings nicht die theoretische, sondern die eben berechnete empirische Korrelationsfunktion verwendet.

5.3 Methoden für die Approximation der empirischen Korrelationsfunktion

Nach der Bestimmung einer hinreichenden Anzahl von Ordinaten der Funktion $\tilde{K}(\tau)$ und ihrer graphischen Darstellung muß man gewöhnlich die empirische Korrelationsfunktion durch einen analytischen Ausdruck approximieren, der für die weitere Untersuchung geeignet ist, den allgemeinen Eigenschaften einer Korrelationsfunktion genügt und die wesentlichsten Eigenschaften der $\tilde{K}(\tau)$-Kurve besitzt.

Der approximierende Ausdruck kann nach den üblichen Näherungsmethoden mit beliebiger Genauigkeit gefunden werden. Eine zu große Approximationsgenauigkeit bei $\tilde{K}(\tau)$ ist jedoch gewöhnlich für die Beantwortung konkreter praktischer Fragen nicht nur nicht nötig, sondern sogar in einer Reihe von Fällen unerwünscht, da die Wiedergabe verschiedener Besonderheiten der Kurve der Funktion $\tilde{K}(\tau)$, die von einer allzu großen Genauigkeit der empirischen Korrelationsfunktion herrührt, nur den physikalischen Inhalt der betrachteten Erscheinung entstellt und in jedem Fall ihre Untersuchung erschwert. Die Auswahl des Typs der Näherung und die benötigte Genauigkeit der Approximation von $\tilde{K}(\tau)$ werden also durch das Problem bestimmt, zu deren Lösung die Kenntnis der Korrelationsfunktion erforderlich ist. Wenn z.B. eine Zufallsfunktion, deren Charakteristiken aus Versuchen ermittelt werden, in die rechte Seite einer Schwingungs-Differentialgleichung eingeht, deren Lösung zu untersuchen ist, so ist gewöhnlich nur die allgemeine Art der Schwankung der Funktion $\tilde{K}(\tau)$ von Bedeutung. Ist dagegen aus einer empirischen Korrelationsfunktion die Korrelationsfunktion der Ableitung der zu untersuchenden Zufallsfunktion zu bestimmen, so muß man bei der Auswahl der Näherung mit großer Behutsamkeit vorgehen.

In vielen Aufgaben läßt sich $\tilde{K}(\tau)$ gut durch Ausdrücke der Gestalt

$$\sigma^2 e^{-\alpha|\tau|}\,, \tag{5.52}$$

$$\sigma^2 e^{-\alpha|\tau|}\cos\beta\tau\,, \tag{5.53}$$

$$\sigma^2 e^{-\alpha|\tau|}\left[\cos\beta\tau + \frac{\alpha}{\beta}\sin\beta|\tau|\right]\,, \tag{5.54}$$

$$\sigma^2 e^{-\alpha|\tau|}(1 + \alpha|\tau|) \tag{5.55}$$

approximieren, von denen die ersten beiden nichtdifferenzierbaren Zufallsfunktionen entsprechen, dagegen die letzten beiden Prozessen, die eine Ableitung besitzen. Bei der Benutzung von Näherungen dieser Art kann man für die Größe σ^2 den empirischen Wert der Dispersion nehmen $[\tilde{K}(0)]$ und die Konstanten α und β über einige weitere charakteristische Punkte der Kurve von $\tilde{K}(\tau)$ bestimmen. Da die Genauigkeit der Ordinaten der empirischen Funktion $\tilde{K}(\tau)$ in der Regel mit wachsendem τ fällt, darf man als charakteristische Punkte nicht gerade solche nehmen, die vom Koordinatensprung weit entfernt liegen.

Es kann oft nützlich sein, bei der Wahl der Approximationsformel die Entstehung der zu untersuchenden Zufallsfunktion zu berücksichtigen. In elektrischen oder mechanischen Schwingungssystemen können die interessierenden Zufallsfunktionen als das Ergebnis des Durchgangs eines "weißen Rauschens" mit der AKF $c^2\delta(\tau)$ durch ein dynamisches System mit konstanten oder fast konstanten Parametern aufgefaßt werden. Dann muß die Spektraldichte die Form

$$S(\omega) = \frac{P_{2m}(\omega)}{Q_{2n}(\omega)} \qquad (5.56)$$

haben, wobei $P_{2m}(\omega)$ und $Q_{2n}(\omega)$ Polynome in ω vom Grade $2m$ und $2n$ sind, die nur gerade Potenzen enthalten. Zu einer derartigen Spektraldichte gehört die Korrelationsfunktion

$$K(\tau) = \sum_{l=1}^{n} [A_l \exp(i\alpha_l |\tau|) + A_l^* \exp(-i\alpha_l |\tau|)] \exp(-\beta_l |\tau|) , \qquad (5.57)$$

worin α_l und β_l Real- und Imaginärteile der Wurzeln des Polynoms $Q_{2n}(\omega)$ sind. In diesem Fall sind Approximationen durch Ausdrücke der Form

$$K(\tau) \approx A e^{-\alpha^2 \tau^2} \qquad (5.58)$$

oder der Form

$$K(\tau) \approx A e^{-\alpha^2 \tau^2} \cos \beta\tau \qquad (5.59)$$

weniger angebracht, obwohl auch diese Ausdrücke Zufallsfunktionen entsprechen, die beliebig oft differenzierbar sind und in dieser Hinsicht gewisse Vorzüge aufweisen.

Im folgenden werden drei verschiedene Approximationsverfahren abgegeben, die praktisch drei Güteklassen verkörpern, wobei die erreichbare Genauigkeit der Näherung umgekehrt proportional dem Rechenaufwand ist.

Verfahren 1

Eine einfache und schnelle Möglichkeit, die empirische Korrelationsfunktion durch bekannte Funktionen zu ersetzen, ist durch die Anwendung geeigneter Kurventafeln gegeben. Zu diesem Zweck wird die errechnete Funktion $\tilde{K}(\tau)$ normiert, d.h. die normierte AKF

$$\tilde{\rho}(\tau) = \frac{1}{\tilde{K}(0)} \, \tilde{K}(\tau) = \frac{\tilde{K}(\tau)}{\tilde{\sigma}_x^2} \tag{5.60}$$

gebildet und im geeigneten Maßstab auf Transparentpapier gezeichnet. Die Zeichnung wird auf die Kurventafel gelegt, und man liest die Parameter der ähnlichsten analytischen Kurve ab. Im Anhang E sind Kurventafeln für die gebräuchlichste Funktion (5.52) und (5.54) angegeben.

Verfahren 2

In vielen Fällen ist man in der Lage, eine analytische Formel der Approximationsfunktion entsprechend der Weiterverwendung der empirischen Korrelationsfunktion auszuwählen. Die Parameter der zugrundegelegten Funktion

$$K(\tau) = \tilde{f}(\tau, a_1, a_2, \ldots, a_m) \tag{5.61}$$

müssen aus dem geordneten Wertesystem τ_i, $\tilde{K}(\tau_i)$ [$i = 1, 2, \ldots, n_{max}$ und $m < n_{max}$] so bestimmt werden, daß die von Formel (5.61) gelieferten Werte $\tilde{f}(\tau_i)$ gut mit den vorgegebenen Werten $\tilde{K}(\tau_i)$ übereinstimmen, d.h. die Abweichungen

$$\varepsilon_i = \tilde{K}(\tau_i) - \tilde{f}(\tau_i; a_1, a_2, \ldots, a_m) \quad (i = 1, 2, \ldots, n_{max}) \qquad (5.62)$$

dem Betrag nach möglichst klein sind. Dabei möge die Funktion $\tilde{f}$ stetige partielle Ableitungen nach allen ihren Argumenten besitzen.

Wenn die empirischen Ausgangswerte $[\tau_i, \tilde{K}(\tau_i)]$ keine Fehler enthielten und die Abhängigkeit $\tilde{f}$ exakt wäre, dann könnte man die Parameter a_i $(i = 1, 2, \ldots, m)$ durch Lösung eines Gleichungssystems von n_{max} Gleichungen und m Unbekannten bestimmen:

$$p_1 = \tilde{f}(\tau_1; a_1, a_2, \ldots, a_m)$$
$$p_2 = \tilde{f}(\tau_2; a_1, a_2, \ldots, a_m)$$
$$\cdots \cdots \cdots \cdots \cdots \cdots$$
$$p_{n_{max}} = \tilde{f}(\tau_{max}; a_1, a_2, \ldots, a_m)$$

$$(5.63)$$

Da aber in der Praxis die genannten Bedingungen im allgemeinen nicht erfüllt sind, ist das Gleichungssystem (5.63) gewöhnlich unvereinbar, d.h. die aus m beliebig ausgewählten Gleichungen des Systems (5.63) ermittelten Lösungen a_i $(i = 1, 2, \ldots, m)$ genügen nicht den übrigen $n_{max} - m$ Gleichungen.

Somit ist man auf eine Näherungslösung des Systems (5.63) angewiesen. Hierzu bestimmt man zunächst durch Lösung beliebig ausgewählter m Gleichungen des Systems (5.63) grobe Näherungswerte

$$a_1^{(0)}, a_2^{(0)}, \ldots, a_m^{(0)} .$$

Wir setzen nun

$$a_1 = a_i^{(0)} + \alpha_i \quad (i = 1, 2, \ldots, m) , \qquad (5.64)$$

wobei die α_i Korrekturglieder bezeichnen und die Größen

$$\varepsilon_j^{(0)} = \tilde{K}(\tau_j) - f\left(\tau_j; a_1^{(0)}, a_2^{(0)}, \ldots, a_m^{(0)}\right) \quad (j = 1, 2, \ldots, m_{max})$$

die den $a_i^{(0)}$ entsprechenden Abweichungen darstellen. Setzen wir die Werte (5.56) in die Gleichungen des Systems (5.55) ein und entwickeln die rechte Seiten der so erhaltenen Gleichungen nach Potenzen der Korrekturglieder α_i, so erhalten wie bei Vernachlässigung von höherer als linearer Ordnung in α_i die Beziehung

$$\widetilde{K}(\tau_j) = \widetilde{f}\left(\tau_j; a_1^{(0)}, a_2^{(0)}, \ldots, a_m^{(0)}\right) + \sum_{k=1}^{m} \widetilde{f}'_{ak}\left(\tau_j; a_1^{(0)}, a_2^{(0)}, \ldots, a_m^{(0)}\right)\alpha_k$$
$$(j = 1, 2, \ldots, n_{max}).$$

Nach Einführung der abkürzenden Bezeichnungen

$$\widetilde{f}'_{ak}\left(\tau_j; a_1^{(0)}, a_2^{(0)}, \ldots, a_m^{(0)}\right) = b_{jk} \quad (j = 1, 2, \ldots, n_{max}; \ k = 1, 2, \ldots, m)$$

ergibt sich schließlich

$$\sum_{k=1}^{m} b_{jk}\alpha_k = \varepsilon_j^{(0)} \quad (j = 1, 2, \ldots, n_{max}). \tag{5.65}$$

Dieses Gleichungssystem ist bezüglich der gesuchten Korrektur- glieder α_k ($k = 1, 2, \ldots, m$) linear. Im allgemeinen ist es aber unver- einbar, da die Anzahl der Gleichungen größer ist, als die der Unbe- kannten.

(5.65) nenen wir System der Bedingungsgleichungen. Es kann in be- kannter Weise durch das Mittelungsverfahren [5.18] oder durch die Methode der kleinsten Quadrate [5.19] gelöst werden.

Setzen wir die ermittelten Werte

$$a_i^{(1)} = a_i^{(0)} + \alpha_i \quad (i = 1, 2, \ldots, m)$$

in das nichtlineare Gleichungssystem (5.63) ein, so können wir neue Abweichungen $a_j^{(1)}$ bestimmen und, falls erforderlich, den soeben beschriebenen Prozeß wiederholen.

Die Anwendung des Verfahrens soll am folgenden einfachen Zahlenbeispiel gezeigt werden. Bei der Berechnung der empirischen Korrelationsfunktion werden folgende Ergebnisse erhalten:

$$\tau = 0; \qquad 1; \qquad 2; \qquad 3$$

$$\tilde{K}(\tau) = 2,01; \qquad 1,21; \qquad 0,47; \qquad 0,45.$$

Unter der Annahme, daß die Veränderlichen τ und $\tilde{K}(\tau)$ einer exponentiellen Abhängigkeit

$$K(\tau) = ae^{-b|\tau|} \tag{5.66}$$

unterworfen sind, bestimmen wir die besten Parameterwerte für a und b. Wegen der Symmetrieeigenschaften von $K(\tau)$ kann man die Rechnungen auf $\tau \geqslant 0$ beschränken.

Setzen wir die Tabellenwerte in (5.66) ein, so erhalten wir das Gleichungssystem

$$a = 2,01; \quad ae^{-b} = 1,21; \quad ae^{-2b} = 0,74; \quad ae^{-3b} = 0,45. \tag{5.67}$$

Durch Lösung der ersten beiden Gleichungen dieses Systems erhalten wir Näherungswerte $a^{(0)}$, $b^{(0)}$ für die Parameter a, b:

$$a^{(0)} = 2,01; \quad b^{(0)} = 0,51.$$

Zur Bestimmung der Korrekturglieder

$$\alpha = a - a^{(0)}, \quad \beta = b - b^{(0)}$$

bilden wir das System der Bedingungsgleichungen (5.65). Die benötigten Werte der Ableitungen

$$\left.\frac{\partial K}{\partial a}\right|_{0} = e^{-b^{(0)}\tau}, \quad \left.\frac{\partial K}{\partial b}\right|_{0} = -a^{(0)}\tau e^{-b^{(0)}\tau}$$

und der Abweichungen

$$\varepsilon^{(0)} = K - a^{(0)} e^{-b^{(0)}\tau}$$

sind in Tabelle 5.2 zusammengestellt.

Tabelle 5.2. Koeffizienten der Bedingungsgleichungen

τ	$\left.\dfrac{\partial K}{\partial a}\right|_0$	$\left.\dfrac{\partial K}{\partial b}\right|_0$	$\varepsilon^{(0)}$
0	2	0	0
1	0,600	-1,206	0,004
2	0,361	-1,451	0,014
3	0,216	-1,302	0,016

Hieraus ergibt sich das folgende System der Bedingungsgleichungen:

$$\alpha = 0 \,,$$
$$0,600\alpha - 1,206\beta = 0,004 \,,$$
$$0,361\alpha - 1,451\beta = 0,014 \,,$$
$$0,116\alpha - 1,302\beta = 0,016 \,.$$

$$(5.68)$$

Wir lösen es mit Hilfe der Methode der kleinsten Quadrate. Die Zwischenrechnungen findet man in Tabelle 5.3. Hierbei bezeichnen c_α und c_β die Koeffizienten von α und β im System (5.68) und c_0 das Absolutglied.

Tabelle 5.3. Lösung des Gleichungssystems (5.68) mit Hilfe der Methode der kleinsten Quadrate [5.19]

c_α	c_β	c_0	c_α^2	$c_\alpha c_\beta$	c_β^2	$c_\alpha c_0$	$c_\beta c_0$
1	0	0	1	0	0	0	0
0,600	-1,206	0,004	0,3600	-0,7236	1,4544	0,00240	-0,00482
0,361	-1,451	0,014	0,1303	-0,5238	2,1054	0,00505	-0,02031
0,216	-1,302	0,016	0,0467	-0,2812	1,6952	0,00345	-0,02083
$\sum$			1,5370	-1,5286	5,2550	0,01090	-0,04596

Folglich hat das Normalsystem die Gestalt

$$1,5370\alpha - 1,5286\beta = 0,0190 ,$$

$$-1,5286\alpha + 5,2550\beta = -0,04596 .$$

Die Lösungen dieses Systems sind $\alpha = -0,004$ und $\beta = -0,009$. Hieraus ergeben sich die verbesserten Parameterwerte

$$a = 2,01 - 0,004 = 2,006 ,$$

$$b = 0,51 - 0,009 = 0,501 .$$

Somit hat die gesuchte empirische Formel die Gestalt

$$\widetilde{K}(\tau) = 2,006\, e^{-0,501|\tau|} . \tag{5.69}$$

Verfahren 3

Die empirische spektrale Leistungsdichte $\widetilde{S}(\omega)$ einer stationären Zufallsfunktion ist eine reelle, gerade und positive Funktion von ω. Für die rein numerische Approximation einer solchen Funktion ist die Benutzung rationaler Funktionen sinnvoll. Zu einer rationalen Spektraldichtefunktion

$$S(\omega) = \sum_{k=1}^{n} \frac{a_k}{c_k^2 + \omega^2} \tag{5.70}$$

gehört die durch inverse Fouriertransformation definierte Korrelationsfunktion

$$K(\tau) = \sum_{k=1}^{n} \frac{a_k}{2c_k} \exp(-c_k|\tau|) . \tag{5.71}$$

Die Approximation der empirischen Spektraldichte durch (5.70) entspricht der Annäherung der zugehörigen empirischen Korrelationsfunktion $\widetilde{K}(\tau)$ durch eine Summe von abklingenden Exponentialfunktionen nach (5.71). Die Koeffizienten a_k und c_k können dabei nach dem von Laning und Battin [5.20] angegebenen Verfahren so bestimmt werden, daß das Integral über das "Fehlerquadrat"

$$\int\limits_{0}^{\infty} \left[\widetilde{K}(\tau) - \sum_{k=1}^{n} \frac{a_k}{2c_k} \exp\left(-c_k |\tau|\right) \right]^2 d\tau \qquad (5.72)$$

zu einem Minimum wird. Für diesen Zweck haben Laning und Battin ein System von orthogonalen und normalisierten Funktionen entwickelt, von denen die ersten fünf die folgenden sind:

$$\psi_1(t) = \sqrt{2c}\, e^{-ct}$$

$$\psi_2(t) = \sqrt{c}\,(6e^{-2ct} - 4e^{-ct})\,,$$

$$\psi_3(t) = \sqrt{6c}\,(10e^{-3ct} - 12e^{-2ct} + 3e^{-ct})\,, \qquad (5.73)$$

$$\psi_4(t) = \sqrt{2c}\,(70e^{-4ct} - 120e^{-3ct} + 60e^{-2ct} + 5e^{-ct})\,,$$

$$\psi_5(t) = \sqrt{10c}\,(126e^{-5ct} - 280e^{-4ct} + 210e^{-3ct} - 60e^{-2ct} + 5e^{-ct})\,.$$

Um nun eine Korrelationsfunktion $\widetilde{K}(\tau)$ durch eine Summe von Exponentialfunktionen nach (5.71) anzunähern, ist wie folgt zu verfahren:

Man berechnet die normierte Korrelationsfunktion

$$\widetilde{\rho}(\tau) = \frac{\widetilde{K}(\tau)}{\widetilde{K}(0)}\,.$$

Der freie Parameter c einer Funktion $e^{-c|\tau|}$ wird so gewählt, daß diese $\widetilde{\rho}(\tau)$ einigermaßen gut annähert (d.h. etwa für den gleichen Wert τ_{max} verschwindet). Unter Verwendung der obigen Funktionen (5.73) berechnet man die Koeffizienten B_k nach der Beziehung

$$B_k = \int\limits_{0}^{\infty} \widetilde{\rho}(\tau)\psi_k(\tau)d\tau \qquad (5.74)$$

oder im diskreten Fall mit $n_{max} = \tau_{max}/\Delta t$

$$B_k \approx \sum_{i=1}^{n_{max}} \tilde{p}(i\Delta t)\psi_k(i\Delta t)\Delta t. \qquad (5.75)$$

Die Funktion $\tilde{p}(\tau)$ ist dann im Sinne des mittleren Fehlerquadrats approximiert durch die Reihe

$$\tilde{p}(\tau) \approx B_1\psi_1(|\tau|) + B_2\psi_2(|\tau|) + B_3\psi_3(|\tau|) + \dots . \qquad (5.76)$$

Nach Zusammenfassung der Glieder mit gleichem Exponenten erhält man schließlich die gesuchte Darstellung

$$\tilde{K}(\tau) = \tilde{K}(0)\tilde{p}(\tau) \approx \tilde{K}(0) \sum_{k=1}^{n} A_k e^{-kc|\tau|} , \qquad (5.77)$$

die mit

$$c_k = kc, \quad A_k = a_k/2kc$$

gerade der Form von (5.71) entspricht.

5.4 Methoden für die Berechnung der Spektraldichte

Zur Bestimmung einer Schätzung $\tilde{S}(\omega)$ der exakten Spektraldichte einer Zufallsfunktion $X(t)$ aus ihrer im Zeitintervall $[0,T]$ gemessenen Realisierung $x(t)$ existieren verschiedene Methoden [5.20], [5.21]. Einige davon basieren auf der Fourier-Transformation der empirischen Korrelationsfunktion

$$\tilde{S}(\omega) = \int_{-\infty}^{\infty} \tilde{K}(\tau)e^{-j\omega\tau}d\tau = 2\int_{0}^{\infty} \tilde{K}(\tau)\cos\omega\tau\,d\tau, \qquad (5.78)$$

die durch die Überlegung

$$S(\omega) = \lim_{T \to \infty} E[\widetilde{S}(\omega)] = \int_{-\infty}^{\infty} \left\{ \lim_{T \to \infty} E[\widetilde{K}(\tau)] \right\} e^{-j\omega\tau} d\tau$$

$$= \int_{-\infty}^{\infty} K(\tau) e^{-j\omega\tau} d\tau \tag{5.79}$$

begründet ist.

Eine andere Methode für die Bestimmung der Spektraldichte beruht darauf, daß die Spektraldichte nach (2.109) eng mit der Fourier-Transformierten (auch Amplitudenspektrum genannt) der Realisierung $x(t)$ zusammenhängt. Als Amplitudenspektrum $X_T(j\omega)$ einer Realisierung $x(t)$ wird die komplexe Funktion

$$X_T(j\omega) = \int_0^T x(t) e^{-j\omega t} dt \tag{5.80}$$

bezeichnet. Damit kann man für die Spektraldichte die Schätzung

$$\widetilde{S}_T(\omega) = \frac{1}{T} |X_T(j\omega)|^2 \tag{5.81}$$

benutzen, deren mathematische Erwartung

$$E[\widetilde{S}_T(\omega)] = \frac{1}{T} E[X_T^2(j\omega)]$$

$$= \frac{1}{T} \int_0^T \int_0^T E[x(t_1)x(t_2)] e^{-j\omega t_1} e^{-j\omega t_2} dt_1 \, dt_2$$

ist, woraus durch die Substitution $\tau = t_2 - t_1$ nach einigen Umformungen

$$E[\widetilde{S}_T(\omega)] = 2 \int_0^T \left(1 - \frac{\tau}{T}\right) E\{\widetilde{K}(\tau)\} e^{-j\omega\tau} d\tau \tag{5.82}$$

wird. Für die Berechnung einer Schätzung $\widetilde{S}(\omega)$ aus den für diskrete Werte x_i (i = 1, 2, .., N) erhaltenen empirischen Korrelationsfunktionen kann man also die Formel

$$\widetilde{S}(\omega_i) = 4 \sum_{n=0}^{N-1} \frac{N-n}{N} K(n\Delta t)\cos(\omega_i n\Delta t)\Delta t \qquad (5.83)$$

benutzen, wobei im Interval $0 \leqslant \omega \leqslant \omega_h$ beliebig viele ω_i Werte vorgegeben werden können.

Literaturverzeichnis

1.1.   Rényi, A.: Wahrscheinlichkeitsrechnung. Budapest: Akademie-Verlag 1968.

1.2.   Kolmogorow, A.N.: Grundbegriffe der Wahrscheinlichkeitsrechnung. Berlin: Springer 1933.

1.3.   Parzen, E.: Modern probability Theory and its applications. New York: Wiley & Sons 1960.

1.4.   Thaer, R., Weissbach, K.H.: Anwendung der Wahrscheinlichkeitsrechnung auf Führungsprobleme mit einem Beispiel aus der Kartoffelernte. Grundlagen der Landtechnik 17(1967) Nr. 1, S. 8-15.

1.5.   Charlier, C.V.L.: Application [de la theorie des probabilités] a l'astronomie. (Im Lehrbuch von BOREL). Paris: Gauthier-Villars 1931.

1.6.   Pugatschow, W.S.: Grundlagen der Statistik. Berlin: Verlag Technik 1964.

1.7.   Wunsch, G.: Systemanalyse Bd. 2 Statistische-systemanalyse. Berlin: Verlag Technik 1970.

1.8.   Bulich, B.Z.: Einführung in die Funktionalanalysis (Original russisch). Moskau: Fizmatgiz 1958.

1.9.   Csáki, F.: Moderne Regelungstheorie (Original ungarisch). Budapest: Akademie-Verlag 1970.

2.1.   Chintschin, A.J.: Korrelationstheorie stationärer stochastischer Prozesse. Mathematische Annalen 109(1934).

2.2.   Doob, J.L.: Stochastic Processes. New York: Wiley & Sons 1953.

2.3.   Kolmogorow, A.N.: Ein vereinfachter Beweis des Ergodensatzes von Birkhoff-Chintschin. Uspechi matem. nauk 5 (1938).

2.4.   Gnedenko, B.W.: Lehrbuch der Wahrscheinlichkeitsrechnung. Berlin: Akademie-Verlag 1970.

2.5.   Wiener, N.: Extrapolation, interpolation and smoothing of stationary time series. New York: Wiley & Sons 1949.

2.6.   Csáki, F.: Dynamik der Regelungen (Original ungarisch). Budapest: Akademie-Verlag 1966.

2.7.   Schwarz, H.: Mehrfachregelungen, Grundlagen einer Systemtheorie, Bd. 1. Berlin, Heidelberg, New York: Springer 1967.

2.8.   Thomson, W.T.: Anwendung statistischer Methoden auf mechanische Systeme. VDI-Berichte Nr. 66 (1962), 7-20.

2.9.   Sweschnikow, A.A.: Untersuchungsmethoden der Theorie der Zufallsfunktionen mit praktischen Anwendungen. Leipzig: B.G. Teubner 1965.

2.10.   Solodownikow, W.W.: Einführung in die statistische Dynamik linearer Regelungssysteme. Berlin: Verlag Technik/München, Wien: R. Oldenbourg 1963.

3.1.   Giloi, W.: Strukturbilder von Automobil-Federungssystemen und ihre Behandlung am Analogrechner. VDI-Zeitschrift 104 (1962) Nr. 29, S. 1481-1487.

3.2.   Weigand, A.: Einführung in die Berechnung mechanischer Schwingungen, Bd. 1. Leipzig: B.G. Teubner 1960.

3.3.   Doetsch, G.: Anleitung zum praktischen Gebrauch der Laplace-Transformation. München: R. Oldenbourg 1961.

3.4.   Göldner, K.: Mathematische Grundlagen für Regelungstechniker. Frankfurt/M., Zürich: H. Deutsch 1969.

3.5.   Schlitt, H.: Systemtheorie regelloser Vorgänge. Berlin, Heidelberg, New York: Springer-Verlag 1965.

3.6.   Pugatschow, B.S.: Theorie der Zufallsfunktionen (Original russisch). Moskau: Fizmatgiz 1960.

3.7.   Wendeborn, J.O.: Die Unebenheiten landwirtschaftlicher Fahrbahnen als Schwingungserreger landwirtschaftlicher Fahrzeuge. Grundlagen der Landtechnik 15 (1965), Nr. 2.

3.8.   Radaj, D.: Ermittlung der Belastbarkeit von Fahrzeugen auf Ersatzfahrbahnen in einem abgekürzten Verfahren, Teil 2. Automobiltechnische Zeitschrift 70 (1968), Nr. 11, S. 395-398.

3.9.   Wendeborn, J.O.: Ein Beitrag zur Verbesserung des Fahrkomforts auf Ackerschleppern. Fortschrittsberichte VDI, 2. Reihe 14, Nr. 8 (1968).

3.10.   Burington, R.S.; May, D.C.: Handbook of Probability and Statistics with Tables. New York, London, Sidney: McGraw-Hill 1970.

3.11.   Fábián, L.: Anwendung mathematischer Methoden in der Untersuchung von Landmaschinen. (Original ungarisch). Dissertation, Agraruniversität, Fakultät für Landtechnik, Budapest, 1968.

3.12.   Pipes, L.A.: Applied Mathematics for Engineers and Physicists. New York, Toronto, London: McGraw Hill 1958.

3.13.   Putjatin, W.W.: Das Automobil als Schwingungssystem mit Zufallserregung. (Original russisch in Automobiltransport, Bd. 1). Kiew: Technika 1965.

3.14.   Sweschnikow, A.A.: Untersuchungsmethoden der Theorie der Zufallsfunktionen mit praktischen Anwendungen. Leipzig: B.G. Teubner 1965.

3.15.   Robson, J.D.: An Introduction to Random Vibrations. Edinburgh: Edinburgh University Press 1964.

3.16.   Giloi, W.: Simulation and Analyse stochastischer Vorgänge, 2. Aufl. München, Wien: R. Oldenbourg 1970.

3.17.   Chorafas, D.N.: Systems and Simulations. New York, London: Academic Press 1965.

3.18.   Gordon, G.: System Simulation. New Jersey: Prentice-Hall 1969.

3.19.   McLeod, J.P.E. u.a.: Simulation, the Dynamic Modeling of Ideas and Systems with Computers. New York, London, Sydney: McGraw-Hill 1968.

3.20.   Orlowski, H., Hawryluk, J.: Digitale Modellierung (Original polnisch). Warschau: Wyd. Naukowo-Techniczne 1971.

3.21.   Hamming, R.W.: Introduction to Applied Numerical Analysis. New York, London, Sydney: McGraw-Hill 1971.

3.22.   Buslenko, N.P. u.a.: Monte Carlo Methoden (Original russisch). Moskau: Fismatgiz 1963.

3.23.   Schröder, K. u.a.: Mathematik für die Praxis, ein Handbuch, Bd. 2. Berlin: Deutscher Verlag der Wissenschaften 1965.

3.24.   Kneschke, A.: Differentialgleichungen und Randwertprobleme, Bd. 1. Berlin: Verlag Technik 1960.

3.25.   Goloskokow, E.G., Filippow, A.P.: Instationäre Schwingungen mechanischer Systeme. Berlin: Akademie-Verlag 1971.

4.1.   Kármán, T.: The Engineer Grapples with Nonlinear Problems. Bull. Am. Math. Soc. 46(1940) 615-683.

4.2.   Kalman, R.E.: Mathematical Description of Linear Dynamical Systems. SIAM. J. Controls 1(1963) Nr. 2, 152-192.

4.3.   Kalman, R.E., Bertram, J.E.: General Synthesis Procedure for Computer Control of Single and Multi-loop Linear Systems. Trans. AIEE 77 (1958) Teil II, S. 602-609.

4.4.   Kalman, R.E.: On the General Theory of Control Systems. Proc. First Intern. Congr. Automatic Control, Moscow 1960, Bd. 1, S. 481-493. Butterworth & Co, London 1961.

4.5.   Kalman, R.E.: Canonical Structure of Linear Dynamical Systems. Proc. Natl. Acad. Sci. 48 (1962) Nr. 4, S. 596-600.

4.6.   Clauser, F.H.: The Behavior of Nonlinear Systems. Journal of the Aeronautical Sciences, 23 (1956), 411-434.

4.7.   Gille, J.C., Wegrzyn, S., Paquet, J.G.: Oscillation sous-harmoniques dans un asservissement par plus-on-moins. Automatic and Remote Control Butterwoths, 1964, Bd. I, S. 204-209.

4.8.   Ludeke, C.A.: The generation and extinction of subharmonics. Proc. Symposium on Nonlinear Circuit Analyses, Bd. II. Polytechnic Institute of Brooklyn, New York 1953.

4.9.   West, J.C., Douce, J.T.: The Mechanism of Subharmonic Generation in a Feedback System. Proc. IEE 102(B). (1955), 569-574.

4.10.   Gille, J.C., Paquet, J.G.: Subharmonic Oscillation in On-Off Control Systems, I. IFAC Congress, Moscow 1960.

4.11.   Cherry, E.C., Millar, W.: Some New Concepts and Theorems Concerning Nonlinear Systems. In: Tustin, A.: Automatic and Manual Control. London: Butterworths Scientific Publications. 1952, S. 262-274.

4.12.   Haas, V.B.: Coulomb Friction in Feedback Control Systems. Trans. AIEE, 72(1953) Teil II, S. 119-126.

4.13.   Booton, R.C.: The Analysis of Nonlinear Control Systems with Random Inputs. Proc. Sympos. Nonlinear Circuit Analysis. Band 2. (1953), S. 369-391.

4.14.   Pupkov, K.A.: Method of Investigating the Accuracy of Essentially Nonlinear Automatic Control Systems by Means of Equivalent Transfer Functions. Automation and Remote Control, Band 21, Nr. 2 (October 1960), 126-139.

256

4.15.   Kazakow, I.E.: Einige Fragen der Theorie der statistischen
        Linearisierung und ihre Anwendung (Original russisch). In:
        Proc. I. IFAC Congress, Bd. 3, 1961.

4.16.   Kazakow, I.E., Dostupow, B.G.: Statistische Dynamik
        nichtlinearer automatischer Systeme (Original russisch).
        Moskau: Fizmatgiz 1962.

4.17.   Gelb, A., van der Velde, W.E.: Multiple Describing-
        Functions and Nonlinear System Design. New York, London,
        Sydney: McGraw-Hill 1968.

4.18.   Csáki, F.: Moderne Regelungstheorie (Original ungarisch).
        Budapest: Akademie Verlag 1970.

4.19.   Schlitt, H.: Stochastische Vorgänge in linearen und nicht-
        linearen Regelkreisen. Braunschweig: Vieweg & Sohn 1968.

4.20.   Pugatshow, W.S.: Theorie zufälliger Funktionen (Original
        russisch). Moskau: Fizmatgiz 1960.

4.21.   Perwoswanski, A.A.: Zufällige Prozesse in nichtlinearen
        automatischen Systemen (Original russisch). Moskau: Fizmatgiz
        1962.

4.22.   Gradshteyn, I.S., Ryzhik, I.M.: Tables of Integrals,
        Series and Products. New York, London: Academic Press 1965.

4.23.   Anilowitsch, W.J., Wodolaschtschenko, J.T.:
        Konstruktion und Berechnung landwirtschaftlicher Schlepper
        (Original russisch). Moskau: Maschgiz 1966.

4.24.   Wilf, H.S.: An Open Formula for the Numerical Integration
        of First Order Differential Equations. MTAC, 11 (1957),
        201-203; 12 (1958), 55-58.

4.25.   Ralston, A.: Runge-Kutta Methods with Minimum Error
        Bounds. Math. Comput. 6(1962), 413-437.

4.26.   Hull, T.E., Newbery, A.C.: Corrector Formulas for
        Multi-Step Integration Formulas. J. Assoc. Indust. Appl.
        Math. 10 (1962), 351-362.

4.27.   Hamming, R.W.: Stable Predictor-Corrector Methods for
        Ordinary Differential Equations, J. Assoc. Comput. Mach.
        6 (1959), S. 37-47.

4.28.   Milne, W.: Numerical Solution of Differential Equations.
        New York: Wiley & Sons 1953.

4.29.   Kneschke, A.: Differentialgleichungen und Randwert-
        probleme, Bd. I: Gewöhnliche Differentialgleichungen.
        Berlin: Verlag Technik 1960.

4.30. Ralston, A.: A First Course in Numerical Analysis. New York: McGraw-Hill 1965.

5.1. Neidhardt, P.: Grundlagen und Möglichkeiten der automatischen Datenverarbeitung in der analytischen Meßtechnik. Nachrichtentechnik 12 (1963) Nr. 5, S. 163-168; Nr. 6, S. 222-229.

5.2. Kürner, H.: Selbsttätige Kurvenauswertung mit dem elektronischen Diagrammabtaster. Automatik 6 (1961) Nr. 6, S. 215-220.

5.3. Siemens-AG: Prospekt DIGIZET-Bausteinsystem. Elektronischer Diagrammabtaster.

5.4. Krepler, K.: Fotoelektrischer Diagrammabtaster für repetierenden Betrieb. Messen-Steuern-Regeln 9 (1966) Nr. 3, S. 94-96.

5.5. Noratom AS:: ISAC-Technical Description. Oslo: Noratom AS 1964.

5.6. Blandhol, E., Hestvik, O., Mohus, J.: A Description of the Statistical Computer "ISAC" Trondheim: Automatic Control Laboratory. Bd. 1, 1959; Bd. 2, 1960.

5.7. Winkel, F.: Technik der Magnetspeicher. Berlin, Göttingen, Heidelberg: Springer 1960.

5.8. Baring, J.A.: Magnetische Speicherung analoger Meßwerte. In 3. Interkama 1965. München: R. Oldenbourg 1965.

5.9. Baragnon, F.: Anwendung der magnetischen Datenspeicherung in einer Instrumentierkette. In 3. Interkama 1965. München: Verlag R. Oldenbourg 1965.

5.10. Wilfert, H.-H.: Signal- und Frequenzganganalyse an stark gestörten Systemen. Berlin: Verlag Technik 1969.

5.11. Pugatschow, W.S.: Theorie zufälliger Funktionen (Original russisch). Moskau: Fizmatgiz 1962.

5.12. Sweschnikow, A.A.: Wahrscheinlichkeitsrechnung und mathematische Statistik in Aufgaben. Leipzig: B.G. Teubner 1970.

5.13. Burington, R.S., May, D.C.: Handbook of Probability and Statistics with Tables. New York, London, Sydney: McGraw-Hill 1970.

5.14. Giloi, W.: Simulation und Analyse stochastischer Vorgänge. München, Wien: R. Oldenbourg 1970.

5.15.   Kendall, M.G., Stuart, A.: The Advanced Theory of Statistics, Bd. 1. London: Griffin 1969.

5.16.   Sweschnikow, A.A.: Untersuchungsmethoden der Theorie der Zufallsfunktionen. Leipzig: B.G. Teubner 1965.

5.17.   Solodownikow, W.W.: Analyse und Synthese linearer Systeme. Berlin: Verlag Technik 1972.

5.18.   Demidowitsch, B.P., Maron, J.A., Schuwalowa, E.S.: Numerische Methoden der Analysis. Berlin: Deutscher Verlag der Wissenschaften 1968.

5.19.   Zurmühl, R.: Praktische Mathematik für Ingenieure, 5. Aufl. Berlin, Heidelberg, New York: Springer 1965.

5.20.   Laning, J.H., Battin, R.H.: Random Process in Automatic Control. New York, Toronto, London: McGraw-Hill 1956.

5.20.   Mishkin, E., Braun, L.: Adaptive Control Systems. New York: McGraw-Hill 1961.

Tafel- und Programmanhang $\Phi(u)$

A Werte des Gaußschen Fehlerintegrals

$$\Phi(u) = \frac{1}{\sqrt{2\pi}} \int_0^u \exp(-t^2/2)\,dt, \qquad \Phi(-u) = -\Phi(u)$$

u	0,00	0,02	0,04	0,06	0,08
0,0	0,00000	0,00798	0,01595	0,02392	0,03188
0,1	0,03983	0,04776	0,05567	0,06356	0,07142
0,2	0,07926	0,08706	0,09483	0,10257	0,11026
0,3	0,11791	0,12552	0,13307	0,14058	0,14803
0,4	0,15542	0,16276	0,17003	0,17724	0,18439
0,5	0,19146	0,19847	0,20540	0,21226	0,22904
0,6	0,22575	0,23237	0,23891	0,24537	0,25275
0,7	0,25804	0,26424	0,27035	0,27637	0,28230
0,8	0,28814	0,29389	0,29955	0,30511	0,31057
0,9	0,31594	0,32121	0,32639	0,33147	0,33646
1,0	0,34134	0,34614	0,35083	0,35543	0,35993
1,1	0,36433	0,36864	0,37286	0,37698	0,38100
1,2	0,38493	0,38877	0,39251	0,39617	0,39973
1,3	0,40320	0,40658	0,40988	0,41309	0,41621
1,4	0,41924	0,42220	0,42507	0,42785	0,43056
1,5	0,43319	0,43574	0,43822	0,44062	0,44295
1,6	0,44520	0,44738	0,44950	0,45154	0,45352
1,7	0,45543	0,45728	0,45907	0,46080	0,46246
1,8	0,46407	0,46562	0,46712	0,46856	0,46995
1,9	0,47128	0,47257	0,47381	0,47500	0,47615
2,0	0,47725	0,47831	0,47932	0,48030	0,48124
2,1	0,48214	0,48300	0,48382	0,48461	0,48537
2,2	0,48610	0,48679	0,48745	0,48809	0,48870
2,3	0,48928	0,48983	0,49036	0,49086	0,49134
2,4	0,49180	0,49224	0,49266	0,49305	0,49343
2,5	0,49379	0,49413	0,49446	0,49477	0,49506
2,6	0,49534	0,49560	0,49585	0,49609	0,49632
2,7	0,49653	0,49693	0,49693	0,49711	0,49728
2,8	0,49744	0,49760	0,49774	0,49788	0,49801
2,9	0,49813	0,49825	0,49836	0,49846	0,49856
3,0	0,49865	0,49874	0,49882	0,49889	0,49896
3,1	0,49903	0,49910	0,49916	0,49921	0,49926
3,2	0,49931	0,49936	0,49940	0,49944	0,49948
3,3	0,49952	0,49955	0,49958	0,49961	0,49964
3,4	0,49966	0,49969	0,49971	0,49973	0,49975
3,5	0,49977	0,49978	0,49980	0,49981	0,49983
3,6	0,49984	0,49985	0,49986	0,49987	0,49988
3,7	0,49989	0,49990	0,49991	0,49992	0,49992
3,8	0,49993	0,49993	0,49994	0,49994	0,49995
3,9	0,49995	0,49996	0,49996	0,49996	0,49997
4,0	0,49997	0,49997	0,49997	0,49998	0,49998

B   Werte der Funktion $\Phi'(u)$ und ihrer Ableitungen

u	$\Phi'(u)$	$\Phi''(u)$	$\Phi'''(u)$	$\Phi^{(IV)}(u)$	$\Phi^{(V)}(u)$	$\Phi^{(VI)}(u)$	$\Phi^{(VII)}(u)$	$\Phi^{(VIII)}(u)$
0,0	+0,3989	+0,0000	−0,3989	+0,0000	+1,1968	+0,0000	−5,9841	+0,0000
0,1	+0,3970	−0,0397	−0,3930	+0,1187	+1,1671	−0,5915	−5,7763	+4,1264
0,2	+0,3910	−0,0782	−0,3754	+0,2315	+1,0799	−1,1420	−5,1711	+7,8860
0,3	+0,3814	−0,1144	−0,3471	+0,3330	+0,9413	−1,6142	−4,2223	+10,9519
0,4	+0,3683	−0,1473	−0,3093	+0,4184	+0,7607	−1,9777	−3,0184	+13,0712
0,5	+0,3521	−0,1760	−0,2640	+0,4841	+0,5501	−2,2114	−1,6448	+14,0909
0,6	+0,3332	−0,1999	−0,2133	+0,5278	+0,3231	−2,3052	−0,2324	+13,9704
0,7	+0,3123	−0,2186	−0,1592	+0,5486	+0,0937	−2,2601	+1,1135	+12,7812
0,8	+0,2897	−0,2318	−0,1043	+0,5469	−0,1247	−2,0880	+2,2938	+10,6930
0,9	+0,2661	−0,2395	−0,0506	+0,5245	−0,3203	−1,8095	+3,2303	+7,9498
1,0	+0,2420	−0,2420	−0,0000	+0,4839	−0,4839	−1,4518	+3,8715	+4,8394
1,1	+0,2179	−0,2396	+0,0457	+0,4290	−0,6091	−1,0458	+4,1958	+1,6594
1,2	+0,1942	−0,2330	+0,0854	+0,3635	−0,6925	−0,6230	+4,2103	−1,3143
1,3	+0,1714	−0,2228	+0,1182	+0,2918	−0,7341	−0,2130	+3,9475	−3,8538
1,4	+0,1497	−0,2096	+0,1437	+0,2180	−0,7364	+0,1590	+3,4595	−5,7972
1,5	+0,1295	−0,1943	+0,1619	+0,1457	−0,7043	+0,4735	+2,8109	−7,0577
1,6	+0,1109	−0,1775	+0,1730	+0,0781	−0,6441	+0,7181	+2,0712	−7,6228
1,7	+0,0940	−0,1599	+0,1778	+0,0176	−0,5632	+0,8870	+1,3079	−7,5454
1,8	+0,0790	−0,1421	+0,1768	−0,0341	−0,4692	+0,9809	+0,5801	−6,9297
1,9	+0,0656	−0,1247	+0,1713	−0,0760	−0,3693	+1,0058	−0,0647	−5,9121
2,0	+0,0540	−0,1080	+0,1620	−0,1080	−0,2700	+0,9718	−0,5939	−4,6432
2,1	+0,0440	−0,0924	+0,1500	−0,1302	−0,1765	+0,8915	−0,9899	−3,2703
2,2	+0,0355	−0,0780	+0,1362	−0,1436	−0,0927	+0,7784	−1,2489	−1,9232
2,3	+0,0283	−0,0652	+0,1215	−0,1492	−0,0214	+0,6460	−1,3788	−0,7049
2,4	+0,0224	−0,0537	+0,1066	−0,1483	+0,0362	+0,5064	−1,3965	+0,3132

Fortsetzung der Tabelle B.

u	$\Phi'(u)$	$\Phi''(u)$	$\Phi'''(u)$	$\Phi^{(IV)}(u)$	$\Phi^{(V)}(u)$	$\Phi^{(VI)}(u)$	$\Phi^{(VII)}(u)$	$\Phi^{(VIII)}(u)$
2,5	+0,0175	−0,0438	+0,0920	−0,1424	+0,0800	+0,3697	−1,3242	+1,0921
2,6	+0,0136	−0,0353	+0,0782	−0,1328	+0,1105	+0,2438	−1,1864	+1,6222
2,7	+0,0104	−0,0281	+0,0655	−0,1207	+0,1293	+0,1338	−1,0076	+1,9177
2,8	+0,0079	−0,0222	+0,0541	−0,1073	+0,1379	+0,0429	−0,8097	+2,0099
2,9	+0,0060	−0,0173	+0,0441	−0,0934	+0,1385	−0,0281	−0,6110	+1,9406
3,0	+0,0044	−0,0133	+0,0355	−0,0798	+0,1330	−0,0798	−0,4255	+1,7550
3,1	+0,0033	−0,0101	+0,0281	−0,0669	+0,1231	−0,1140	−0,2624	+1,4972
3,2	+0,0024	−0,0076	+0,0220	−0,0552	+0,1107	−0,1332	−0,1271	+1,2059
3,3	+0,0017	−0,0057	+0,0170	−0,0449	+0,0969	−0,1404	−0,0213	+0,9124
3,4	+0,0012	−0,0042	+0,0130	−0,0359	+0,0829	−0,1384	+0,0561	+0,6397
3,5	+0,0009	−0,0031	+0,0098	−0,0283	+0,0694	−0,1300	+0,1078	+0,4026
3,6	+0,0006	−0,0022	+0,0073	−0,0219	+0,0570	−0,1175	+0,1380	+0,2084
3,7	+0,0004	−0,0016	+0,0054	−0,0168	+0,0460	−0,1030	+0,1510	+0,0590
3,8	+0,0003	−0,0011	+0,0039	−0,0127	+0,0365	−0,0878	+0,1512	−0,0481
3,9	+0,0002	−0,0008	+0,0028	−0,0095	+0,0284	−0,0730	+0,1426	−0,1182
4,0	+0,0001	−0,0005	+0,0020	−0,0070	+0,0218	−0,0594	+0,1286	−0,1579
4,1	+0,0001	−0,0004	+0,0014	−0,0051	+0,0165	−0,0474	+0,1118	−0,1742
4,2	+0,0001	−0,0002	+0,0010	−0,0036	+0,0123	−0,0371	+0,0943	−0,1737
4,3	+0,0000	−0,0002	+0,0007	−0,0026	+0,0090	−0,0285	+0,0775	−0,1621
4,4	+0,0000	−0,0001	+0,0005	−0,0018	+0,0065	−0,0215	+0,0621	−0,1441
4,5	+0,0000	−0,0001	+0,0003	−0,0012	+0,0047	−0,0160	+0,0487	−0,1233
4,6	+0,0000	−0,0000	+0,0002	−0,0008	+0,0033	−0,0117	+0,0375	−0,1021
4,7	+0,0000	−0,0000	+0,0001	−0,0006	+0,0023	−0,0084	+0,0283	−0,0822
4,8	+0,0000	−0,0000	+0,0001	−0,0004	+0,0016	−0,0060	+0,0210	−0,0646
4,9	+0,0000	−0,0000	+0,0001	−0,0003	+0,0011	−0,0042	+0,0153	−0,0496

C Lösungen des Integrals I_k

Es ist

$$I_k = \frac{1}{2\pi j} \int_{-\infty}^{+\infty} \frac{G_k(j\omega)}{H_k(j\omega)H_k(j\omega)} \, d\omega \, ,$$

worin

$$G_k(j\omega) = b_0(j\omega)^{2k-2} + \ldots + b_{k-1} \, ,$$

$$H_k(j\omega) = a_0(j\omega)^k + a_1(j\omega)^{k-1} + \ldots + a_k \, .$$

Alle Wurzeln von $H_k(j\omega)$ liegen in der oberen Halbebene

$$I_1 = \frac{b_0}{2a_0 a_1} \, ,$$

$$I_2 = \frac{-b_0 + \dfrac{a_0 b_1}{a_2}}{2a_0 a_1} \, ,$$

$$I_3 = \frac{-a_2 b_0 + a_0 b_1 - \dfrac{a_0 a_1 b_2}{a_3}}{2a_0(a_0 a_3 - a_1 a_2)} \, ,$$

$$I_4 = \frac{b_0(-a_1 a_4 + a_2 a_3) - a_0 a_3 b_1 + a_0 a_1 b_2 + \dfrac{a_0 b_3}{a_4}(a_0 a_3 - a_1 a_2)}{2a_0(a_0 a_3^2 + a_1^2 a_4 - a_1 a_2 a_3)} \, ,$$

$$I_5 = \frac{M_5}{2a_0 \Delta_5} \, ,$$

$$M_5 = b_0(-a_0a_4a_5 - a_1a_4^2 + a_2^2a_5 - a_2a_3a_4) + a_0b_1(-a_2a_5 + a_3a_4)$$

$$+ a_0b_2(a_0a_5 - a_1a_4) + a_0b_3(-a_0a_3 + a_1a_2) + \frac{a_0b_4}{a_5} \times$$

$$\times (-a_0a_1a_5 + a_0a_3^2 + a_1^2a_4 - a_1a_2a_3);$$

$$\Delta_5 = a_0^2a_5^2 - 2a_0a_1a_4a_5 - a_0a_2a_3a_5 + a_0a_3^2a_4 + a_1^2a_4^2 + a_1a_2^2a_5 - a_1a_2a_3a_4.$$

$$I_6 = \frac{M_6}{2a_0\Delta_6};$$

$$M_6 = b_0(-a_0a_3a_5a_6 + a_0a_4a_5^2 - a_1^2a_6^2 + 2a_1a_2a_5a_6 + a_1a_3a_4a_6 - a_1a_4^2a_5$$

$$- a_2^2a_5^2 - a_2a_3^2a_6 + a_2a_3a_4a_5) + a_0b_1(-a_1a_5a_6 + a_2a_5^2 + a_3^2a_6 - a_3a_4a_5)$$

$$+ a_0b_2(-a_0a_5^2 - a_1a_3a_6 + a_1a_4a_5) + a_0b_3(a_0a_3a_5 + a_1^2a_6 - a_1a_2a_5)$$

$$+ a_0b_4(a_0a_1a_5 - a_0a_3^2 - a_1^2a_4 + a_1a_2a_3) + \frac{a_0b_5}{a_6}$$

$$\times (a_0^2a_5^2 + a_0a_1a_3a_6 - 2a_0a_1a_4a_5 - a_0a_2a_3a_5 + a_0a_3^2a_4 - a_1^2a_2a_6$$

$$+ a_1^2a_4^2 + a_1a_2^2a_5 - a_1a_2a_3a_4);$$

$$\Delta_6 = a_0^2a_5^3 + 3a_0a_1a_3a_5a_6 - 2a_0a_1a_4a_5^2 - a_0a_2a_3a_5^2 - a_0a_3^3a_6 + a_0a_3^2a_4a_5$$

$$+ a_1^3a_6^2 - 2a_1^2a_2a_5a_6 - a_1^2a_3a_4a_6 + a_1^2a_4^2a_5 + a_1a_2^2a_5^2 + a_1a_2a_3^2a_6$$

$$- a_1a_2a_3a_4a_5.$$

$$I_7 = \frac{M_7}{2a_0 \Delta_7} \; ;$$

$$M_7 = b_0 m_0 + a_0 b_2 m_1 + a_0 h_2 m_2 + \cdots + a_0 b_6 m_6 \; ;$$

$$m_0 = a_0^2 a_6 a_7^2 - 2a_0 a_1 a_6^2 a_7 - 2a_0 a_2 a_4 a_7^2 + a_0 a_2 a_5 a_6 a_7 + a_0 a_3 a_5 a_6^2 + a_0 a_4^2 a_5 a_7$$

$$- a_0 a_4 a_5^2 a_6 + a_1^2 a_6^3 + 3a_1 a_2 a_4 a_6 a_7 - 2a_1 a_2 a_5 a_6^2 - a_1 a_3 a_4 a_6^2 - a_1 a_4^3 a_7$$

$$+ a_1 a_4^2 a_5 a_6 + a^3 a_7^2 - 2a_2^2 a_3 a_6 a_7 - a_2^2 a_4 a_5 a_7 + a_2^2 a_5^2 a_6 + a_2 a_3 a_4^2 a_7$$

$$- a_2 a_3 a_4 a_5 a_6 - a_2 a_3^2 a_6^2 \; ;$$

$$m_1 = a_0 a_4 a_7^2 - a_0 a_5 a_6 a_7 - a_1 a_4 a_6 a_7 + a_1 a_5 a_6^2 - a_2^2 a_7^2 + 2a_2 a_3 a_6 a_7 + a_2 a_4 a_5 a_7$$

$$- a_2 a_5^2 a_6 - a_3^2 a_6^2 - a_3 a_4^2 a_7 + a_3 a_4 a_5 a_6 \; ;$$

$$m_2 = a_0 a_2 a_7^2 - a_0 a_3 a_6 a_7 - a_0 a_4 a_5 a_7 + a_0 a_5^2 a_6 - a_1 a_2 a_6 a_7 + a_1 a_3 a_6^2 + a_1 a_4^2 a_7$$

$$- a_1 a_4 a_5 a_6 \; ;$$

$$m_3 = -a_0^2 a_7^2 + 2a_0 a_1 a_6 a_7 + a_0 a_3 a_4 a_7 - a_0 a_3 a_5 a_6 - a_1^2 a_6^2 - a_1 a_2 a_4 a_7 + a_1 a_2 a_5 a_6 \; ;$$

$$m_4 = a_0^2 a_5 a_7 - a_0 a_1 a_4 a_7 - a_0 a_1 a_5 a_6 - a_0 a_2 a_3 a_7 + a_0 a_3^2 a_6 + a_1^2 a_4 a_6 + a_1 a_2^2 a_7$$

$$- a_1 a_2 a_3 a_6 \; ;$$

$$m_5 = a_0^0 a_3 a_7 - a_0^2 a_5^2 - a_0 a_1 a_2 a_7 - a_0 a_1 a_3 a_6 + 2a_0 a_1 a_4 a_5 + a_0 a_2 a_3 a_5 - a_0 a_3^2 a^4$$

$$+ a_1^2 a_2 a_6 - a_1^2 a_4^2 - a_1 a_2^2 a_5 + a_1 a_2 a_3 a_4 ;$$

$$m_6 = \frac{1}{a_7} (a_0^2 a_1 a_7^2 - 2a_0^2 a_3 a_5 a_7 + a_0^2 + a_0 a_1 a_2 a_5 a_7 + 3a_0 a_1 a_3 a_5 a_6 - 2a_0 a_1 a_4 a_5^2$$

$$+ a_0 a_2 a_3^2 a_7 - a_0 a_2 a_3 a_5^2 - a_0 a_3^2 a_6 + a_0 a_3^2 a_4 a_5 + a_1^3 a_6^2 + a_1^2 a_2 a_4 a_7$$

$$- 2a_1^2 a_2 a_5 a_6 - a_1^2 a_3 a_4 a_6 + a_1^2 a_4 a_5 - a_1 a_2 a_3 a_7 + a_1 a_2^2 a_5^2 + a_1 a_2 a_3^2 a_6$$

$$- a_1 a_2 a_3 a_4 a_5) ;$$

$$\Delta_7 = -a_0^3 a_7^3 + 3a_0^2 a_1 a_6 a_7^2 + a_0^2 a_2 a_5 a_7^2 + 2a_0^2 a_3 a_4 a_7^2 - 3a_0^2 a_3 a_5 a_6 a_7$$

$$- a_0^2 a_4 a_5^2 a_7 + a_0^2 a_5^3 a_6 - 3a_0 a_1^2 a_6^2 a_7 - 3a_0 a_1 a_2 a_4 a_7^2 + a_0 a_1 a_2 a_5 a_6 a_7$$

$$+ 3a_0 a_1 a_3 a_5 a_6^2 - a_0 a_1 a_3 a_4 a_6 a_7 + 2a_0 a_1 a_4^2 a_5 a_7 - 2a_0 a_1 a_4 a_5^2 a_6 - a_0 a_2^2 a_3 a_7^2 ;$$

$$+ 2a_0 a_2 a_3^2 a_6 a_7 + a_0 a_2 a_3 a_4 a_5 a_7 - a_0 a_2 a_3 a_5^2 a_6 - a_0 a_3^3 a_6^2 - a_0 a_3^2 a_4^2 a_7$$

$$+ a_0 a_3^2 a_4 a_5 a_6 + a_1^3 a_6^3 + 3a_1^2 a_2 a_4 a_6 a_7 - 2a_1^2 a_2 a_5 a_6^2 - a_1^2 a_3 a_4 a_6^2 - a_1^2 a_4^3 a_7$$

$$+ a_1^2 a_4^2 a_5 a_6 + a_1 a_2^3 a_7^2 - 2a_1 a_2^2 a_3 a_6 a_7 - a_1 a_2^2 a_4 a_5 a_7 + a_1 a_2^2 a_5^2 a_6$$

$$+ a_1 a_2 a_3^2 a_6^2 + a_1 a_2 a_3 a_4^2 a_7 - a_1 a_2 a_3 a_4 a_5 a_6 .$$

Die allgemeine Formel [3.6] lautet

$$I_k = \frac{(-1)^{k+1}}{2a_0} \frac{N_k}{D_k} \, ,$$

worin

$$D_k = \begin{vmatrix} d_{11} & d_{12} & \cdots & d_{1k} \\ d_{21} & d_{22} & \cdots & d_{2k} \\ \cdots & \cdots & \cdots & \cdots \\ d_{k1} & d_{k2} & \cdots & d_{kk} \end{vmatrix} \qquad d_{mr} = a_{2m-r}, \quad a_s = 0 \ (s < 0, \ s > k)$$

und N_k eine Determinante bedeutet, die man aus D_k erhält, indem deren erste Spalte durch $b_0, b_1, \ldots, b_{k-1}$ ersetzt wird.

D Beschreibung des SIMULATOR-Programms

Das Programm dient zur Simulation und statistischer Analyse von linearen oder nichtlinearen zufallserregten Schwingungssystemen in einem endlichen Zeitintervall T, das in N gleiche Zeitabschnitte Δt aufgeteilt ist. Die statistische Analyse umfaßt die Ermittlung der empirischen Verteilungsdichten und Korrelationsfunktionen der Ein- und Ausgangssignale und deren Genauigkeitsgrad sowie die graphische Darstellung der Ergebnisse.

Das durch sein Differentialgleichungssystem beschriebene Schwingungssystem kann wahlweise durch gemessene Realisierungen von Zufallsfunktionen oder programmäßig erzeugten Pseudo-Zufallsfunktionen erregt werden. Das Differentialgleichungssystem wird bei vorgegebenem Genauigkeitsgrad in N Punkten numerisch genähert gelöst.

Parameter und Eingangsdaten des Rahmenprogramms

X, Y, dX, dY,...	Felder der interessierenden Zufallsfunktionen;
KX, KY,...	Felder der gesuchten Auto oder Kreuzkorrelationsfunktionen
Fx, Fy,...	Felder für die analytisch approximierten Verteilungsdichtefunktionen
N	Anzahl der Abtastpunkte
dt	Abtastzeit (Δt)
dgl	Anzahl der gewöhnlichen Differentialgleichungen 1. Ordnung
gl	Anzahl der Glättungen vor dem numerischen Differenzieren
mah	maximale zulässige Schrittweite bei der numerischen Lösung des Differentialgleichungssystems
prh	(=mah) Möglichkeit für die äußere Vorgabe der laufenden Schrittweite
eps	relativer Fehler der genäherten Lösung der einzelnen Differentialgleichung
eta	($\approx$eps) Hilfsgröße zur Ermittlung der Genauigkeit einer Lösung nach (4.112)

Beschreibung der einzelnen Prozeduren

Prozedur   GAMMAFKT

Zweck: Berechnet den Wert der EULER-schen $\Gamma(x)$ Funktion
                für reelles x.

Vereinbarung: GAMMAFKT (x);

Beschreibung der formalen Veränderlichen:

    x   Argument, Typ: <u>real</u>

Prozedur   FAKT

Zweck: Berechnet die Fakultät: n!

Vereinbarung: FAKT (n)

Beschreibung der formalen Veränderlichen:

    n   ganze Zahl, Typ: <u>integer</u>

Prozedur   ABLNORM

Zweck: Berechnet die Funktionswerte der ersten acht Ableitungen
                des Gaußschen Fehlerintegrals für gegebenes Argument.

Vereinbarung: ABLNORM (t,i);

Beschreibung der formalen Veränderlichen:

    t   aktuelles Argument, Typ: <u>real</u>

    i   Grad der Ableitung $[\Phi^{(i)}(t)]$, Typ: <u>integer</u>

Prozedur   MAX

Zweck: Ermittelt das größte Element eines Feldes

Vereinbarung: MAX (x,n,max);

Beschreibung der formalen Veränderlichen:

    x   Feld mit verschiedenen Elementen, Typ: <u>array</u>
                                            Indizes: [1:n]

    n   Anzahl der Elemente, Typ: <u>integer</u>

    max   Name für das größte Element von x, Typ: <u>real</u>

Prozedure   GLAETTEN

Zweck: Glätten einer Folge von N empirischen Funktions-
                werten x_i für äquidistante Abszissen bei g-maliger
                Wiederholung des Verfahrens (5-Punkte-Formel)

Vereinbarung: GLAETTEN (x,n,g,xg);
Beschreibung der formalen Veränderlichen:

x   Feld der gegebenen Funktionswerte x_i, Typ: array
           Indizes: [1:n]

n   Anzahl der Beobachtungswerte; Typ: integer

g   Anzahl der Durchgänge bei wiederholtem Glätten
           $(g \geq 1)$ Typ: integer

xg   Feld der geglätteten Funktionswerte,   Typ: array
           Indizes: [1:n]

Prozedure   DISPKFKT

Zweck: Berechnung der Dispersion einer empirischen Kor-
               relationsfunktion nach Gl. (5.37)

Vereinbarung: DISPKFKT (x,n,tau);
Beschreibung der formalen Veränderlichen:

x   Beobachtungswerte der Zufallsfunktion, Typ: array
           Indizes: [1:n]

n   Anzahl der Beobachtungswerte, Typ: integer

tau   Wert der Zeitverschiebung, an dem die Dispersion
           gefragt ist, tau = $\tau/\Delta t$, Typ: integer

Prozedur   KORRELFKT

Zweck: Berechnung der empirischen Korrelationsfunktion der
               Zufallsfunktionen X(t) und Y(t) in N/10 Punkten
               für τ_{max} = T/10.

Vereinbarung: KORRELFKT (x,y,n,Kemp)
Beschreibung der formalen Veränderlichen:

x   Feld der Beobachtungswerte der Zufallsfunktion X(t),
           Typ: array   Indizes: [1:n]

y   Feld der Beobachtungswerte der Zufallsfunktion Y(t),
           Typ: array   Indizes: [1:n]

n   Anzahl der Beobachtungswerte, Typ: integer

Kemp   Feld der empirischen Korrelationsfunktion für positives τ,
           Typ: array   Indizes: [0:entier (n/10)]

Prozedur   DISPMW

Zweck: Berechnung der Dispersion des Mittelwertes einer Zu-
               fallsfunktion nach Gl. (5.6/a)

Vereinbarung: DISPMW (x,n);

Beschreibung der formalen Parameter:

x	Feld der Beobachtungswerte der Zufallsfunktion X(t), Typ: <u>array</u> Indizes: [1:n]
n	Anzahl der Beobachtungswerte, Typ: <u>integer</u>

Prozedur   VERTEILUNGSDICHTE

Zweck: Statistische Analyse der Stichprobe einer Zufallsfunktion nach dem in Abschnitt 5.1 beschriebenen Verfahren

Vereinbarung: VERTEILUNGSDICHTE (x,n,k,mx,sx,fnx,eps,Dispsx);

Beschreibung der formalen Veränderlichen:

x	Feld der Beobachtungswerte (Stichprobe) der Zufallsfunktion X(t), Typ: <u>array</u> Indizes: [1:n]
n	Anzahl der Stichprobenelemente, Typ: <u>integer</u>
k	Anzahl der Klassen des Histogramms, Typ: <u>integer</u>
mx	Name für den empirischen Mittelwert, Typ: <u>real</u>
sx	Name für die empirische Streuung, Typ: <u>real</u>
fnx	Feld für die approximierte empirische Verteilungsdichte, Typ: <u>array</u> Indizes: [1:k]
eps	Vertrauensintervall – Breite des geschätzten Mittelwertes, Typ: <u>real</u>
Dispsx	Dispersion der geschätzten Streuung der Stichprobe, Typ: <u>real</u>

Bemerkung: Die Prozedur stellt die normierte empirische Verteilungsdichte durch Buchstaben n und ihre nach Gl. (5.22) gebildete Approximation durch Buchstaben o graphisch dar.

Prozedur   RUNGEKUTTA 4

Zweck: Genäherte Lösung eines Systems gewöhnlicher Differentialgleichungen erster Ordnung bei vorgeschriebenem Relativfehler als Anfangswertaufgabe.

Vereinbarung: RUNGEKUTTA 4 (x0, n, y0, x1, mah, prh, eps, eta, notacc);

Beschreibung der formalen Veränderlichen:

x0	Anfangswert der unabhängigen Veränderlichen (der Zeit) Typ: <u>real</u>

n	Anzahl der gewöhnlichen Differentialgleichungen erster Ordnung, Typ: _integer_
y0	Feld für die Funktionswerte der genäherten Lösungen, Typ: _array_ Indizes: [1:n]
x1	Vorgegebener Wert der unabhängigen Veränderlichen, an dem die genäherten Lösungen gefragt sind, Typ: _real_
mah	Maximalwert der Schrittweite, Typ: _real_
prh	vom Rahmenprogramm steuerbare Schrittweite, Typ: _real_
notacc	Marke als Ausgang aus der Prozedur, wenn die Genauigkeitsforderung bei der letzten aktuellen Schrittweite nicht erfüllt werden kann

Prozedur   UNIF

Zweck: Erzeugung gleichverteilter Pseudo-Zufallszahlen im Intervall [0,1]

Vereinbarung: UNIF;

Bemerkung: Die Prozedur erfordert die Deklaration der Veränderlichen   glvarx (:= 0,12345678901)
           glvaralfa (:= 37199)
im Rahmenprogramm

Prozedur   GENNORM

Zweck: Erzeugung von standard normal verteilten Pseudo-Zufallszahlen mit dem Mittelwert Null und der Streuung Eins

Vereinbarung: GENNORM (normal 1, normal 2);

Beschreibung der formalen Veränderlichen:
   normal 1, normal 2
         Namen für zwei Zufallszahlen, Typ: _real_

Prozedur   NORMAL

Zweck: Berechnung des Wertes des Fehlintegrals nach (1.65) im Intervall [0,x],

Vereinbarung: NORMAL (x);

Beschreibung der formalen Veränderlichen:
   obere Integrationsgrenze, Typ: _real_

272

Prozedur	DIFFQUOT

Zweck: Numerisches Differenzieren einer durch äquidistante Stützwerte gegebenen Funktion nach der 5-Punkte-Formel

Vereinbarung: DIFFQUOT (n,h,y,dy);

Beschreibung der formalen Veränderlichen:

n	Anzahl der Stützwerte, Typ: <u>integer</u>
h	Zeitabstand benachbahrter Funktionswerte, Typ: <u>real</u>
y	Feld der zu differenzierenden Funktionswerte, Typ: <u>array</u> Indizes: [1 : n]
dy	Stützwerte der Ableitung, Typ: <u>array</u> Indizes: [1 : n]

```
begin
  comment  S I M U L A T O R  - EIN PROGRAMM
           FUER DIE SIMULATION UND ANALYSE
           ZUFALLSERREGTER SCHWINGUNGSSYSTEME;
  integer i, N, kl, gl, dgl, kor;
  real mx, sx, my, sy, dt, z1, z2, mah, prh, eps, eta, t0, C, glvarx,
  glvaralfa, Epsmx, Epsmy, Dsx, Dsy;
  boolean first;
  glvarx := .12345678901;
  glvaralfa := 37199;
  t0 := 0;
  read (N, kl, gl, dgl, mah, prh, eps, eta, dt, C);
  kor := entier (N/10);
begin
 array X, dX, Y[1:N], KX, KY[0:kor], Fx, Fy[1:kl], y0[1:dgl];
 real procedure GAMMAFKT(x);
   value x;
   real x;
   begin
    integer i;
    real y;
    array a[1:8];
    if x < 0
      then GAMMAFKT := if x = -1 then 0 else GAMMAFKT(x+1)/(x+1)
      else
       if x < 1
         then
         begin
          a[1] := -0.11352782;
          a[2] :=  0.48219939;
          a[3] := -0.75670408;
          a[4] :=  0.91820686;
          a[5] := -0.89705694;
          a[6] :=  0.98820589;
```

274

```
        a[7] := -0.57719165;
        a[8] :=  1.0;
        y := 0.03586834;
        for i := 1 step 1 until 8 do
         y := y * x + a[i];
        GAMMAFKT := y
      end
      else GAMMAFKT := x * GAMMAFKT(x - 1)
  end GAMMAFKT;
real procedure FAKT(n);
  value n;
  integer n;
  FAKT := if n = 0 then 1 else n * FAKT(n - 1);
real procedure ABLNORM(t,i);
  value t,i;
  real t;
  integer i;
  begin
   array f[1 : 8];
   real fu;
   fu := 0.3989422804 * exp(-.5 x t x t);
   f[1] := fu;
   f[2] := - t * fu;
   f[3] := fu * (-1.0 + t ↑ 2);
   f[4] := fu * (3 * t - t ↑ 3);
   f[5] := fu * (3.0 - 6 * t ↑ 2 + t ↑ 4);
   f[6] := fu * (-15.0 * t + 10.0 * t ↑ 3 - t ↑ 5);
   f[7] := fu * (-15.0 + 45 * t ↑ 2 - 15 * t ↑ 4 + t ↑ 6);
   f[8] := fu * (105 * t - 105 * t ↑ 3 + 21 * t ↑ 5 - t ↑ 7);
   ABLNORM := f[i]
  end ABLNORM;
procedure MAX(x,n,max);
  value n;
  integer n;
  real max;
```

```
      array x;
      begin
        integer i;
        real z;
        z := -₁₀100;
          for i := 1 step 1 until n do
            begin
              if x[i] < z
                then z := x[i];
              max := z
            end
          end MAX;
        procedure GLAETTEN(x,n,g,xg);
          value n,g;
          integer n,g;
          array x,xg;
          begin
            real d4;
            integer i,n1;
            if n > 5
              then
              begin
              n1 := 1;
NEU:          d4 := x[1] + x[5] - 4 * (x[2] + x[4]) + 6 * x[3];
              xg[1] := x[1] - d4/70.0;
              xg[2] := x[2] + d4/17.5;
              for i := 3 step 1 until n - 2 do
                xg[i] := (-3 * (x[i - 2] + x[i + 2]) +12 * (x[i - 1]+ x[i + 1])
                      + 17 * x[i])/35.0;
              d4 := x[n - 4] + x[n] - 4 * (x[n - 3] + x[n - 1]) + 6 * x[n - 2];
              xg[n - 1] := x[n - 1] + d4/17.5;
              xg[n] := x[n] - d4/70.0;
              if n1 ≠ g
                then
```

276

```
        begin
          n1 := n1 + 1;
          for i := 1 step 1 until n do
            x[i] := xg[i];
          go to NEU
        end;
      end
      else
      for i := 1 step 1 until n do
        xg[i] := x[i]
    end GLAETTEN;
  real procedure DISPKFKT(x,n,tau);
    value n,tau;
    integer n,tau;
    array x;
    begin
      integer r,nmax;
      real A,B,C,K1,K2,K3;
      array KF[0:entier(n/10)];
      KORRELFKT(x,x,n,KF);
      A := KF[0];
      A := A * A;
      nmax := entier(n/10);
      B := KF[nmax];
      B := B * B;
      C := 0;
      for r := 1 step 1 until nmax - tau - 1 do
        begin
          K1 := KF[r];
          K1 := K1 * K1;
          K2 := KF[r + tau];
          K3 := KF[abs(r - tau)];
          C := C + K1 + K2 * K3;
          X := C * (1.0 - r/(nmax - tau))
```

```
    end r;
   DISPKFKT := (A + B + 2 * C)/(nmax - tau)
  end DISPKFKT;
procedure KORRELFKT(x,y,n,Kemp);
 value x,y,n;
 integer n;
 array x,y,Kemp;
 begin
  real A,B,C,emwx,emwy;
  integer i,j,nmax;
  emwx := emwy := 0;
  for i := 1 step 1 until n do
   begin
    emwx := emwx + x[i];
    emwy := emwy + y[i];
   end i;
  emwx := emwx/n;
  emwy := emwy/n;
  nmax := entier(n/10);
  for j := 0 step 1 until nmax do
   begin
    C := 0;
    for i := 1 step 1 until n - j do
     begin
      A := x[i]-emwx;
      B := y[i + j]-emwy;
      C := C + A * B
     end i;
    Kemp[j] := C/(n - j)
   end j;
  end KORRELFKT;
 real procedure DISPMW(x,y);
 value x,n;
 integer n;
```

```
 array x;
 begin
  integer r,nmax;
  real A,Kr;
  array KF[0:entier(n/10)];
  KORRELFKT(x,x,n,KF);
  nmax := entier(n/10);
  A := 0;
  for r := 1 step 1 until nmax do
   begin
    Kr := KF[r];
    A := A + Kr * (1.0 - r/nmax);
   end r;
  DISPMW := (KF[0]+ 2 * A)/nmax
 end DISPMW;
procedure VERTEILUNGSDICHTE(x,n,k,mx,sx,fnx,eps,Dispsx);
 value n,k;
 integer n,k;
 real mx,sx,eps,Dispsx;
 array x,fnx;
 begin
  integer i,j,nj;
  real h,kn,mt3,mt4,mt5,mt6,t,Chi2,A,B,C,e,fnj;
  array KM,AH,RH[1:k],GL[1:7];
  boolean normal;
  comment Schaetzwerte fuer mx und sx;
  mx := sx := 0;
  for i := 1 step 1 until n do
   begin
    mx := mx + x[i];
    sx := sx + x[i] * x[i]
   end;
  mx := mx/n;
  sx := sqrt(abs((sx - n * mx * mx)/(n - 1)));
```

```
comment Normierung und Haeufigkeitsanalyse;
h := 6.0/k;
for j := 1 step 1 until k do
  begin
   nj := 0;
   A := -3.0 + (j - 1) * h;
   B := A + h;
   KM[j] := A + .5 * h;
   for i := 1 step 1 until n do
    begin
     t := (x[i]-mx)/sx;
     if A ≤ t ∧ t < B
      then nj := nj + 1
    end i;
   AH[j] := nj;
   RH[j] := AH[j]/n
  end j;
comment
  Pruefung auf GAUSS-Verteilung mit Chi2-Test
       von PEARSON, Freiheitsgrad: k - 3 und
       95 o/o statistische Sicherheit;
Chi2 := 0;
for j := 1 step 1 until k do
 begin
   fnj := n * (NORMAL(KM[j]+.5 * h)-NORMAL(KM[j]-.5 * h));
   A := AH[j]-fnj;
   A := A * A;
   Chi2 := Chi2 + A/fnj
 end;
normal := if ((k ≤ 10 ∧ Chi2 ≤ 2.17)∨(k > 10 ∧ k ≤ 15 ∧ Chi2 ≤ 5.23)
       ∨(k > 15 ∧ k ≤ 20 ∧ Chi2 ≤ 8.67)∨(k > 20 ∧ k ≤ 25 ∧ Chi2 ≤ 12.34))
       ∧n ≥ 200
       then true else false;
if normal
```

```
  then
  begin
    comment Erwartungstreue Schaetzung der
            Streuung und ihrer Dispersion;
    A := sqrt((n - 1)/2);
    B := GAMMAFKT((n - 1)/2);
    C := GAMMAFKT(n/2);
    kn := A * B/C;
    A := 0;
    for i := 1 step 1 until n do
     A := A + (x[i]-mx) ↑ 2;
    A := sqrt(A/(n - 1));
    sx := kn * A;
    Dispsx := (kn * kn - 1) * sx * sx
  end
  else Dispsx := DISPKFKT(x,n,0);
  comment Konfidenzintervall des Mittelwertes
          bei 95 Prozent Sicherheitswahrscheinlich-
          keit;
  eps := if normal then 1.96 * sx/sqrt(n) else sqrt(DISPMW(x,n
         /0.95);
  comment Hoehere Momente der normierten
          Zufallsfunktion (mit SHEPPARDschen
          Korrekturen);
  mt3 := mt4 := mt5 := mt6 := 0;  h := h:sx;
  for j := 1 step 1 until k do
  begin
    t := KM[j] * sx;
    A := RH[j];
    mt3 := mt3 + t ↑ 3 * A - (h * h/4 * t * A)/k;
    mt4 := mt4 + t ↑ 4 * A + (- h * h/2 * t * A + 7 * h ↑ 4/240)/k;
    mt5 := mt5 + t ↑ 5 * A + (- 5/6 * h * h * t ↑ 3 * A + 7/48 * t
           * A * h ↑ 4)/k;
    mt6 := mt6 + t ↑ 6 * A + (- 5/4 * h * h * t ↑ 4 * A + 7/16 * t
           ↑ 2 * A * h ↑ 4 - 31/1344 * h ↑ 6)/k
```

```
end;
comment Koeffizienten für die Approximation
        der empirischen Verteilungsdichte
        durch die ersten 5 Glieder der
        GRAM-CHARLIER-Reihe;
GL[1] := 1.0;
GL[2] := GL[3] := 0;
GL[4] := mt3/sqrt(6.0);
GL[5] := (mt4 - 3.0)/sqrt(24.0);
GL[6] := (mt5 - 10.0 * mt3)/sqrt(120.0);
GL[7] := (mt6 - 15.0 * mt4 + 30.0)/sqrt(720.0);
comment Funktionswerte der normierten
        empirischen Verteilungsdichtefunktion;
if normal
  then
  begin
   for j := 1 step 1 until k do
    fnx[j] := ABLNORM(KM[j],1)
  end
  else
  begin
   C := .0;
for j := 1 step 1 until k do
  begin
   fnx[j] := ABLNORM(KM[j],1);
   for i := 3,4,5,6,7 do
    fnx[j] := fnx[j] + (-1) + i/sqrt(FAKT(i)) * GL[i + 1] * ABLNORM
        (KM[j],i + 1);
   C := C + h * fnx[j]
  end j und fnx-Werte;
C := 1/C;
for j := 1 step 1 until k do
  fnx[j] := C * fnx[j]
end nicht normal;
```

```
      comment Graphische Darstellung der Ergebnisse;
      MAX(fnx,k,e);
      if e< 0.7
       then
       begin
        e := 1.0 * e;
        C := 1.0;
        go to ZEICHNE
       end
       else
        if e≥0.7≤e  1.4
         then
         begin
          e := 0.5 * e;
          C := 0.5;
          go to ZEICHNE
         end
         else
         begin
          e := 0.25 * e;
          C := 0.25;
          go to ZEICHNE
       '  end MASSSTAB;
ZEICHNE:
    format('-12345.123');
    print('
MITTELWERT:',mx,'
STREUUNG  :',sx,'
VERTRAUENSGRENZEN DES MITTELWERTES
IN PROZENT: ±',100 * eps/mx,'
    xj  t = (xj - mx)/sx  fx(t)');
    space(12 + entier(20 * e));
    print('VERTEILUNGSDICHTE  fx(t)');
    line(1);
```

```
space(23);
format('⌴⌴⌴⌴⌴⌴0.12');
for i := 0 step 10 until 100 * e + 3 do
 if i/10-entier(i/10)< 0.05
  then print(i/(100 x C));
line(1);
space(30);
for i := 0 step 1 until 100 * e + 3 do
 if (i/5-entier(i/5))< 0.1
   then
   begin
    outchar(93);
    outchar(69)
   end
   else outchar(69);
format('?-12345.123⌴⌴-0.123⌴⌴⌴0.0000⌴⌴⌴');
for j := 1 step 1 until k do
 begin
  real g;
  integer k37,k38;
  print(mx * KM[j],KM[j],fnx[j]);
  g := RH[j]/h;
  k37 := entier(100 * (C * (g + 0.005)));
  k38 := entier(100 * (C * (fnx[j]+ 0.005)));
  outchar(93);
  if k38< k37
    then
    begin
     space(k38);
     outchar(38);
     space(k37 - k38 - 1);
     outchar(37)
    end
    else
```

Es bedeuten:

outchar (93): |
outchar (69): +
outchar (38): 0
outchar (37): n
? in String $\hat{=}$ neue Zeile

```
            if k38 > k37
              then
              begin
                space(k37);
                outchar(37);
                space(k38 - k37 - 1);
                outchar(38)
              end
              else
            , begin
                space(k38);
                outchar(38)
              end
        end j;
      line(2);
      space(100);
  end VERTEILUNGSDICHTE;
 procedure RUNGEKUTTA4(x0,n,y0,x1,mah,eps,eta,notacc);
   value n,x1,mah,eps,eta;
   integer n;
   real x0,x1,mah,eps,eta;
   array y0;
   label notacc;
   begin
     integer k;
     real eps1,h,hh,sh,w1,w2,w3,w4;
     boolean goodacc,notlast;
     array d,yw,y1,y2,y3[1:n];
     procedure RK1step(x,y,h,yh);
       value x,h;
       real x,h;
       array y,yh;
       begin
         w1 := w4 := .5 * h;
```

```
     w2 := x;
      for k:= 1 step 1 until n do
       begin
         yw[k] := y[k];
         yh[k] := 0
       end k;
      for w3 := w4,h,h,w4 do
       begin
         f(w2,n,yw,d);
          for k := 1 step 1 until n do
           begin
             w2 := d[k];
             yh[k] := yh[k]+ w3 * w2;
             yw[k] := y[k]+ w1 * w2
           end k;
         w2 := x + w1;
         w1 := w3
       end w3;
      for k := 1 step 1 until n do
       yh[k] := y[k]+ .33333333333 * yh[k]
    end RK1step;
   eps1 := .025 * eps;
  w1 := x1 - x0;
 sh := sign(w1);
notlast := false;
if first
 then
 begin
   h := prh := w1;
   first := false
 end first
 else
 begin
   h := prh;
```

```
      if abs(h) lt mah
        then h := prh := mah * sh;
      if (x0 + 1.25 * h - x1) * sh ge 0
        then h := w1
        else notlast := true
      end not first;
cont:
    goodacc := true;
    RK1step(x0,y0,h,y1);
nexth:
    hh := .5 * h;
    RK1step(x0,y0,hh,y2);
    RK1step(x0 + hh,y2,hh,y3);
    w4 := 0;
    for k := 1 step 1 until n do
      begin
       w1 := y1[k];
       w3 := y3[k];
       w2 := abs(w1 - w3);
       w1 := abs(w1);
       w3 := abs(w3);
       if w1 lt w3
         then w1 := w3;
       if w1 lt eta
         then w1 := eta;
       w1 := w2/w1;
       if w1 gt w4
         then w4 := w1
      end k;
    if w4 gt eps
      then
      begin
       goodacc := false;
       if abs(hh) lt mah
```

```
      then go to notacc;
h := prh := hh;
notlast := true;
    for k := 1 step 1 until n do
      y1[k] := y2[k];
      go to nexth
    end w4 gt eps;
  for k := 1 step 1 until n do
    begin
      w3 := y3[k];
      y0[k] := w3 + .066666666667 * (w3 - y1[k])
    end k;
  if notlast
    then
    begin
      x0 := x0 + h;
      if w4 lt eps1 and goodacc
        then h := prh := h + h;
      if (x0 + 1.25 * h - x1) * sh ge 0
        then
        begin
          h := x1 - x0;
          notlast := false
        end (x0 + 1.25 * h - x1) * sh ge 0;
      go to cont
    end notlast;
    x0 := x1
  end RUNGEKUTTA4;
real procedure UNIF;
  begin
    glvarx := glvaralfa * glvarx;
    UNIF := glvarx := glvarx - entier(glvarx)
  end UNIF;
procedure GENNORM(normal1,normal2);
```

```
real normal1,normal2;
begin
  real x1,x2;
  x1 := -ln(UNIF);
  x1 := sqrt(x1 + x1);
  x2 := 6.2831853 * UNIF;
  normal1 := x1 * cos(x2);
  normal2 := x1 * sin(x2)
end GENNORM;
real procedure NORMAL(x);
  value x;
  real x;
  begin
   boolean up;
   up := false;
   if x = .0
     then NORMAL := .5
     else
     begin
      real m,n,p1,p2,q1,q2,s,t,x2,y;
      up := up ≡ x > .0;
      x := abs(x);
      x2 := x * x;
      y := .3989422804 * exp(-.5 * x2);
      n := y/x;
      if ¬up ∧ 1.0 - n = 1.0
        then NORMAL := 1.0
        else
         if up ∧ n = .0
           then NORMAL := .0
           else
           begin
             if x > (if up then 2.32 else 3.5)
               then
```

```
begin
  q1 := x;
  p2 := y * x;
  p1 := y;
  q2 := x2 + 1.0;
  m := n;
  t := p2/q2;
  if ¬up
    then
    begin
     m := 1.0 - m;
     t := 1.0 -tt
    end ¬up;
  for n := 2.0,n + 1.0 while m ≠ t ∧ s ≠ t do
    begin
     s := x * p2 + n * p1;
     p1 := p2;
     p2 := s;
     s := x * q2 + n * q1;
     q1 := q2;
     q2 := s;
     s := m;
     m := t;
     t := if up then p2/q2 else 1.0 - p2/q2
    end n;
  NORMAL := t
end
else
begin
  s := x := y * x;
  for n := 3.0,n + 2 while s ≠ t do
    begin
     t := s;
     x := x * x2/n;
     s := s + x
```

290

```
                end n;
              NORMAL := if up then .5-s else .5+s
            end
          end ¬(up ∧ n = .0)
      end
x≠.0,NORMAL;
    end NORMAL;
  procedure DIFFQUOT(n,h,y,dy);
    value n,h,y;
    real h;
    integer n;
    array y,dy;
    begin
      real n1,n2;
      integer i;
      n1 := 84 * h;
      n2 := 12 * h;
      dy[1] := (- 125 * y[1] + 136 * y[2] + 48 * y[3] - 88 * y[4]
              + 29 * y[5])/n1;
      dy[2] := (- 38 * y[1] - 2 * y[2] + 24 * y[3] + 26 * y[4]
              - 10 * y[5])/n1;
      for i := 3 step 1 until n - 2 do
       .dy[i] := (y[i - 2] - y[i + 2] - 8 * (y[i - 1] - y[i + 1]))/n2;
      dy[n - 1] := (10 * y[n - 4] - 26 * y[n - 3] - 24 * y[n - 2]
                + 2 * y[n - 1] + 38 * y[n])/n1;
      dy[n] := (- 29 * y[n - 4] + 88 * y[n - 3] - 48 * y[n - 2]
              - 136 * y[n - 1] + 125 * y[n])/n1
    end DIFFQUOT;
  procedure GRAPHKOR(Kemp,kor,dt);
    value Kemp,kor,dt;
    integer kor;
    real dt;
    array Kemp;
    begin
      integer i,j;
```

```
  real tau,k0,kt;
  print('?NORMIERTE AUTOKORRELATIONSFUNKTION?');
  format('ANFANGSWERT:⊔⊔-0.1234₁₀+10?');
  print(Kemp[0]);
format('-0.1⊔⊔⊔⊔⊔⊔');
  for i := -10 step 2 until 10 do
   print(.1 * i);
  print('?⊔⊔');
  for i := 0 step 1 until 100 do
   if (i/5-entier(i/5))< 0.1
     then
     begin
      outchar(93);
      outchar(69)
     end
     else outchar(69);
   k0 := Kemp[0];
   for i := 0 step 1 until kor do
    begin
     format('?10.12⊔s');
     tau := i * dt;
     kt := Kemp[i]/k0;
     print(tau);
     j := 45 + entier((kt + .005) * 50);
     space(j);
     outchar(38)
    end i;
 end GRAPHKOR;
procedure f(x,n,y,d);
 value x,n;
 integer n;
 real x;
 array y,d;
 begin
```

```
    real u1,u2;
    u1 := y[1];
    u2 := y[2];
    d[1] := u2;
    d[2] := (90.0 * (dX[i]-u2)+17000.0 * (X[i]-u1))/35.677
  end f;
comment
    Erezugung oder Einlesen der Erreger-Zufallsfunktion;
for i := 1 step 1 until N do
  if key(10)
    then x[i] := inreal
    else
    begin
     GENNORM(z1,z2);
      X[i] := C *(z1 + z2) * .5;
    end;
comment Bildung der Ableitung dX[i] nach g1-facher
        Glaettung von X[i];
GLAETTEN(X,N,g1,X);
DIFFQUOT(N,dt,X,dX);
comment Statistische Analyse der Erregerfunktion;
VERTEILUNGSDICHTE(X,N,k1,mx,sx,Fx,Epsmx,Dsx);
KORRELFKT(X,X,N,KX);
format('DSX⌐ = ⌐0.1234₁₀+10?');
print(Dsx);
GRAPHKOR(KX,kor,dt);
comment Loesung des DGL-Systems f fuer
        verschwindende Anfangsbedingungen;
y0[1] := y0[2] := Y[1] := 0.0;
first := true;
for i := 2 step 1 until N do
  begin
WIDERH:
    RUNGEKUTTA4(t0,dg1,y0,(i - 1) * dt,mah,eps,eta,UNGENAU);
```

```
      Y[i] := y0[1];
      go to WEITER;
UNGENAU:
      mah := .5 * mah;
      if mah > 10-3 * dt
        then go to WIDERH;
      print('?GENAUIGKEITSFORDERUNG NICHT ERFUELLBAR?');
      go to ENDPR;
WEITER:
    end i;
    comment Statistische Analyse der Ausgangssignale;
    print('
STATISTISCHE CHARAKTERISTIK DER AUSGANGSSIGNALE:?');
    VERTEILUNGSDICHTE(Y,N,kl,my,sy,Fy,Epsmy,Dsy);
    KORRELFKT(Y,Y,N.KY);
    GRAPHKOR(KY,kor,dt);
  end;
ENDPR:
end
```

E Diagramme zur graphischen Auswahl der Approximationsfunktion für empirische Autokorrelationsfunktionen

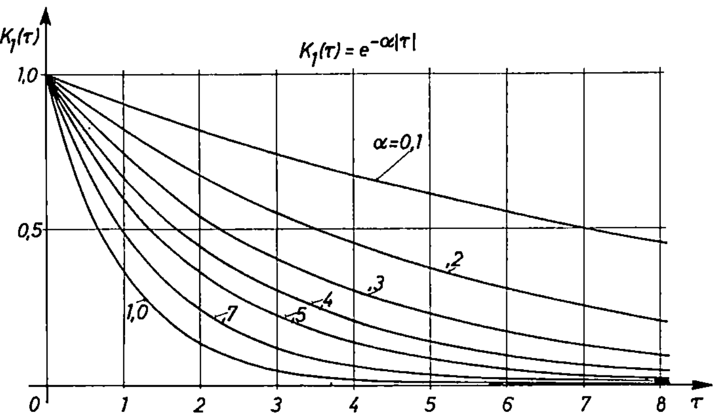

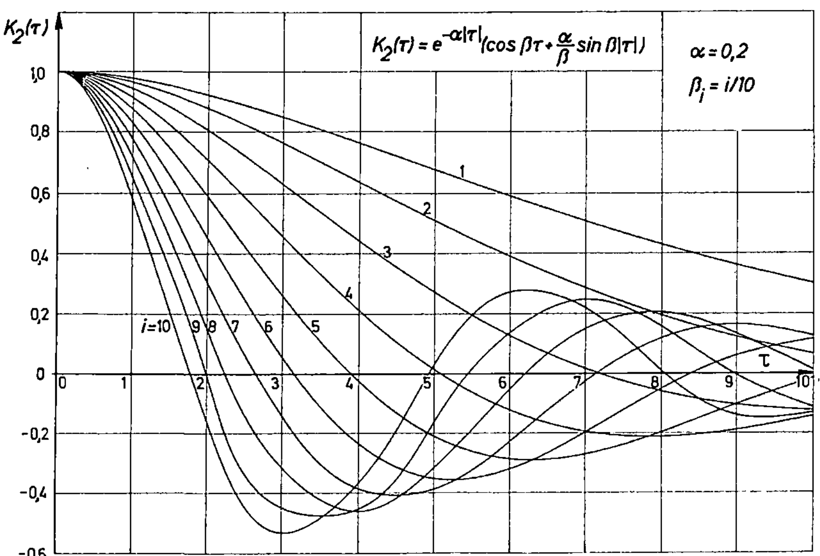

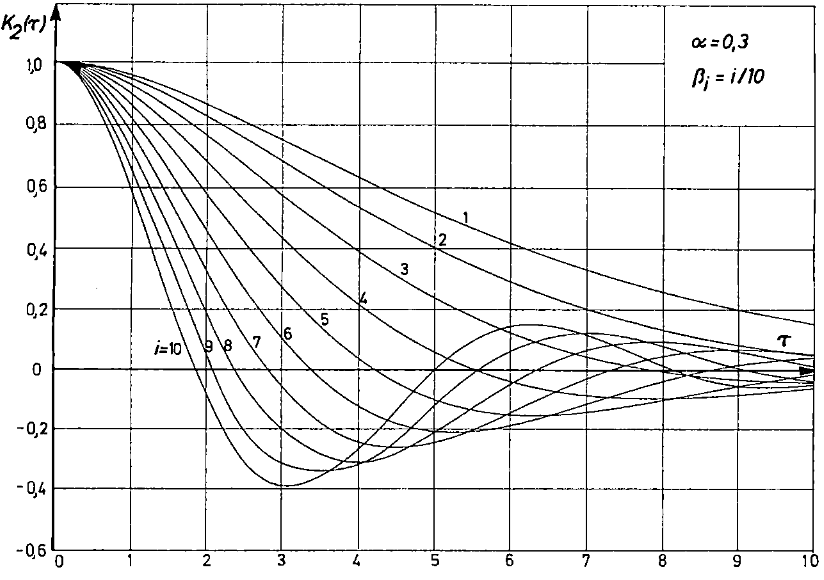

$K_2(\tau)$
$\alpha = 0,3$
$\beta_i = i/10$
$i=10$ 9 8 7 6 5 4 3 2 1
τ

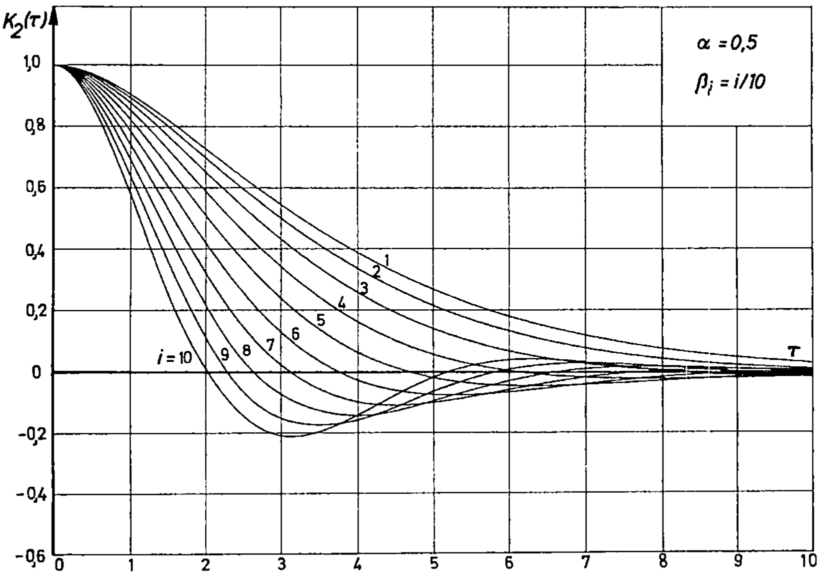

$K_2(\tau)$
$\alpha = 0,5$
$\beta_i = i/10$
$i = 10$ 9 8 7 6 5 4 3 2 1
τ

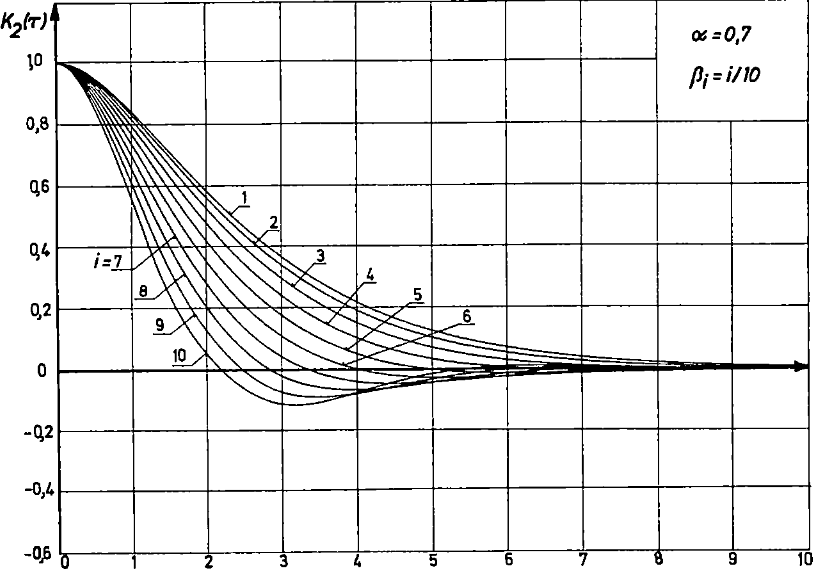

$K_2(\tau)$
$\alpha = 0{,}7$
$\beta_i = i/10$
1,0
0,8
0,6
0,4
0,2
0
-0,2
-0,4
-0,6
0 1 2 3 4 5 6 7 8 9 10
1
2
3
4
5
6
$i = 7$
8
9
10

Sachverzeichnis